数字环保系列丛书

智慧环保体系建设与实践

Smart Environmental Protection System Building and Practice

姚　新　刘　锐　孙世友　刘　俊　主编

科 学 出 版 社

北　京

内 容 简 介

本书系统地阐述了智慧环保的内涵及发展历程，从智慧环保理论基础、智慧环保核心技术等方面对智慧环保的构成体系进行总体论述。同时，在“数据资源中心”工程建设、“智慧环保空间信息共享服务平台”、“智慧环保业务应用平台”、“智慧环保环境决策支持系统”、“智慧环保标准规范体系”工程建设、“智慧环保系统集成”、“典型案例”中全新阐述了智慧环保的理念和技术体系。

本书可以为国家、省、市各级环保部门建立完善的“智慧环保体系”提供参考，也可以作为环保工作者开展相关系统工程建设的专业工具书使用。

图书在版编目(CIP)数据

智慧环保体系建设与实践 / 姚新等主编 . —北京：科学出版社，2014. 8
(数字环保系列丛书)
ISBN 978-7-03-041319-2
Ⅰ. 智… Ⅱ. 姚… Ⅲ. 智能系统-应用-环境保护-研究-中国 Ⅳ. X-12
中国版本图书馆 CIP 数据核字（2014）第 143805 号

责任编辑：周 杰 / 责任校对：韩 杨
责任印制：吴兆东 / 封面设计：李姗姗

科 学 出 版 社 出版
北京东黄城根北街 16 号
邮政编码：100717
http://www.sciencep.com

北京科印技术咨询服务有限公司数码印刷分部印刷
科学出版社发行 各地新华书店经销

*

2014 年 8 月第 一 版 开本：720×1000 1/16
2024 年 8 月第七次印刷 印张：19 1/4
字数：400 000

定价:168. 00 元

《智慧环保体系建设与实践》编辑委员会

主　编　姚　新　刘　锐　孙世友　刘　俊

副主编　魏　斌　马红银　李森泉　詹志明

汪玉峰　顾伟伟　谢　涛　刘海英

马　力　何春银　侯立涛　刘艳民

编　委　李红华　郭站君　房　明　朱玉霞

曹　茜　冯志国　张　林　童　元

屈宝锋　沈小华　曹世凯　胡秋红

卫晋晋　徐劲草　胡　珺　谭　森

毛奎重　孔祥军　陈亚新　张慧良

王思怡　李　慧

丛 书 序

全球气候变化、生物多样性减少、土地荒漠化、水资源短缺、环境污染与生态退化等环境与资源问题并没有因为2008年的金融危机而淡出人们的视野。反而随着对环境问题严峻性的感受日益加深，人类在逐渐摒弃“牺牲环境，换取发展”的传统发展模式，以低能耗、低污染为基础的“低碳经济”成为全球热点，继农业文明、工业文明之后的“生态文明”成为社会所推崇的文明形态。如何改善环境、保护生态、节约资源已成为生态文明建设道路上亟须解决的问题。

“数字环保”概念来自于“数字地球”。“数字地球”是美国前副总统戈尔于1998年1月在加利福尼亚科学中心开幕典礼上发表的题为“数字地球——新世纪人类星球之认识”演说时，提出的一个与GIS、网络、虚拟现实等高新技术密切相关的概念。“数字环保”是“数字地球”在资源和环境管理、社会可持续发展中的应用，其出现使分散、局域性的环境问题的解决更趋于系统性、整体性、有效性和协调性，为资源和环境管理提供了一种强有力的技术支撑手段。

《数字环保系列丛书》作为国内首套系统阐述数字环保的丛书，正契合我国当前环境管理的需要，对指导我国环境信息化建设有着十分重要的现实意义。该丛书集合了中国科学院遥感应用研究所、北京师范大学、中科宇图天下科技有限公司多年来在数字环保领域的研究和实践成果，涵盖数字环保理论与应用实践的各方面内容。该丛书的主要作者都是数字环保相关领域的专家，他们不论是在研究成果还是在实践经验方面都有丰富的积累。我相信该丛书会对环境管理者和数字环保建设者有很强的吸引力，对数字环保建设具有重要的参考价值。

我国的数字环保之路刚刚起步，之后的建设还任重道远！今后还需要不断提高数字环保的理论研究和数据挖掘能力、加强行业应用深度。只有在理论研究与实践中不断创新，数字环保才能在我国环境保护中发挥更大的作用。

金鉴明

2009年12月

序

随着社会经济发展和科技文明进步，环境保护工作的内涵和技术手段较过去十几年有了飞速的提高。2014 年是党的十八大会议精神落实实施的关键年。十八大精神和美丽中国的愿景，为我国环境保护工作提出了新的要求和发展方向，为科技力量推动新时代环境保护工作提供了更大的舞台和应用前景。新时代的“智慧环保”要如何建设，这是我阅读该书时最希望了解的答案。“数字环保”向“智慧环保”转变，对于提高环境与发展的综合决策能力，提升环境监管的现代化水平，构建资源节约型、环境友好型社会，实现环境保护的战略目标具有十分重要的意义。

作为环境保护领域的新名词，许多学者对“智慧环保”概念的理解仍比较抽象。该书作者从智慧环保体系构建的理论基础、技术方法和工程规范等多个环节深入浅出地阐述了智慧环保的丰富内涵，通过多项工程实践阐述了“智慧环保”技术的应用特点。

“智慧环保”是基于相关技术的发展而提出的一系列技术的组合，比如物联网技术、云计算技术、大数据等，这些技术的发展都为智慧环保的建设提供了技术保障和支持，而我国物联网技术和云计算技术、大数据等技术的发展都还处于理念到实践之间，离真正的落地实践还有一定距离。目前，我国的环保形势和任务都比较严峻。尽管环保投入力度逐年加大，环保信息化程度仍然不高，各项工作基础相对薄弱。从“数字环保”向“智慧环保”建设的跨越还存在一些亟待解决的问题。该书的出版，为指导我国在智慧环保建设工作方面提供了有益参考。全书展现了“智慧环保”体系建设的全貌，可为环保工作者的进一步探索开辟视野，是对环保工作经验的分享。该书内容丰富，技术科学、实用、可行，案例翔实，相信读者会从作者的论述中汲取到智慧环保建设丰富的理论方法和宝贵的先进经验。

中国科学院院士 李小文

2014 年 6 月

前　　言

2009 年初，IBM 提出了“智慧地球”的概念，美国总统奥巴马将“智慧地球”上升为国家战略。从“数字地球”提升到“智慧地球”，科技文明十几年的演变快速推动了人类社会的发展。2014 年无锡国家传感网创新示范基地正式启动大型“‘感知环境、智慧环保’无锡环境监控物联网应用示范项目”，标着智慧环保工程建设已初具规模。许多领域专家和学者从环境信息感知、传输、监测、分析、预警，到模拟、决策支持、业务应用，利用新一代环境信息技术在原有的“数字环保”发展基础上，开始借助物联网技术把感应器和装备嵌入到各种环境监控对象（物体）中，通过超级计算机和云计算将环保领域物联网整合起来，实现人类社会与环境业务系统的整合。

不仅是无锡国家传感网创新示范基地，浙江、江苏等地也积极开展了“智慧环保”工程建设，并与区域重点环境保护工程协同建设，目的是更高效地使信息化技术带来的便利服务于区域环境保护。智慧环保是不限于基础感知监测网络的系统工程建设，它还包括全息的大数据分析、多层次的空间信息服务、丰富的业务应用内容、深度的决策支持能力建设。将环境信息的生命周期涵盖其发生、发展、终结的各个环节，甚至进入到环境管理的助手地位，方能体现智慧环保体系建设和工程建设的成熟。使“智慧环保”体系建设的关键技术体现在环境管理的“管”和“用”，方能展现智慧环保体系建设和工程建设的实用价值。

本书是一部讲述智慧环保体系构成和实践经验的专业读物。全书分别从智慧环保的内涵及发展历程、智慧环保理论基础、智慧环保核心技术、智慧环保构成体系、智慧环保顶层设计等方面对智慧环保的构成体系进行了总体论述。同时，在智慧环保“数据资源中心”工程建设、“空间信息共享服务平台”建设、“业务应用平台”工程建设、“环境决策支持系统”工程建设、“标准规范体系”工程建设、系统集成中全新阐述了智慧环保的理念。另外，本书从实践角度介绍了我国智慧环保的 4 个典型案例。

本书是数字环保系列丛书第三部专著。著书继承了中国科学院、中国环境科学研究院、北京师范大学、中科宇图天下科技有限公司、中科宇图资源环境科学研究院多年来在环保信息化领域的研究和实践成果。本书由中科宇图资源环境科学研究院、中科宇图天下科技有限公司、北京师范大学、中国科学院遥感应用研究所、国家环境保护部等多家单位的专家共同编著。在此，对编著和出版本书做出贡献以及关心本书的所有人员致以衷心的感谢！

由于“智慧环保”还是一个全新的领域，涉及的专业知识较广，编著工作时间匆促，难免有谬误与不足之处，敬请广大读者批评指正。

作　者

2014 年 5 月

目　　录

第一章　智慧环保概述

第一节　智慧环保的基本概念

经过多年的努力，我国环境质量局部有所改善，但是全国环境总体恶化趋势没有得到根本遏制，生态环境现状离人民群众的要求相差甚远，环境保护的压力相当沉重。未来一段时期，我国仍处于能源资源消耗高增长期和环境污染高风险期，控制污染物总量、改善环境质量、防范环境风险，着力解决影响人民群众健康的突出环境问题仍是环境保护的重点工作。随着环境问题越来越复杂，环境任务越来越重，环境监管难度越来越大。要完成污染减排任务，保护生态环境，提高环境质量，有效防范各类环境突发事件，确保环境安全，维护社会稳定，就必须转变工作方式，打破传统的环境监管模式。因而，需要运用现代科技信息手段创新管理，打造“智慧环保”利器，达到更透彻的感知、更全面的互通互联、更深入的智能化，更智慧的决策支持，创新环保工作新模式，全面提高环境监管工作效能。

为了充分发挥数字技术在环保领域中的巨大作用，“数字环保”的理念应运而生。通过现有的“数字环保”平台，逐步构筑起环保领域的物联网，推动“数字环保”向“智慧环保”转变，从而革命性地推动环境保护事业的历史性转变，对于提高环境与发展的综合决策能力，提升环境监管的现代化水平，构建资源节约型、环境友好型社会，实现环境保护的战略目标具有十分重要的意义。

一、数字环保

“数字环保”是近年来在数字地球、地理信息系统、全球定位系统、环境管理与决策支持系统等技术的基础上衍生的大型系统工程。“数字环保”可以理解为以环保为核心，由基础应用、延伸应用、高级应用和战略应用的多层环保监控管理平台集成，将信息、网络、自动控制、通信等高科技应用到全球、国家、省级、地市级等各层次的环保领域中，进行数据汇集、信息处理、决策支持、信息共享等服务，实现环保的数字化。

为了将“数字环保”更好地应用于环保产业的发展，需要在“数字环保”

概念的基础上，建立包括环境数据中心、环境地理信息系统、环境监管信息集成系统、环境在线监控系统、环境应急管理系统、移动执法系统等在内的一系列数字环保整体解决方案，并针对环保部、省级环保厅（局）、地市级环保局及企业提出不同的业务框架。利用IT技术，集GPS、RS、GIS于一体，建立适合环境保护领域应用的综合多功能型的遥感信息技术，对环保的数据要求和业务要求进行深入挖掘和整理，实现对环保业务的严密整合和深度支持，解决“数字环保”领域所面临的环境质量监测管理、污染防治管理、核与辐射监测管理、突发环境事件应急管理等环境问题，从而提高我国的环保信息化水平和监管执法水平。

二、智慧环保

2009年初，IBM提出了“智慧地球”的概念，美国总统奥巴马将“智慧地球”上升为美国国家战略。“智慧地球”的核心是以一种更智慧的方法，通过利用新一代信息技术来改变政府、企业和人们相互交互的方式，以便提高交互的明确性、效率、灵活性和响应速度，实现信息基础架构与基础设施的完美结合。随着“智慧地球”概念的提出，在环保领域中如何充分利用各种信息通信技术，才能感知、分析、整合各类环保信息，并对各种需求做出智能的响应，使决策更加切合环境发展的需要，“智慧环保”概念应运而生。

“智慧环保”是在原有“数字环保”的基础上，借助物联网技术，把感应器和装备嵌入到各种环境监控对象（物体）中，通过超级计算机和云计算将环保领域的物联网整合起来，实现人类社会与环境业务系统的整合，以更加精细和动态的方式实现环境管理和决策的“智慧”。“智慧环保”是“数字环保”概念的延伸和拓展，是信息技术进步的必然趋势。

“智慧环保”的总体架构包括感知层、传输层、智慧层和服务层。感知层是利用任何可以随时随地感知、测量、捕获和传递信息的设备、系统或流程，实现对环境质量、污染源、生态、辐射等环境因素的更透彻感知；传输层即利用环保专网、运营商网络，结合3G、卫星通信等技术，将个人电子设备、组织和政府信息系统中存储的环境信息进行交互和共享，实现更全面的互联互通；智慧层是以云计算、虚拟化和高性能计算等技术手段整合和分析海量的环境信息，实现海量存储、实时处理、深度挖掘和模型分析，实现更深入的智能化；服务层则是建立面向对象的业务应用系统和信息服务门户，为环境质量、污染防治、生态保护、辐射管理等业务提供更智慧的决策。

三、智慧环保与数字环保概念辨析

“智慧环保”是“数字环保”的延伸，它的内涵与“数字环保”相比有着深刻的变革，主要体现在新型技术支撑手段的应用和面向综合性决策智能化两个方面。

（1）技术支撑体系："数字环保"主要是面向环境管理工作，以数据仓库、地理信息系统、计算机技术等为主要支撑技术，而"智慧环保"是面向综合决策，主要以新兴的物联网、云计算、人工智能、数据挖掘、业务模型等技术为支撑。

（2）环境管理决策的侧重点："数字环保"强调和数据的采集的自动化、综合办公的无纸化，以及业务管理的信息化，而"智慧环保"进一步拓展了传统环境信息数据采集的广度和深度，注重数据挖掘和环境模型技术的应用，在满足环境业务信息化的基础上，可科学指导环境管理的定量化宏观决策。

要实现从"数字环保"到"智慧环保"的跨越，关键是要在原有"数字环保"的基础上，重点加强感知层与智慧层的建设：一是利用物联网技术，建设实时、自适应进行环境参数感知的感知系统；二是利用云计算、模糊识别等各种智能计算技术，整合现有信息资源，建设具有高速计算能力、海量存储能力和并行处理能力的智能环境信息处理平台，为最终实现"智慧环保"的各项应用服务提供平台支撑与信息服务。

数字环保向智慧环保的转变将会不可避免地影响环保产业服务模式和服务产品的转变。服务模式从传统的产品供给模式向云服务模式转变；从提供单一产品到提供多元的环保产品，如数据采集、传输、处理等相关软硬件产品以及空气质量评估、生态环境评估等应用系统，为广大普通用户和企业提供环境保护信息。例如环境检测设备从简单的采集检测向集采集、传输与智能化处理一体化的功能产品转变。环境应用系统也会更加注重与专业模型的结合，提供综合性决策服务等。

实现"智慧环保"的价值将体现在以下几个方面：一是提高工作效率；二是促进环保工作规范化、标准化与自动化；三是促进数据资源共享、系统整合，避免重复建设与形成"信息孤岛"，实现环境信息资源的管理与高效应用；四是有利于实现"环境质量及其变化说得清、污染源排放情况说得清、环境风险说得清"，提高环境监管与应急防范能力；五是提高综合决策能力。

总体而言，从数字环保到智慧环保实现了从数据的采集与管理向数据挖掘转变，从数字技术应用向智能综合决策服务转变，从传统的环境信息化向环境信息应用服务智能化转变。

第二节　智慧环保的总体框架与内涵

"智慧环保"将以环境信息的全面高效感知为基础，以信息安全及时传输和深入智能处理为手段，紧紧围绕“说清”与“管好”，实现环境保护业务协同化、管理现代化、决策科学化，为我国环境保护可持续发展战略目标做出贡献，对生态文明和美丽中国建设具有深刻的意义。“智慧环保”总体架构见图 1-1。

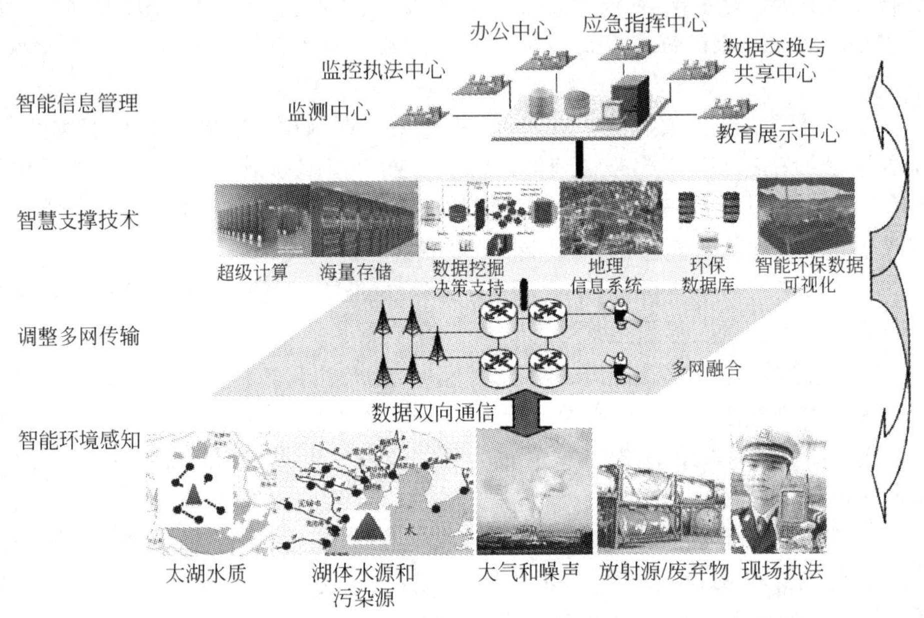

图 1-1 “智慧环保”总体架构

“智慧环保”是物联网和云计算技术与环境信息化相结合的产物，是物联网技术在环境保护这一特定领域的应用。其技术应用与传统的物联网既有共同点又有特殊之处，其技术架构可以拓展为 4 层：感知层、传输层、智慧层和服务层。

一、“测得准”的智能多元化环境感知

“测得准”的智能多元化环境感知是指利用传感器、多跳自组织传感器网络以及任何可以随时随地感知、测量、捕获和传递信息的设备、系统或流程，实现对环境质量、污染源、生态、辐射等环境因素的“更透彻的感知”，主要包括数据采集、处理技术以及传感器的部署、自组织组网和协同等技术，以传感器等采集感知技术、射频识别（RFID）技术、卫星遥感技术、全球定位系统、地理信息系统以及无线传感器网络技术为代表。

二、“传得快”的高速网络传输

“传得快”的高速网络传输是指利用环保专网、电子政务网、运营商网络及卫星通信网络，将个人、企业、社团组织和环境监测与管理信息系统中储存的环

境信息进行交互和共享，实现“更全面的互联互通”，需要利用异构的网络接入技术和基础核心网络技术，包括基础 NGN（下一代网络，next genereration network）核心网和 FTTH（光纤到户，fiber to the home）、3G、Wi-Fi、蓝牙、Zigbee（紫蜂宽带）、UWB（超宽带，ultra wide band）等接入技术。

三、“搞得清”的智慧信息处理

“搞得清”的智慧信息处理以云计算、虚拟化和高性能计算等技术手段和科学的环境分析模型，整合和分析多维度海量的跨地域、跨行业的环境信息，实现海量数据存储、实时处理、深度挖掘和模型分析，实现“更深入的智能化”。

面向多维海量环保信息，建设先进的高性能计算和海量数据存储支撑平台，在专家并行处理系统、环保数据挖掘和地理信息技术应用方面，将提供可靠高效的高性能智能计算支撑环境。在这个功能强大的计算平台上，通过数据挖掘和分析工具、集成环保专家知识、结合环保理论模型和环保专家经验模型，对大量实时和历史数据的挖掘、评测与关联性分析，深度获取和积累相关环保知识（如蓝藻成因分析），更广泛地掌握其中的科学规律，全面提升分析决策的智慧化程度，包括准确判断环境状况和变化趋势（如蓝藻暴发），对环保危急事件进行预警、态势分析、应急联动提供准确的分析，掌握水、气、土壤等多相生态环境变迁和关联性的规律，对完善环境法律、法规体系、环保行业监测规程和技术标准、环保发展战略的规划等提供充分的科学依据。

智能信息处理不仅可以为面向服务的信息管理平台建设提供强有力的知识决策支持，也可以支持感知层的分布式信息融合，为前端的感知提供精准化、智慧化的科学依据。此外，智能信息处理还可以基于智能数据可视化技术，进一步提升数据显示和表达中的智慧化程度，可将各类型传感器感知到的基础数据以图形方式直观表达，并对这些图元数据作可视分析，从而能够让各个层面的用户直观认识和理解这些感知数据，实现辅助决策的目的。

四、“管得好”的智能管理服务

“管得好”的智能管理服务是指利用云服务模式，建立面向对象的业务应用系统和信息服务门户，向社会公众发布环境信息，方便公众参与污染治理与监督；为环境保护科学研究提供全面的科学数据；为节能减排、污染防治、生态保护、核与辐射管理等环保业务提供“更智慧的决策”。

在管理中心统一的平台上根据环保局管理工作和相关业务的需求，按照环保数据规范，建设监测中心、监控执法中心、数据交换与共享中心、应急指挥中心、办公中心等管理分中心，形成内外结合的、高度可视化的综合管理服务系统平台，为各业务部门、管理决策部门、环保专家、行政执法人员、企业、公众和其他应用部门提供智能化、可视化的环保信息管理应用和综合服务平台。

通过项目的建设，“感知环境，智慧环保”工程将在环保监控物联网技术规程、环保信息化服务流程、环保数据管理机制和新一代环保信息系统应用细则等方面形成国家级的标准示范，在未来环保行业标准、政策法规、发展战略的中长期规划中发挥引领作用。

第三节　国外信息化建设经验对我国智慧环保建设的启示

一、美国

美国信息化的历史经历了准备阶段（20 世纪 70 年代至 1992 年）、正式起步阶段（1993 ~ 2000 年）和全面发展阶段（2001 年至今）。美国推进信息化建设实践主要集中在下述几个方面。

（一）战略政策

美国所确立的全球优势与政府推动信息化的公共政策密不可分。美国联邦政府高度重视本国的信息化建设，并把信息化发展战略作为国家总体发展战略的重要组成部分。长期以来，美国一直通过继续占据信息技术研发和应用的制高点，提高信息占有、支配和快速反应的能力，从而主导未来世界的信息传播，保持和扩大信息化方面的整体优势。

1. 国家信息基础设施（NII）战略

1993 年美国联邦政府率先提出“国家信息基础设施”（National Information Infrastructure，NII）计划，即人们俗称的“信息高速公路计划”，其目标是用 20 年时间，投资 4000 亿美元，完成全国信息基础设施建设，将全美各地的企业、学校、图书馆、医院、政府机关和大部分家庭借助计算机联成一体，实现信息资源共享；并在此基础上进一步使之成为全球信息基础结构的骨架，争取在未来世界信息网络中保持优势地位。从此，发展信息高速公路成为美国联邦政府的一项重要国家战略。

2. 全球信息基础设施（GII）计划

1994 年 3 月，美国副总统戈尔在布宜诺斯艾利斯举行的信息技术联盟（ITU）世界电子通信发展大会上发言，首次提出“全球信息基础设施”（global information infrastructure，GII）的概念，并在其倡导的五项原则的基础上提出了 GII 行动纲领。GII 由地方、国家和地区的网络组成。作为“网络的网络”，GII 将推动全球信息共享，推动全球的相互联系和通信，从而创造一个全球的信息大市场。

3. 下一代网络（NGI）计划和 Internet II 计划

下一代网络（next generation internet，NGI）计划是美国前总统克林顿于1996年10月6日宣布的，参加该计划的部门包括美国国家科学基金会（NSF）、国防部（DOD）、能源部（DOE）、NASA 和美国标准与技术研究所（NIST）等五个部门。实施 NGI 的意义在于使因特网更新换代，以全面保持美国在信息和通信技术上的领先地位、在科学技术方面的优势、在经济上的发展、在军事上的强大。

1997年10月，美国约40所大学和研究机构的代表们在芝加哥商定共同开发 Internet II 计划。这个计划不久就被列入 NGI 计划之中，成为它的一个组成部分。其主要内容是为美国的大学和研究机构建立并维护一个技术领先的网络，使下一代网络能充分实现宽带网的媒体集成、交互性以及实时合作的功能，在全球范围内提供高层次的教育和信息服务。

（二）组织机构

美国的政府信息化工作是由美国联邦政府统一发起和组织的。美国作为世界上最早建立首席信息官制度的国家，已经建立了一套从上到下成熟完善的 CIO 职位体系。美国联邦政府、政府各部门与各州政府都同时设立首席信息官，专门负责联邦政府、各部门或各州政府的信息资源管理。

美国还通过立法形式规定了首席信息官的主要职责，包括制定战略规划和计划，监控信息化规划和项目的实施，管理和开发利用政府信息资源，提升部门的信息化实现能力等。这里需要强调的是，美国首席信息官制度或信息主管制度能真正发挥信息主管机制的效能，其信息主管的组织结构定位具有以下特点：信息主管处于领导决策层；信息主管具备必要的资源支配能力；信息主管具有跨部门的约束与协调权。另外，美国联邦政府的各个部门都设立了相应的首席信息官委员会，他们都在联邦政府首席信息官委员会的战略规划框架之内来规划本部门的信息化方向和战略。实践表明，这种体制能够较好地保证联邦政府信息化战略的有效实现。

重点案例分析：

美国联邦环保局分管环境信息的助理局长，由总统直接任命并出任联邦环保局首席信息官，专门负责环保局的信息资源管理与开发利用，并直接领导环境信息司工作。美国联邦环保局首席信息官的具体职责包括根据总局业务需求制定信息数据规划，为战略信息规划和投资过程提供指导与管理，制定并监督局内信息政策的执行，构建信息化整体架构，开发并监督信息安全项目的实施。

环境信息司在美国环保局是新成立的机构，目前共有400多名工作人员，主要负责收集、分析、发布环境信息，提供信息技术服务，对总局IT投资进行管理，并通过制定标准保证信息质量。其下设机构如图1-2所示。

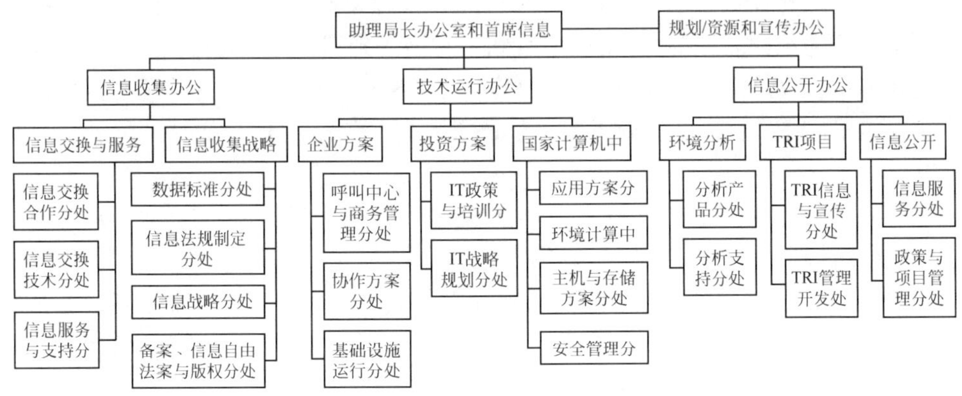

图1-2　美国环保局环境信息司机构设置

二、日本

（一）信息化发展战略

1992年5月日本出台了Mandara计划（曼陀罗计划）——一个规模更大的日本版信息高速公路计划，旨在建设面向21世纪的信息基础设施。2001年1月6日，日本实施了信息社会的纲领性立法《高度信息通信网络社会形成基本法》（俗称IT基本法）。随后，日本提出了国家战略政策性文件“E-Japan战略”，决心在5年内建成世界最高水平的信息通信网，大力发展电子商务，积极推行行政信息化、公共领域信息化，大力培养人才，确保信息通信网络的安全性和可靠性，把日本建成世界上最先进的IT国家，占领世界经济发展的制高点。2003年7月日本又制定了“E-Japan II战略”，其目标是“在2006年以及2006年以后日本将继续成为世界最先进的ICT（信息通信技术）国家”。E-Japan II战略的重点是加快推进现有的基础环境下的信息技术应用。

为加速该战略的实施，2004年日本制定了E-Japan II政策加速计划，吸引日本民众普遍应用各项信息技术并且推动各政府机关间的电子政务。2004年年底，日本公布细化为普及性（universal）、用户（user-oriented）以及独特性（unique）三个方面的U-Japan战略，完成了从“E战略”向“U战略”的升级。具体任务包括：“实现全民可以舒适利用的网络社会”及“国际合作”，实现可以持续创造新商机及服务的社会并“提供高品质的电子政务”，“确保ICT服务的安全性”和“透过ICT服务确保社会的安全”，实现“建设任何人都可以自由利用网络的环境”及“促进知识/信息的创造和共享”。

（二）信息化法规

自20世纪50年代以来，为了在高技术领域赶超美国，日本先后制定和修改了《电子工业振兴临时措施法》、《特定电子、机械工业振兴临时措施法》、《特定机械、信息产业振兴临时措施法》及《软件生产开发事业推进临时措施法》等法律法规，刺激信息技术的研究和开发。

2000年日本政府通过了“日本高度信息网络社会形成基本法”，明确了制定信息化政策的基本方针，实施信息化战略的领导机构及信息化重点计划的基本内容，成为推进日本政府信息化建设的主要法律依据。依据该法规定，日本政府在内阁设置了建设高度信息网络社会的战略总部，负责制定并实施信息网络社会重点计划，对信息化重大实施方案进行审议并制定推进措施。此外，日本还制订修改相关的法律法规，刺激信息技术的研究与开发。

三、德国

德国是欧洲头号经济大国，也是仅次于美国、日本的世界第三经济强国。为了增强综合国力和国际竞争力，德国非常重视信息化建设，1999年制定的《21世纪信息社会的创新与工作机遇纲要》是德国第一个走向信息社会的战略计划。进入21世纪后，德国又制定了《2006年德国信息社会行动纲领》，这是德国走向信息社会的主体计划，对信息化建设的主要方面提出了明确的目标，强调要通过政府创造环境，实行政府与产业界及社会各界的合作，形成向信息社会转移的体制和机制。

目前，德国正在制定第三套信息化行动计划（2006~2010年），这个计划与欧盟的信息社会计划是一致的。通过制定和实施信息化发展战略，德国信息化获得了较快的发展。

此外，德国重视运用法律手段加强信息安全。德国联邦经济和劳工部下属的联邦电信和邮政总局在为德国联邦其他部门提供基础电信服务的同时，还负责起草和制定《电信法》和《数字签名法》等法律，并协调联邦政府各部门有效使用数字签名来保障信息安全。联邦政府制定了具体的计划和措施加强互联网上的安全，包括颁布了《电子签名法》和《电子商务法》。

四、借鉴与启示

（一）国家信息化战略的实施

国家信息化战略是一个国家未来实施信息化的纲领性文件，也是一个国家未来的发展目标。国家信息化建设为了取得快速发展与全面推进，就必须要有科学、明确的发展战略。因此，作为国家信息化的一个重要组成部分，我国环境信息化同样也需要以科学的信息化发展战略和明确的战略目标为指导。环境信息化应纳入国家电子政务工程重点业务信息系统建设，依靠实施国家信息化重大工程，加速推进环境信息化建设。

（二）健全的信息化法律体系保障

法律法规体系建设事关信息化建设的规划与管理，也关系着整个信息化建设发展进程的快慢。实现信息化快速发展应以国家法律为基石。美国于1966年颁布《信息自由法》，旨在促进联邦政府信息公开化。德国颁布的《信息自由法》是德国政府信息公开的重要法律依据，而《联邦政府环境信息法》为德国公民享有对政府信息尤其是环境信息普遍知情权提供了强有力的法律保障。日本的信息立法也相对完善，解决了一些资源共享、三网融合、数字鸿沟等难题。因此，要想全面推进我国的环境信息化进程，就必须加强环境信息自由公开或共享立法，将环境信息公开和管理纳入法制化轨道，确立环境信息统一管理和发布的法律原则，确保环境信息化工作牢固的法律基础，真正实现环境信息资源的有效整合与共享。

（三）合理的信息化体制和机制

美国、英国、日本、德国、澳大利亚、加拿大等大多数信息化发达国家都已经在政府机关全面实施信息主管机制或首席信息官制（CIO），这极大地推动了各国政府信息化管理的进程，对政府部门的管理与运作产生了深远的影响，尤其在制定信息化战略、管理信息资源和处理跨部门协作问题方面发挥了重要作用。

另外，美国除在联邦层面上，区域办公室及各州环保部门中均设有环境信息办公室或信息专人，负责各部门的有关环境信息工作，包括信息收集、上传、维护、发布等。建立信息主管机制不仅仅是设立一个领导职位，更重要的是要建立起一套完整的信息主管职务体系、一套科学的信息主管流程规范和有效运作的信息化治理结构及其机制。因此，要保证我国的环境信息化工作的可持续发展，顺利实现环保部门从传统型组织到信息化型组织的转型，就必须要从领导机制和组织结构的层面上进行信息化机制改革，探索一条适合中国国情而又切实有效的环境信息化建设领导机制。建议在国家环境保护行政主管部门实行统筹信息化工作的信息主管制度，专职负责全国环境信息化工作。在机关设置信息化推进司，按照“统一规划建设、统一规范标准、统一归口管理”的“三统一”原则，对环境信息化工作实施行政管理职能。充实加强信息化工作技术支持单位，健全完善各级部门的信息化机构及工作领导体制和机制。

（四）良好的信息资源共享机制

信息资源共享是一项复杂的系统工程，它的实现有赖于建立强有力的保障机制。综观国外发达国家或组织信息资源共享的政策和实践，可以发现，虽然它们在信息资源共享方面存在着一定的差异性，但都充分认识到了信息资源的重要性，都将信息资源看作是国家和社会的重要资产，并且采取了一系列措施推进信息资源的开发利用。

总的来说，国外发达国家或组织的信息资源共享机制主要呈现出以下几个特点。

1. 多部门协调管理

发达国家或组织大多指定相应的机构或设置专门的机构从总体上负责指导和协调信息资源的开发利用，而这些机构往往是负责信息化建设的领导与协调机构。其他有关机构按照各自的职责协助其开展相关工作。

2. 法律法规和标准化体系较为完善

发达国家或组织很早就认识到信息资源开发的重要性，并分别制定了有关信息公开、个人信息保护、信息安全等一系列法律法规和元数据等标准，以保障信息资源共享的有序、健康发展。更为特别的是，英国、澳大利亚等国在法律法规和标准尚未正式出台以前，就先行发布了一些政策性指导文件。

3. 政府信息资源共享成为重中之重

发达国家或组织都认为政府是最大的信息创建者、采集者、消费者和发布者，非常重视政府信息资源的开发利用，将获取政府信息视为公众的一项权利，并对信息采集、共享、公开、保存与销毁等进行了规定。同时，还通过开设政府网站、设立政府信息资产目录、开展政府信息定位服务等方式，让公众方便地获取政府信息和服务。

第四节 我国环境信息化发展现状

进入21世纪以来，互联网、移动通信技术的飞速发展，为我国环境信息化应用提供了良好的外部条件，各级环保部门对环境信息化工作重要性的认识逐渐提高，建设资金投入逐年增加，建设进程逐步加快，特别是随着“十一五”期间一系列重大建设项目的实施，环境信息化建设取得了显著成效，为推进环境保护历史性转变、实现“数字环保”奠定了良好的基础。

通过信息交换平台门户建设，构建完成环境保护部和地方环保部门之间工作信息的交流窗口，实现了信息资源的共享和交互。同时初步完成非涉密文档传输系统的开发建设，为公文、简报等政务类信息的传输和交换提供了支撑条件。

随着创建服务型政府工作的深入开展，省级环保政府网站建设进一步推进。各地纷纷加大网站建设力度，进一步深化政府环境信息公开，增强环保部门为企业、公众和社会服务的效能，以网站为载体提升环保部门政府形象，大力促进环保电子政务的发展。各地普遍注重网站信息公开、在线办事和公众参与三大主要功能建设，提高了信息公开的规范性，加深了信息服务的深度，加强了公众参与。

经过多年的发展，环境信息化在组织机构、人才队伍和基础能力建设方面打下了良好基础，为环境信息化建设的强势推进提供了保障条件。

通过一批信息化重大工程的建设，环境信息网络系统覆盖到国家、省、市、县四级，环境信息标准规范建设取得了较大进展，环境保护部数据中心建设继续推进，电子政务综合平台数据中心稳定运行。

一、环境信息化发展战略及目标逐步确立

为加快推进环境信息化建设，环境保护部（简称环保部）加强环境信息化发展战略研究，明确了“加强领导，统一规划；归口管理，协调一致；需求主导，突出重点；整合资源，协同共享；统一标准，保障安全”的指导思想，提出了“信息强环保”战略，确立了“数字环保”总体目标。同时，环保部提出环境信息化建设要“以管理体制和机制创新为动力，以队伍和制度建设为先导，以信息网络基础设施和能力建设为基础，以环境保护电子政务和业务应用系统建设为重点，以提高信息服务质量和应用效能为核心，统一规划设计、统一规范标准、统一归口管理，全面整合、广泛共享和充分利用环境保护信息资源，加快推进信息化与环境保护相融合，明显提升环境保护监管体系的信息化水平，为提升环境保护管理与决策的科学化水平提供技术支撑、信息服务和科学依据”，使环境信息化工作有了行动依据和指南。

环境保护部确立了把“数字环保”作为总体目标后，山东、福建、深圳等省市进行了“数字环保”探索实践，率先开展了“数字环保”工程建设，通过建立环境管理业务数字化模型和环境信息综合应用平台，逐步向数字化环境管理转变，实现环境数据标准化、业务管理一体化、环境监控可视化、综合办公自动化、绩效评估规范化、环境服务公众化、环境决策科学化。

二、环境信息化发展的保障条件日益具备

经过多年的发展，环境信息化在组织机构、人才队伍和基础能力建设方面打下了良好基础，为环境信息化建设的强势推进提供了保障。

（一）初步建立环境信息化组织管理体系

环境保护部成立了信息化建设领导小组和信息化办公室，加强了对环境信息化工作的统一领导、统一规划、统一管理，一些省级环保部门也先后成立了环境信息化领导小组和办公室。进一步加强了各级环境信息中心建设，截至 2010 年，已成立了 27 个省级环境信息中心，113 个市级环境信息中心，基本建成了国家、省、重点城市的三级架构，形成了以环保部信息中心为中枢、省级环境信息中心为骨干、地市级环境信息中心为基础的技术支撑和管理体系。

（二）努力打造一支高素质的环境信息化人才队伍

依托环境信息化建设项目，各级环保部门加强了环境信息技术人才的引进、培养与队伍建设工作，通过实施管理与技术培训、应用交流等措施，不断提高从业人员的素质和能力，在全国范围内初步形成了一支业务能力强、管理水平高的环境信息化人才队伍。

三、环境信息化基础网络建设稳步推进

近年来，通过重点工程项目的带动，全国环保系统网络基础设施建设稳步推进，内网、外网建设已初具规模，为环境信息化应用奠定了基础。通过"十一五"期间的环保重点项目"国家环境信息与统计能力建设项目"的建设，全国环保系统信息传输网络进一步拓展和延伸，环保专网覆盖国家、省、市、县四级环保系统，环境信息传输与统计能力大幅提升。环保部机关、部分直属单位、各省以及大部分地市环保部门均建成了内部局域网络，为内部办公和业务应用提供了基础网络支撑环境。

四、环保核心业务信息化逐步推进

（一）通过利用信息化手段提高业务信息化水平

1. 业务应用领域不断拓展

环保部通过组织一系列建设项目的实施，陆续开展了环境质量自动监测数据管理、卫星遥感监测、环境统计、建设项目环境影响评价管理、排污申报与收费、污染源在线监测管理、生物多样性管理、自然保护区管理、核电厂在线监测

管理、环境应急管理、固体废弃物管理等业务应用系统的建设工作。据不完全统计，环保部机关和在京直属单位在运行的业务应用系统已达三十余个，这些系统为环保业务管理工作提供了重要的技术支撑。地方各级环保部门结合自身需要，在建设项目环境管理、重点流域污染防治、环境自动监控等领域积极开展应用系统建设工作，提高了信息资源开发利用水平。全国性的信息化应用系统——国控重点污染源自动监控系统建设已经形成了能力，固体废弃物管理实现了与海关联网数据交换，全国固体废弃物管理信息系统正在建设之中。

2. 环境管理手段迈向现代化

信息技术与监测预警、执法监督等环境管理手段日益融合，提高了管理的效率、效能。各地大力推进污染源在线监控系统建设，运用自动控制、无线通信、地理信息系统、数据库及网络工程等技术手段，完成了自动监控系统的联网集成，建立了各级环境监控中心和应急指挥调度中心。特别是环境与灾害监测小卫星的成功发射，为环境污染监测，生态变化监测，自然灾害监测、预警评估和应急处置提供了先进的平台，成为环境信息化水平显著提升的重要标志。

3. 信息化支撑污染源普查活动

利用信息技术，完成了普查数据采集、核查、汇总、分析，建成了重点污染源空间数据库及管理平台，建立了重点污染源档案和数据库，为综合利用普查成果、制定完善环境管理政策提供了基本依据。

（二）通过三级联动项目推动业务信息化能力建设

随着环境保护工作的深入开展，国家、省、市三级正在逐步建立各类环保业务应用系统。环境监察信息系统覆盖了国家、省、市三级相关的环境监察部门；环境保护建设项目管理系统将由国家级系统逐步扩展到省、市、县三级环保管理部门；排污费征收管理系统在全国联网，将应用于排污申报登记、排污量核定、排污费征收等日常环境监管业务；生物安全信息系统初步建成。部分省市的环境保护部门根据工作需要，建设了一批覆盖当地的环境保护业务应用系统。

五、环境信息化标准规范体系不断完善

完善的标准规范体系是环境信息化建设总体框架下最基础的保障体系，标准规范体系建设是信息化建设的基础性工作。“十一五”期间，以污染减排“三大体系”能力建设项目为契机，按照急用先行、全面推进的原则，环保部组织实施了环境信息化标准规范体系建设工程，制定了《环境信息化标准指南》，编制出台了《环境信息分类与代码》等16项环境信息标准规范。目前，17项标准规范正在编制之中，为规范项目建设的运行管理以及环境信息共享与交换奠

定了技术基础。

六、环境信息与统计能力逐步提高

“十一五”期间国家重点工程“国家环境信息与统计能力建设项目”的实施，构建了覆盖国家、省、市、县四级三层的环境信息网络系统，建立了国家和省级两级减排综合数据库、数据交换与共享平台以及各级环境信息管理与应用协同工作平台，实现了污染物减排数据的传输、交换与共享。项目的建成对污染减排工作形成了重要支撑，使污染源监测、监控数据的传输、交换、统计分析能力得到提高，为整个“三大体系”能力建设提供了有力支撑。

七、环保电子政务建设成效显著

近年来，围绕环保政务信息化的需要，环保电子政务建设和应用取得了显著成效。

（一）政府门户网站建设有声有色

各地不断加大网站建设力度，进一步深化政府环境信息公开，增强环保部门为企业、公众和社会服务的效能，以网站为载体提升环保部门的政府形象。环保部政府网站的信息量、时效性、功能性不断增强，社会公众认可度不断提高，日均访问达到四万人次。2007 年以来，环保部已连续三年组织实施了省级环保部门政府网站的绩效评估，取得了显著成效，涌现出一批信息公开透明、在线办事方便、互动交流顺畅的优秀网站，北京、广东等 9 省市已实现了行政许可事项百分百网上申报、查询和公示，极大地方便了企业和公众办事，提高了办事效率，实现了服务型政府建设的重大突破。

（二）机关办公自动化程度不断提高

环保部机关公文运转、信息处理普遍实现了信息化、网络化，利用网络年处理公文、信息达 10 万余件。通过政务信息交换平台，实现了环保部与地方环保部门之间的政务信息交流与共享。建成了非涉密文档传输系统，实现了环保公文、简报等政务类信息的网络传输和交换，节约了文件传输成本，提高了公文执行的时效性。通过电子政务综合平台，实现了政府办公、应用集成、数据共享和信息服务一体化，综合平台被评为全国“办公自动化典型应用系统”。部分省、市级环保部门以实现办公自动化和环保行政审批工作的网络化、电子化为核心，也陆续开展了环保电子政务综合平台建设，对各类环保行政审批业务流程进行集成管理，促进了环保行政管理工作的规范性和高效性。

（三）环保视频会议系统建设与应用富有实效

全国环保视频会议系统已建成37个接入点，覆盖了31个省级环保厅（局）、新疆生产建设兵团环保局和5个计划单列市环保局，北京、天津、浙江等省市已将视频会议系统逐步扩展到所属市、区、县。环保部以及地方环保部门以此为载体多次召开全国性、地方性环保工作会议，大大降低了环保行政成本，提高了工作效率和处理环境应急事件的能力。

第五节　我国发展智慧环保面临的机遇与挑战

一、我国智慧环保的发展机遇

（一）“大数据”背景下的环境信息服务呼唤观念创新与职能变革

国内外媒体称2013年为“大数据元年”。大数据如同浪潮一般席卷全世界，不仅在信息技术行业备受瞩目，更成为变革科研、商业、政府运作方式乃至人类思维方式的一个热点。剑桥大学教授维克托·迈尔-舍恩伯格（Viktor Mayer-Schönberger）是最早洞见大数据发展趋势的科学家之一。他在2013年初出版的《大数据时代：生活、工作与思维的大变革》（*Big Data*：*A Revolution That Will Transform How We Live*，*Work And Think*）一书中写道：“大数据开启了一次重大的时代转型。就像望远镜让我们感受宇宙，显微镜让我们能够观测微生物一样，大数据正在改变我们的生活以及理解世界的方式，成为新发明和新服务的源泉，而更多的改变正蓄势待发……”

在环境保护领域应用大数据技术可以视作是建立创意与实用兼具的环境治理模式的崭新开始。借助大数据采集技术，我们将收集到大量关于各项环境质量指标的信息，通过传输到中心数据库进行数据分析，直接指导下一步环境治理方案的制订，并实时监测环境治理效果，动态更新治理方案。通过数据开放，将实用的环境治理数据和案例以极富创意的方式传播给公众，通过一种鼓励社会参与的模式提升环境保护的效果与效率。在大数据时代背景下环境信息化工作的开展将逐步呈现出以下特征。

（1）传统的环境监测与环境业务信息将与社会、经济、能源、资源、气象、水文、林业、国土、公众参与等众多信息一起成为环境管理决策的重要信息来源。

（2）技术层面，海量数据的分析挖掘技术和环境模型技术的应用，将助推环境信息化从业务管理的辅助工具转变为环境管理决策支持的重要手段。

（3）在信息服务业务职能转变方面，环境信息中心将作为环境管理决策支持专题数据的信息服务部门，为环境管理决策支持提供更为丰富的决策依据数据产品，并逐步强化环境信息中心在环境管理决策支持中的职能，使之成为环保部的决策中枢机构之一。

（二）我国“数字环保”建设处于巩固成果、优化提升的关键时期

进入21世纪以来，互联网、移动通信技术的飞速发展，为我国环境信息化应用提供了良好的外部条件，各级环保部门对环境信息化工作重要性的认识逐渐提高，建设资金投入逐年增加，建设进程逐步加快，特别是随着“十一五”期间一系列重大建设项目的实施，基础网络与信息系统软硬件基础环境得到了一定程度的提高，环境保护部根据自身业务需要建立了一系列环境保护业务系统和相关数据库，实现了对环保基础数据与业务数据资源的初步开发利用，形成了对环保业务的基础保障与支撑。环境信息化建设取得了显著成效，为推进环境保护历史性转变、实现“数字环保”奠定了良好的基础。

虽然国家环境信息能力建设取得了一定的成绩，但与当前社会经济发展的需求相比还有很大差距。主要体现在环境信息资源缺乏统一的整合，信息共享水平较低，系统建设缺乏有效的集成，应用系统运行效率较低，没有形成整体的信息服务能力，无法实现环境信息的全面资源化。

当前，实现环境信息的资源化共享与服务、环境管理业务的高效有机协同和环境管理决策的科学定量化与智能化是巩固信息化建设成果、优化提升信息化水平的关键性问题，也是进入新时期我国环境信息化工作需要重点突破的方向。

（三）信息技术的发展助推“数字环保”向“智慧环保”迈进

1. 全球信息技术应用趋势

进入知识经济时代，信息化迎来了新一轮建设热潮，这股热潮的特点可以简单地用“更快、更高、更强”来形容，这意味着信息通信技术服务的速度将更快，普及、深化应用的要求将更高，提供的性能也将更强大。预计未来几年，全球信息技术应用将呈现以下趋势。

（1）物联网与智慧城市深入发展。目前，以云计算、物联网为代表的信息通信技术应用，为实现城市的智能化发展创造了条件。云计算市场发展速度非常快，预计2012年将达到1280亿美元，大量的数据、应用已经产生出来，大量的服务也被放上来。一个随时在线、随时连接的世界将应运而生，从根本上改变城市的工作、生活和娱乐方式。物联网会在城市监控、智能交通、环境保护、资源管理、公共安全、工业监测、社会服务、智能家居等各个领域发挥作用，促使人

们生产、生活和消费方式的变革。与此同时，智慧城市的发展将不断引领出新业务、新领域，不断为新的生产和生活方式增添智慧灵性，为政府提供新的管理和服务手段，为企业呈现新的商机，为市民带来新的体验。总之，信息化让城市的经济社会发展产生了深刻变革，促进了城市经济、社会与环境的协调发展，使城市更加宜居，生活更加美好。

（2）信息技术重构社会发展方式。未来，微电子、计算机、网络通信和软件等各种信息通信技术将加速创新，不断突破时间、空间的限制以及终端设备的束缚。信息通信技术创新的内涵将更加丰富，技术、网络、应用、服务深度融合，不断创新产业形态和商业模式。这些新兴产业形态的培育和发展，使得各产业之间的边界更加模糊、日益交融，其蕴藏的巨大能量既满足了人们越来越高的服务需求，反过来也给现代产业体系注入新的内涵，有生命力的新兴产业形态发展到一定阶段，将成为促进经济社会向网络化和数字化迈进的重要载体。信息通信技术的创新和扩散，正在重构经济社会发展的新方式。从生产方式转变来看，信息技术在工业生产研发设计、生产制造经营管理等领域的深化应用，正在引发社会生产方式的深刻变革，柔性制造、网络制造、绿色制造、智能制造、全球制造日益成为生产方式变革的方向。信息通信技术的深化应用，使得产品分工、产业分工和资源配置正在转向以信息和全球资源为基础，产品供应链和客户关系管理得到延伸，新兴的组织管理模式不断涌现。

（3）绿色信息产业推动循环经济发展。积极推进节能减排和循环经济是适应当前全球发展趋势的必然要求，信息技术应用和信息化对传统行业节能减排有很大帮助。随着信息技术产业自身的绿色化（green of ICT），开发低能耗信息技术产品、实现制造/服务过程绿色改造、加强信息技术产品的可回收利用等，将为整个国家（地区）的绿色经济做出积极贡献。此外，集团管理监控系统在大型企业环保方面也将发挥巨大作用，这已经得到很多专家、企业的一致肯定。能源是国民经济的基础，加强信息化建设是做好能源工作的重要条件，集团管理监控系统既可以实现对企业有效的管理，同时可以设定相关指标，监控企业的环境与能耗数据，在有效提升企业竞争力的同时，控制能源消耗和污染物排放，对国家能源的环保建设有着十分积极的作用，循环经济插上信息化的翅膀将如虎添翼。

（4）信息技术提高政府公共服务水平。随着信息化的发展，世界主要国家和地区政府本身的信息化能力不断提高，提供“人性化”的公共服务仍将是电子政务未来的改革和创新方向。一方面，政府将继续加强数据整合和互操作，提高政府信息资源的共享和利用程度，以提高公众和企业的办事效率，促进经济发展。另一方面，为建设更好的社会环境，增强社会的凝聚力和创造力，政府将努力提高电子政务的服务范围，确保所有公民，特别是急需社会支持而自身直接使用信息技术存在障碍的群体（如老人、残疾人、移民、低收入者等）能够从电子政务服务中受益。

（5）电子设备趋于微型化与可移动。电子设备正在变得越来越小、越来越轻，并且大多数是无线和移动的，高性能计算机也从大型机器转向较小、较便宜的机器类型发展。就更广泛的意义而言，成群移动技术概念将被应用于网络和各种应用，计算机网络将会反映社会网络，社会一旦出现某种需求，各种各样的硬件和软件产品将随即进行改装以满足这种特殊需求。各种设备的微型化和移动性所产生的社会效应将促使当前趋势继续延续，意味着更多的信息获取机会，更多的信息交流和人与信息更加自由的流动。

2. 我国信息技术发展趋势

在我国信息技术的应用正朝着智能化、虚拟化、集成化和绿色化方向发展。

（1）信息技术的智能化是在柔性化和集成化基础上的进一步发展与延伸，未来，它的研究重点将是具有自律、分布、智能、仿生、敏捷、分形等特点的新一代制造系统。

（2）虚拟化信息技术主要包括CPU、服务器、存储、操作系统、管理软件、虚拟产品开发、虚拟制造、虚拟企业等，目前虚拟化技术正在进入爆炸式发展期，整合项目仍然是虚拟服务器采购的强大驱动力，企业业务的延续性和实用性成为了虚拟化增长的两个重要原因。

（3）信息技术的集成化是基于一定标准，从部门内部的信息集成、功能集成发展到过程集成、部门间的集成和网络集成，主要是为了解决信息系统间的信息交流和共享问题。

（4）信息技术的绿色化是加大信息技术在促进节能减排降耗中的应用，随着国家对信息化可持续发展的更加关注以及虚拟化等诸多节能技术的逐渐深入应用，绿色信息技术将逐渐成为潮流。

二、我国智慧环保面临的主要挑战

虽然我国环境信息化工作经过多年建设已经取得了一定的成绩，但随着国家环境保护管理要求的不断提高，特别是应对国务院提出的重点污染物减排目标，以及建立和完善“科学的减排指标体系、准确的减排监测体系、严格的减排考核体系”的要求仍有较大差距。

（一）信息化基础能力不足

环境信息化基础设施缺乏，现有环境信息基础网络覆盖面不够，基础应用平台数据中心建设滞后。环境信息化管理机构能力不健全，基层环保部门环境信息执行能力严重不足。

1. 业务应用不能满足环境保护工作的需要

（1）污染减排、综合办公业务应用系统不能满足环境监督管理工作的需要。我国各类环境管理业务应用系统建成于不同时期，普遍存在着重硬件、轻软件，重建设、轻应用的现象，随着时代的发展和环境保护管理要求的不断提高，原有系统的功能已远不能满足环境监督管理的动态需求。同时，由于缺乏统一的环境信息标准和规范，导致现有应用系统在兼容性、开放性和扩展性方面较差，严重制约了环境信息资源的综合开发与利用，无法为环境管理与决策提供有效的辅助支持。

（2）环境质量监测、生态保护、核与辐射安全、环境应急管理、环境遥感等环保核心业务信息化水平不高。当前，国家环保工作力度进一步加大，各级环保部门承担的工作任务十分繁重。虽然已经建立了部分业务管理信息系统，但不同业务系统发展不平衡、标准不一致、功能不完善，难以适应新形势下环保工作要求，主要表现在环境监测整体能力还不适应新时期的环境管理需要，环境监察信息化、自动化水平急需提高，地方环境遥感应用基础能力不足，还无法形成有效的环境遥感监管业务能力等。环保核心业务信息化应用水平不高，制约了环境管理效率和环境监管能力的提高。

（3）环保政府网站提供的服务不能与环保部门日益提升的社会责任相匹配。目前，环保部政府门户网站服务内容比较单一，提供的环境信息检索能力比较弱，很多环境数据还是以统计列表等不直观的方式展现给公众，网站的互动服务无法满足社会公众的实际需求。

2. 数据的交换与共享无法满足资源整合的客观需求

我国多年来的环境监测、统计与考核管理工作积累了大量的基础数据，但是这些基础数据不能实时、准确地传输和汇交到各级环境保护管理部门，且应用上比较分散，功能上仅具有查询检索和简单的汇总统计，只能满足单一业务管理的需求，不能从整体上、多方位、完整地反映我国环境质量的总体状况。随着环境管理业务工作的协同需求，环境数据之间的关联关系不断增强，目前的数据交换与共享机制、体系无法满足资源整合与信息共享的实际需要。

3. 安全保障体系不能满足日益复杂的系统运行环境

随着信息技术的快速发展，信息安全问题已成为环境信息能力建设的一个关键性问题，这直接关系到环境保护应用系统的正常稳定运行，关系到环境保护业务数据的安全。然而目前环境信息化建设缺少统一的安全管理体系和管理制度，这势必会成为环境信息能力建设稳步推进的绊脚石。

4. 创新型技术的应用难以满足环境保护业务快速发展的步伐

随着国家经济的快速发展，环境问题的多样性、复杂性也日益突出，如何通过信息化手段快速、有效地解决环境问题已经被国内外普遍关注，《国民经济和社会发展信息化“十二五”规划》明确提出物联网等技术应用将作为今后国家信息化发展的重心。加快物联网、地理信息系统等高科技技术在环境保护领域的应用，加快推进电信网、广播电视网、互联网“三网融合”，是全面保障国家环境保护工作与可持续发展，提高国家环境监管能力和管理工作水平，解决环境保护信息资源化等重大科技问题的重要手段。

（二）环境信息化保障体系落后

1. 环境信息标准规范体系不健全

环境信息标准规范建设是“三大体系”能力建设的重要内容，是各业务部门资源共享与协同工作的基础。目前，针对“三大体系”的应用标准、信息资源标准、应用支撑标准、网络基础设施标准、信息安全标准、管理标准及相关的技术规范尚未制定，协同工作与资源共享的机制尚未建立，严重制约了环境管理的综合决策水平。因此，必须加强环境信息标准规范体系建设，加强环境信息标准规范的执行力度，全面满足“三大体系”能力建设对环境信息标准规范的客观需求。

2. 信息化运行管理体系机制不顺

经过多年的努力，环境信息化建设虽初具规模，但环境信息化建设、运行和管理机制不顺，缺少管理的要求和相应的制度，尚未形成完备的环境信息化运行管理体系，缺乏统一的标准和规范，环境信息化建设各自为政、信息孤岛、数出多门等现象依然比较突出。

（三）人才储备不能满足环境信息化快速发展的需要

截至2010年，全国仍有5个省环保厅（局）尚未设置独立的信息化管理机构，全国345个地级市中仅有30%设有独立的信息化管理机构，机构建设落后的现状直接导致信息化人才储备的严重不足，从而大大制约了环境信息能力建设的持续发展。

第六节　我国智慧环保的发展策略

一、以标准化为纲，促进系统建设规范化

环境信息化的建设与发展必须加快制定统一的环境信息标准规范，大力推进

标准的贯彻落实。对多年的环境数据进行整合，梳理出明确规范的编码体系和数据规则，再通过对历年业务数据的收集和整理，归纳并建立统一规范的环境数据标准和信息管理体系。各业务系统的建设应遵循统一的标准规范。

二、以数据流为轴，提高信息资源共享的水平和能力

应严格遵循环境保护行业标准和环境信息化标准，以多维、立体化的思维模式，从数据库架构升级、数据结构改善、数据字典规范化、数据内容核准与筛选4个方面入手，对原有数据库架构和数据结构进行升级改造，确保数据的准确性、唯一性，全力打造出科学完善的数据模型体系，为监测信息化的高级应用提供根本的数据保障和技术支持。

通过数据中心建设，形成环境信息资源目录体系；推动数据共享机制的建立，构建环境信息资源共建共享技术指引；逐步形成环境信息统一编码规则和元数据库数据字典。

在数据中心建设过程中，应开展信息资源规划，以污染源全生命周期管理、总量减排等为主线，进行数据的梳理整合，构建全域数据模型。在《环境信息分类与代码》标准的约束下，生成全域数据模型。全域数据模型主要用以指导支撑环保部门各类业务系统数据模型的设计，逐步深化并持续改进。

三、以顶层设计为本，破解业务系统建设偏失

将环境信息化建设涉及的各方面要素作为一个整体进行统筹考虑，在各个局部系统设计和实施之前进行总体架构分析和设计，厘清每个建设项目在整体布局中的位置，以及横向和纵向关联关系，提出各分系统之间统一的标准和架构参照。

可以先进成熟的联邦事业架构（federal enterprise architecture，FEA）、电子政府交互框架（e-government interoperability framework，e-GIF）、面向电子政务应用系统的标准体系架构（standard and architecturc for e-government application，SAGA）等理论框架为指导，对环保业务系统进行分析，确保环境信息化体系方向正确、框架健壮，确保各业务系统边界明确、流程清晰。同时，项目建设不应急于求成，而要按照“再现—优化—创新”三段式发展，循序渐进地推动各项业务应用系统的标准化和规范化，最终达到通过信息技术支持行政管理机制创新和变革的效果。

四、以流程规范为重，通过整合与重构推进业务协同

传统环境管理方式中的职责不清、工作流程随意性大是制约环境信息化发展的重要管理因素。环境信息化离不开业务流程的优化。某种程度上讲，环境信息化伴

随的流程再造过程，是变“职能型”为“流程型”模式，超越职能界限的全面的改造工程。如果环境管理业务流程不能事先理顺，不能优化，就盲目进行信息系统的开发，即便一些部门内部的流程可以运转起来，部门间的流程还是无法衔接的。

环境信息化建设，应充分重视业务流程的梳理和规范化的作用，以标准、规范的工作流程逐渐替代依赖个人经验管理环境事务的方式：一方面对已有的应用系统要进行深入整合，实现重点业务领域的跨部门协同；另一方面随时适应环境管理组织体系的调整，重构一些重大综合应用系统。

五、以数据挖掘和模型技术为径，提升综合决策能力

尽管环境监测数据、环境统计数据和污染源监测数据量不断增大，但目前数据深加工尚不充分，对数据信息的挖掘不足，需要建立环境监测信息挖掘系统，形成环境质量评价的二级指标和环境评价深加工产品，进行流域、区域和城市等不同层次的数据信息深加工。基于数据挖掘和统计学的环境质量信息深度挖掘，以数据挖掘技术、统计学和区域化变量理论为基础，以数据挖掘算法、时间序列统计分析方法、变异系数为主要工具，构建环境质量信息挖掘模型、环境统计分析方法和环境信息时间序列分析模型，用于分析和预测环境质量的空间或者时空现象的相关的值。同时实现环境质量的空间探索，通过频数、平均值、最大值和最小值等汇总统计结果，全面刻画环境质量的空间分布和变化趋势。对环境统计数据进行深度挖掘，既可实现环境统计公报、年报等常规出版物的输出，又能整合其他部门的各类社会—经济—环境数据，提高对环境统计数据的分析能力，提升对环境管理的支撑水平。

引入先进的模型技术，构建环境模型模拟与预测体系，利用环境信息感知平台获取的数据，为环境管理提供模拟、分析与预测。通过环境时空数据挖掘分析，开展环境经济形势联合诊断与预警分析，以及基于“社会经济发展—污染减排—环境质量改善”的环境预测模拟，开展环境形势分析与预测，识别经济社会发展中的重大环境问题；开展环境规划政策模拟分析，探索建立各类政策模拟分析模型系统，实现排污收费、排污权交易、生态补偿、价格补贴等手段对经济社会的影响的预测，开展环境经济政策实施的成本分析；开展环境风险源分类分级评估、环境风险区划等工作，支撑环境风险源分类分级分区管理政策的制定。

第二章　智慧环保理论基础

基于前文“智慧环保”的概述，“智慧环保”是在“数字环保”的基础上借助物联网技术，把感应器和装备嵌入到各种环境监控对象（物体）中，通过超级计算机和云计算将环保领域物联网整合起来，实现人类社会与环境业务系统的整合，以更加精细和动态的方式实现环境管理和决策的“智慧”。“智慧环保”是“数字环保”概念的延伸和拓展，是信息技术进步的必然趋势。

智慧环保是环境科学与工程、信息技术、自动化与人工智能相结合所产生的理论体系（图2-1）。其中，环境科学与工程是智慧环保的需求和目标，同时也是智慧环保的根源，信息技术、自动化与人工智能是智慧环保实现的方法和途径。孤立的环境科学与工程、信息技术、自动化与人工智能无法形成智慧环保，正是三者相互交融和演化，最终形成了智慧环保的理论体系，这也是当今信息时代发展的必然趋势。

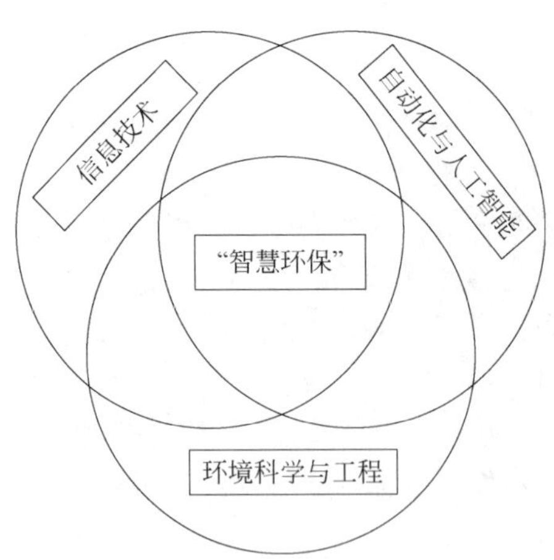

图2-1　智慧环保理论体系的形成

第一节　面向可持续发展的复合生态系统理论

一、可持续发展的含义与原则

在 1987 年由世界环境及发展委员会所发表的布伦特兰报告书所载的定义：可持续发展是既满足当代人的需求，又不对后代人满足其需求的能力构成危害的发展，既要达到发展经济的目的，又要保护好人类赖以生存的大气、淡水、海洋、土地和森林等自然资源和环境，使子孙后代能够永续发展和安居乐业。可持续发展与环境保护既有联系，又不等同。环境保护是可持续发展的重要方面。可持续发展的核心是发展，但要求在严格控制人口、提高人口素质和保护环境、资源永续利用的前提下进行经济和社会的发展。发展是可持续发展的前提，人是可持续发展的中心体，可持续长久的发展才是真正的发展。

可持续发展的三大原则如下。

（一）公平性原则

公平性原则包括了本代人之间的公平、代际的公平和资源分配与利用的公平。可持续发展是一种机会、利益均等的发展。它既包括同代内区际的均衡发展，即一个地区的发展不应以损害其他地区的发展为代价；也包括代际间的均衡发展，即既满足当代人的需要，又不损害后代的发展能力。该原则认为人类各代都处在同一生存空间，他们对这一空间中的自然资源和社会财富拥有同等享用权，他们应该拥有同等的生存权。因此，可持续发展把消除贫困作为重要问题提了出来，要予以优先解决，要给各国、各地区的人、世世代代的人以平等的发展权。

（二）持续性原则

人类经济和社会的发展不能超越资源和环境的承载能力，即在满足需要的同时必须有限制因素，也就是发展的概念中包含着制约的因素。因此，在满足人类需要的过程中，必然有限制因素的存在。主要限制因素有人口数量、环境、资源，以及技术状况和社会组织对环境满足眼前和将来需要能力施加的限制。最主要的限制因素是人类赖以生存的物质基础——自然资源与环境。因此，持续性原则的核心是人类的经济和社会发展不能超越资源与环境的承载能力，从而真正将人类的当前利益与长远利益有机结合。

（三）共同性原则

各国可持续发展的模式虽然不同，但公平性和持续性原则是共同的。地球的整体性和相互依存性决定全球必须联合起来。可持续发展是超越文化与历史的障碍来看待全球问题的。它所讨论的问题是关系到全人类的问题，所要达到的目标是全人类的共同目标。虽然国情不同，实现可持续发展的具体模式不可能是唯一的，但是无论富国还是贫国，公平性原则、协调性原则、持续性原则是共同的，各个国家要实现可持续发展都需要适当调整其国内和国际政策。只有全人类共同努力，才能实现可持续发展的总目标，从而将人类的局部利益与整体利益结合起来。

二、生态系统研究的演变

生态系统是由生物群落与无机环境构成的有机的统一整体。生态系统的范围可大可小，相互交错，全球最大的生态系统是生物圈。生态系统是开放系统，需要不断地向系统中输入能量。基础物质在生态系统中不断循环，能量在生态系统中不断流动。生态系统是生态学领域的主要结构和功能单位，属于生态学研究的最高层次。生态系统的组成成分包括非生物的物质和能量、生产者、消费者、分解者。无机环境是一个生态系统的基础，其条件的好坏直接决定生态系统的复杂程度和其中生物群落的丰富度；生物群落反作用于无机环境，生物群落在生态系统中既在适应环境，也在改变着周边环境的面貌。生态系统各个成分紧密联系，使生态系统成为具有一定功能的有机整体。

目前，人类经济社会活动深度和广度的拓展打破了自然生态系统良性循环的结构，扰动了自然生态系统物质循环、能量流动和信息传递的固有渠道和耦合关系，人类经济社会活动的不合理性打破了自然生态系统原有的秩序与循环，致使生态系统的资源环境问题不断加剧。人类经济社会活动的强力介入使纯粹意义上的自然生态系统已基本不复存在，而逐步演变为复合生态系统，复合生态系统成为人类经济社会活动与自然生态系统融合的统一体。这是人类社会与环境发展和演变的必然结果，也是生态学与生态系统理论研究所面临的客观形势。

三、复合生态系统的含义

复合生态系统是由经济、社会和自然资源环境三个子系统组成的，各要素之间联系紧密、相互制约、偶合互动的开放性、循环性的生态功能统一体。在社会—经济—自然复合生态系统中，人类是主体，环境部分包括人的栖息劳作环境（包括地理环境、生态环境、构筑设施环境）、区域生态环境（包括原材料供给的源、产品和废弃物消纳的汇及缓冲调节的库）及社会文化环境（包括体制、组织、文化、技术等），它们与人类的生存和发展休戚相关，具有生产、生活、供给、接纳、控制和缓冲功能，形成了错综复杂的生态关系。关于复合生态系统的研究许多学科均有涉及，这些学科是从生态学理论向生态系统理论的演进，从生态学与经济学的融合中发展起来的。

马世骏和王如松（1984）首次提出了复合生态系统的观点，认为它由社会、经济和自然三个系统组成，并且三个系统间具有互为因果的制约与互补关系。此外，他们又对三个系统进行了初步再分和细化，并展示了复合生态系统的构成。随后，马世骏（1990）又调整了复合生态系统的结构，认为其内核是人类社会，包括组织机构与管理、思想文化、科技教育和政策法令，是复合生态系统的控制部分；中圈是人类活动的直接环境，包括自然地理的、人为的和生物的环境，它是人类活动的基质，也是复合生态系统基础，常有一定的边界和空间位置；外层是作为复合生态系统外部环境的“库”（pool）（包括提供复合生态系统的物质、能量和信息），提供资金和人力的“源”（source），接纳该系统输出的汇（store），以及沉陷存储物质、能量和信息的槽（sink）。“库”无确定的边界和空间位置，仅代表“源”、“槽”、“汇”的影响范围。总体情况如图 2-2 所示。

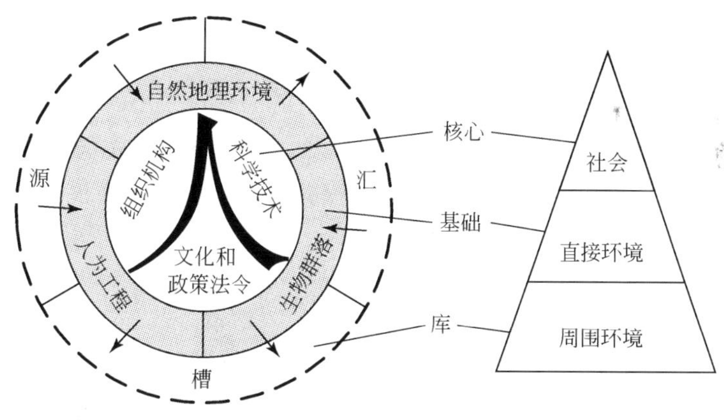

图 2-2 复合生态系统示意图

四、复合生态系统的特点

（一）复合生态系统动力学

复合生态系统动力是驱动复合生态系统的物质代谢、能量聚散、信息交流、价值增减以及生物迁徙的基本动因，包括自然和社会两种作用力，自然力和社会力的耦合导致不同层次复合生态系统形成特殊的运动规律。

自然力的源泉是各种形式的太阳能，它们流经系统的结果导致各种物理、化学、生物过程和自然变迁。社会力的源泉有三个方面：一是经济杠杆（资金），二是社会杠杆（权利），三是文化杠杆（精神）。资金刺激竞争，权利诱导共生，而精神孕育自生。三者相辅相成构成社会系统的原动力，自然力和社会力的耦合导致不同层次复合生态系统形成特殊的运动规律。

（二）复合生态系统控制论

复合生态系统发育、演化、兴衰的系统整合、适应、循环、自生机制，即对有效资源及可利用的生态位的竞争或效率原则，人与自然之间、不同人类活动间以及个体与整体间的共生或公平性原则，通过循环再生与自组织行为维持系统结构、功能和过程稳定性的自生或生命力原则。

复合生态系统不仅遵从自然界的“道理”，也遵从人类活动的“事理”和人类行为的“情理”，生态控制论不同于传统控制论的一大特点就是对“事”与“情”的调理，强调方案的可行性，即合理、合法、合情、合意。合法，指符合当时当地的法令、法规；合情，指为人们的行为观念并为习俗所能接受；合意，指符合系统决策者及与系统利益相关者的意向。

控制论涉及如下的一些原理。

1. 开拓适应原理

任一企业、地区或部门的发展都有其特定的生态位，由主导系统发展的利导因子和抑制系统发展的限制因子组成。资源的稀缺性孕育生物的改造环境、对外开拓、提高环境容量的能力和适应环境、调整需求、改变自身生态位的能力。成功的发展必须善于拓展资源生态位和调整需求生态位，以改造和适应环境。优胜劣汰是自然及人类社会发展的普遍规律。

2. 竞争共生原理

系统的资源承载力、环境容纳总量在一定时空范围内是恒定的，但其分布是不均匀的。差异导致生态元之间的竞争，竞争促进资源的高效利用。持续竞争的结果形成生态位的分异，分异导致共生，共生促进系统的稳定发展。生态系统这种相生相克作用是提高资源利用效率、增强系统自生活力、实现持续发展的必要条件，缺乏其中任何一种机制的系统都是没有生命力的系统。

3. 乘补自生原理

当整体功能失调时，系统中某些组分会乘机膨胀成为主导组分，使系统疯长或畸变；而有些组分则能自动补偿或代替系统的原有功能，使整体功能趋于稳定。要推进一个系统的演化，应使乘强于补；要维持一个系统的稳定，应使补胜于乘。

4. 循环再生原理

世间一切产品最终都要变成废物，世间任一“废物”必然是对生物圈中某一组分或生态过程有用的“原料”或缓冲剂；人类一切行为最终都会以某种信息的形式反馈到作用者本身，或者有利、或者有害。物资的循环再生和信息的反馈调节是复合生态系统持续发展的根本动因。

5. 连锁反馈原理

复合生态系统的发展受两种反馈机制所控制，一是作用和反作用彼此促进，相互放大的正反馈，导致系统当前发展状态的持续增长或衰退；另一种是作用和反作用彼此抑制，相互抵消的负反馈使系统维持在稳态附近。正反馈导致发展，负反馈维持稳定。系统发展的初期一般正反馈占优势，晚期负反馈占优势。持续发展的系统中正负反馈机制相互平衡。

6. 多样性主导性原理

系统必须以优势组分和拳头产品为主导，才会有发展的实力和刚度；必须以多元化的结构和多样化的产品为基础，才能分散风险，增强系统的柔度和稳定性。结构、功能和过程的多样性和主导性的合理匹配是实现生态系统持续发展的前提。

7. 生态发育原理

发展是一种渐近的、有序的系统发育和功能完善过程。系统演替的目标在于功能的完善，而非结构或组分的增长；系统生产的目的在于对社会的服务功效，而非产品的数量或质量。系统发展初期需要开拓与适应环境，速度较慢；在找到最适应生态位后增长最快，呈指数式上升；接着受环境容量的限制，速度放慢，呈逻辑斯谛曲线的 S 形增长。但人能改造环境，扩展瓶颈，使系统出现新的 S 形增长，随后也会出现新的限制因子或瓶颈。

8. 最小风险原理

系统发展的风险和机会是均衡的，高的机会往往伴随大的风险。强的生命系统要善于抓住一切适宜的机会，利用一切可以利用甚至对抗性、危害性的力量为系统服务，变害为利；善于利用中庸思想和半好对策避开风险、减缓危机、化险为夷。

9. 最大功率原则

系统的自组织过程或结构的自我设计通常会向引入更多能量和更有效使用能量的方向发展。任何一个开放系统的进化策略都是在维持其上层母系统生存的前提下使本系统能得到的有用能流最大化，自然选择倾向于选择那些能产生最大有用功率的系统。

这些原理可以归结为三类：一是对有效资源及可利用的生态位的竞争或效率

原则；二是人与自然之间、不同人类活动间以及个体与整体间的共生或公平性原则；三是通过循环再生与自组织行为维持系统结构、功能和过程稳定性的自生或生命力原则。

第二节　智慧地球与地球信息科学理论

一、智慧地球概述

智慧地球也称为智能地球、智能星球（smart planet），就是把感应器嵌入和装备到电网、铁路、桥梁、隧道、公路、建筑、供水系统、大坝、油气管道等各种物体中，并且被普遍连接，形成“物联网”，然后将“物联网”与现有的互联网整合起来，实现人类社会与物理系统的整合。这一概念由IBM首席执行官彭明盛在2008年首次提出。

“智慧地球”是以“物联网”和“互联网”为主要运行载体的现代高新技术的总称，也是对当前世界所面临的许多重大问题的一种积极的解决方案。“智慧地球”的技术内涵，是对现有互联网技术、传感器技术、智能信息处理等信息技术的高度集成，是实体基础设施与信息基础设施的有效结合，是信息技术的一种大规模普适应用。通俗地讲，“互联网+物联网=智慧地球”。

2008年11月IBM提出“智慧地球”概念，2009年1月，美国奥巴马总统公开肯定了IBM“智慧地球”思路，2009年8月，IBM又发布了《智慧地球赢在中国》计划书，正式揭开IBM“智慧地球”中国战略的序幕。近两年世界各国的科技发展布局，IBM“智慧地球”战略已经得到了各国的普遍认可。数字化、网络化和智能化被公认为是未来社会发展的大趋势，而与“智慧地球”密切相关的物联网、云计算等更成为科技发达国家制定本国发展战略的重点。自2009年以来，美国、欧盟、日本和韩国等纷纷推出物联网、云计算相关发展战略。

（一）智慧地球的特征

数字地球把遥感技术、地球信息系统和网络技术与可持续发展等社会需要联系在一起，为全球信息化提供了一个基础框架。而物联网是通过射频识别（RFID）、红外感应器、全球定位系统、激光扫描器等信息传感设备，按约定的协议，把任何物品与互联网连接起来，进行信息交换和通信，以实现智能化识别、定位、跟踪、监控和管理的一种网络。我们将数字地球与物联网结合起来，就可以实现“智慧地球”。把数字地球与物联网结合起来所形成的“智慧地球”将具备以下一些特征。

1. 智慧地球包含物联网

物联网的核心和基础仍然是互联网，它是在互联网基础上的延伸和扩展的网络，其用户端延伸和扩展到了任何物品与物品之间，进行信息交换和通信。物联网应该具备3个特征。

（1）全面感知：即利用RFID、传感器、二维码等随时随地获取物体的信息；

（2）可靠传递：通过各种电信网络与互联网的融合，将物体的信息实时准确地传递出去；

（3）智能处理：利用云计算、模糊识别等各种智能计算技术，对海量的数据和信息进行分析和处理，对物体实施智能化的控制。

2. 智慧地球面向应用和服务

无线传感器网络是无线网络和数据网络的结合，与以往的计算机网络相比，它更多的是以数据为中心。由微型传感器节点构成的无线传感器网络则一般是为了某个特定的需要设计的，与传统网络适应广泛的应用程序不同，无线传感器网络通常是针对某一特定的应用，是一种基于应用的无线网络，各节点能够协作实时监测、感知和采集网络分布区域内的各种环境或监测对象的信息，并对这些数据进行处理，从而获得详尽而准确的信息并将其传送至需要这些信息的用户。

3. 智慧地球与物理世界融为一体

在无线传感器网络当中，各节点内置有不同形式的传感器，用以测量热、红外、声呐、雷达和地震波信号等，从而探测包括温度、湿度、噪声、光强度、压力、土壤成分、移动物体的大小、速度和方向等众多我们感兴趣的物理现象。传统的计算机网络以人为中心，而无线传感器网络则是以数据为中心。

4. 智慧地球能实现自主组网、自维护

一个无线传感器网络当中可能包括成百上千或者更多的传感节点，这些节点通过随机撒播等方式进行安置。对于由大量节点构成的传感网络而言，手工配置是不可行的，因此网络需要具有自组织和自动重新配置能力。同时，单个节点或者局部几个节点由于环境改变等原因而失效时，网络拓扑应能随时间动态变化。要求网络应具备维护动态路由的功能，才能保证网络不会因为节点出现故障而瘫痪。

（二）智慧地球的架构

解读“智慧地球”背后蕴含的支持力量：“IBM的架构是‘新锐洞察’让你有时间将资料变成信息，把信息变成智慧；‘智慧运作’就是我们用新的方法来做事情；第三我们称之为‘动态架构’，让更加智慧的架构支持客户，让客户的管理成本更低、可靠性更高；最后是‘绿色与未来’，包括了我们本身IT数据中心，也包括了我们会帮助客户来管理他们的设备，让他们达到绿色的要求。”

智慧地球需要关注的4个关键问题：一是新锐洞察。面对无数个信息孤岛式的爆炸性数据增长，需要获得新锐的智能和洞察，利用众多来源提供的丰富实时信息，做出更明智的决策。二是智能运作。需要开发和设计新的业务和流程需求，实现在灵活和动态流程支持下的聪明的运营和运作，达到全新的生活和工作方式。三是动态架构。需要建立一种可以降低成本、具有智能化和安全特性并能够与当前的业务环境同样灵活动态的基础设施。四是绿色未来。需要采取行动解决能源、环境和可持续发展的问题，提高效率、提升竞争力。

而从宏观的角度来考虑，应从掌控地球的硬件和软件等物理层面来设计。这样，智慧地球可从以下4个层次来架构。

（1）物联网设备层：该层是智慧地球的神经末梢，包括传感器节点、射频标签、手机、个人电脑、PDA、家电、监控探头；

（2）基础网络支撑层：包括无线传感网、P2P网络、网格计算网、云计算网络，是泛在的融合的网络通信技术保障，体现出信息化和工业化的融合；

（3）基础设施网络层：Internet网、无线局域网、3G移动通信网络等；

（4）应用层：包括各类面向视频、音频、集群调度、数据采集的应用。

总之，“物联网”、“云计算”、“智慧地球”等实际上都是基于互联网的智慧化应用。信息技术正在深刻改变世界，智慧化社会的到来是大势所趋，这也是各种智慧新概念都能得到一部分人肯定的原因。企业当然以盈利为目的，但一个智慧化的地球确实也需要人们贡献更多的“智慧”。

二、地球信息科学的含义

地球信息科学的定义是地球系统科学、信息科学、地球信息技术交叉与融合的产物，它以信息流为手段研究地球系统内部物质流、能量流和人流的运动状态与方式，由主要部分组成“地球信息学”是其理论研究的主体，“地球信息技术”是其研究手段，“全球变化与区域可持续发展”是其主要应用研究领域。地球信息科学是地球科学的一门新兴的重要分支学科和应用学科。

三、地球信息科学的产生

与地球信息科学相关的学科，比如说地理学或者地球科学早就有了，包括地质、地球物理、大气科学等早已经发展起来。到了20世纪80年代后期，全球定位系统出现，而现在网络技术发展非常快。从技术角度来看，遥感（RS）、地理信息系统（GIS）、全球定位系统（GPS）、计算机通信网络，即国家信息基础设施（national information infrastructure，NII）等一系列现代信息技术在全世界范围的迅速发展，并日益成熟，迫切需要形成一门新的科学并给予理论上的支持和技术上的概括，这就是地球信息科学。就社会—经济—科研综合而言，全球变化与区域可持续发展研究已经使得现代地球科学问题的研究发生了“质”和“量”的变化，既需要多学科、多部门之间的攻关协作，又需要现代技术手段的支持，没有 GIS、RS、GPS 的支持，就难以解决具有区域性、时空多维性、复杂多变性特征的一系列生态环境和人口—经济问题。

四、地球信息科学的研究内容

（一）地球信息机理

地球信息机理是地球信息科学的理论核心，对地球信息机理的研究包括：地球信息的结构、性质、分类与表达；地球圈层间的信息传输机制、物理过程及其增益与衰减以及信息流的形成机理；地球信息的空间认知及其不确定性与可预见性；地球信息模拟物质流、能量流和人流相互作用关系的时空转换特征；地球信息获取与处理的应用基础理论等。

（二）地球信息技术

地球信息技术包括地球数据获取技术、地球信息模拟技术与地球信息传播技术三部分。地球数据获取技术用以从外部世界获得记录地球性质和状态的地球数据。遥感、全球定位系统等地球数据获取技术的发展已经形成覆盖全球的检测运行系统，形成从航天观测到深度观测的多层次、立体化对地观测系统。地球信息模拟技术用于将地球数据转化为地球信息。地球信息传播技术用以实施空间数据的传递和信息的传播信息交换的网络化与实时性，它促进了广泛意义上的信息共享。

（三）地球信息科学方法

在现代科学的理论体系中，信息、控制和系统是三个具有时代特征意义并且有深刻内在联系的重要科学概念。信息论、控制论和系统论的结合导致了现代科学方法论的重大突破，促成了现代科学技术的巨大变化。地球信息科学的研究对象是地球系统，应用信息论、控制论和系统论来研究地球系统就形成了地球信息科学的方法论。地球信息科学的方法论可以概括为：地球系统数据流——地理信息系统（空间信息分析）信息流——专业模型、专家系统（策略、方案分析）知识流——策略、方案实施调节、控制——地球系统的信息流通与反馈链条。

五、地球信息科学的应用

地球信息科学利用各领域传统学科的优势，把卫星遥感、全球定位、地理信息系统和数字光缆及数字摄影测量逐渐融入地球信息科学中。遥感强大的信息采集和获取能力，与全球定位系统快速、精确、全天候提供信息的能力及地理信息系统强大的存储、分析、处理和输出地理空间数据的能力结合在一起，正越来越多地应用到国民经济的各个领域。

以卫星遥感、全球定位、地理信息系统为核心的地理信息科学为人类提供了连续的表面数据，保证数字水利具有准实时数据。数据库体系是数字水利的核心，可用于实时监测水蚀、风蚀等多种类型的土壤侵蚀区的侵蚀面积、数量和强度的动态变化，进行盐碱地、沼泽地、风沙地、山地侵蚀地等劣质土地的面积调查与动态监测，开展土地利用现状调查、耕地面积和滩涂面积调查，工程规划与管理系统，可以进行大型水库淹没区实物量估算，库区移民安置环境容量调查，灌溉区实际灌溉面积和有效灌溉面积调查，水库淤积测量等。

事实上，以地理信息系统和全球定位系统为核心的地理信息产业已经形成，它将在国民经济建设中起越来越重要的作用。有了这个信息平台，防洪减灾、水资源管理、水土保持、旱情监测、灌溉面积调查，河道与河口动态变化监测，水环境、水库与湖泊蓄量监测的工作都将会有一个质的飞跃。

第三节　互联网进化论

一、互联网进化论的含义

互联网进化论的英文是：internet evolution law，简称：IEL。互联网的起源和进化的终极目标是为了实现人类大脑的充分联网，这一目标产生了强大的拉动力，不断引导互联网向前发展和进化。本定义由互联网进化论创始人刘锋在《互联网进化论》中提出。

二、互联网进化论的基本原理

（一）互联网的发展是人类进化的一部分

互联网的起源和进化的终极目标是为了实现人类大脑的联网，这一目标产生了强大的拉动力，不断引导互联网向前发展，最终实现人类大脑的充分联网。

（二）BBS 功能分离和重新组合

互联网诞生初期，它的虚拟空间仿佛是一个在孕育当中尚未成熟的虚拟大脑，这个虚拟大脑漂浮着若干个简单而又核心的功能区，分别是电子邮件，文件传输协议（file transfer protocol，FTP），电子公告牌（bulletin board system，BBS），原始的网络游戏。其中，电子邮件、FTP 承担了神经链接的功能，电子公告牌、原始的网络游戏相当于大块的大脑皮层，随着互联网的进化，电子公告牌发生了演变，一个个功能分离出去形成了互联网虚拟大脑的多个功能区：新闻发布区、电子商务区、博客区、威客（witkey）区、Digg 区、维客（维基）区、SNS 区、换客区、搜索引擎区。

（三）大脑映射的出现

互联网作为连接人类大脑的连接器不可能通过物理手段直接将线路和信号接驳到人的大脑中（至少在可预见的相当长时间内），互联网进化到这一阶段产生的一个解决办法是用大脑映射（brain mapping）作为缓冲，即将人脑的功能映射到互联网中。互联网连接这些大脑映射，同时人类大脑和这些映射之间定期进行信息同步，这两个过程实现了人类大脑的联网。

博客的诞生是大脑映射的萌芽和开端，事实上博客首先将人类大脑中沉淀的知识中很小的一部分——情感和感悟映射到互联网中。随着博客的发展，越来越多的可共享知识进入这个萌芽的大脑映射中，如个人专业文章、工作经验等。头脑映射的下一步发展是全方位地模仿人类大脑的功能。大脑映射的出现和发展标志着互联网虚拟大脑神经元的出现和发展。

（四）互联网虚拟神经链接的种类不断增加

早期的 FTP，电子邮件起到虚拟神经连接功能，在互联网的进化过程中新的虚拟神经链接不断出现，网页的超级链接、即时通信软件、个人空间的访问记录和收藏功能等加强了虚拟大脑神经元的相互沟通。

（五）无线互联网的出现和接驳大脑时间的延长

互联网进化的终极目标是实现人类大脑的联网，因此其进化的拉动力不断推动技术的发展，促使人的大脑与互联网接驳的时间不断延长。当台式机和固定网络不够方便的时候，移动电脑即笔记本电脑出现了，人们可以随时携带笔记本电脑寻找互联网的接口，但固定网络仍然限制了接驳的可能性，这时无线通信技术的应用与手机的电脑化进程开始了，人们可以随时随地通过手持设备与互联网进行接驳。下一个十年里，当手持设备仍然不能满足要求时，眼镜式接驳设备将会流行，人们随时通过三维眼镜在虚拟和现实世界里切换。在未来的100年或更长时间里，互联网将最终实现通过物理线路直接接驳到人的大脑中，实现它的终极目标——互联人类的大脑。

（六）电子邮件、游戏与BBS功能的融合

作为互联网萌芽时期的三大应用，电子邮件、游戏、BBS也会相互融合，重新组织。目前，雅虎、新浪等网站的邮箱和博客、新闻、热点等BBS功能的结合，以及林登实验室虚拟世界的出现，都反映了三大应用之间正在融合。

（七）互联网从二维世界开始向三维世界发展

现实世界是三维的，透过人的眼睛映射到大脑的虚拟影像也是三维的。互联网作为大脑的连接器和一个更大的虚拟大脑，必然要同步与人类大脑的三维属性，因此在互联网进化的道路上二维虚拟空间（文字、图片）向三维虚拟空间（视频、声音、三维应用系统）转变就成为必然。

三、互联网进化论的九个规律

（一）连接规律

互联网进化的连接规律（law of connection）是指互联网接驳设备的进化不断延长大脑与互联网的连接，同时互联网使用者的心理也会对这种连接产生依赖性（服务器—个人电脑—笔记本—手机—眼镜式—晶状体）。

（二）映射规律

互联网进化的映射规律（law of mapping）是指在互联网的进化过程中，人脑的功能被逐步映射到互联网中，形成以个人空间为代表的大脑映射，用这种形式实现人脑与互联网的间接联网。

（三）信用规律

互联网进化的信用规律（law of credit）是指为了保证互联网虚拟世界有序和安全地运转，互联网用户在互联网虚拟空间中的身份验证将会越来越严格，互联网的信用体系将会越来越完善（密码认证—DNA验证）。

（四）仿真规律

互联网进化的仿真规律（law of simulation）是指互联网将会按照人类大脑结

构的组织方式进行进化，但这种仿真并不是人类主动的规划，而是一种自然推动的仿真。在这个现象发现之前，互联网已经自然进化出虚拟神经元、虚拟视觉、虚拟听觉、虚拟感觉等系统。

（五）统一规律

互联网进化的统一规律（law of integration）是指互联网将会从软件基础、硬件基础、商业应用等各个层面从分裂走向统一。互联网的统一规律也是在为互联网进化成一个唯一的虚拟大脑结构做准备。

（六）维度规律

互联网进化的维度规律（law of dimensionality）是指互联网信息的输入、输出形式不断丰富，它将从一维内容表现为主的初级阶段进化到三维内容表现为主的高级阶段。

（七）互联网的膨胀规律

互联网的膨胀规律（law of expansion）是指互联网中的数据、硬件设备和连接的人脑数量在高速膨胀，其中数据增速最快，硬件设备次之，互联网使用人数增速最慢。

（八）互联网的加速规律

互联网的加速规律（law of speeded-up）是指在互联网的进化过程中，其硬件设备和连接的人脑都会不断增加其运算速度。

（九）方向规律

互联网进化的方向规律（law of direction）是指互联网的发展并不是无序和混乱的，而是具有很强的方向性，它将遵循上述八个规律从一个原始的，不完善，相对分裂的网络进化成一个统一的，与人类大脑结构高度相似的组织结构，同时互联网用户将以更加紧密的方式连接到互联网中。

第四节　“大数据”理论

一、大数据的含义

大数据（big data），或称巨量资料，指所涉及的资料量规模巨大到无法透过目前主流软件工具在合理时间内达到撷取、管理、处理并整理成为帮助企业经营决策更积极目的的资讯。大数据有 3 个特点：规模性（volume）、多样性（variety）和高速性（velocity）（3V 定义）。IBM 提出，大数据需满足 4 个特点，除了规模性、多样性、高速性还应具有真实性（veraciry）（IBM 4V 定义）。国际数据公司（IDC）认为，大数据除了规模性、多样性、高速性还应当具有价值性（value）（IDC 4V 定义）。维基百科对大数据的定义则简单明了：大数据是指利用常用软件工具捕获、管理和处理数据所耗时间超过可容忍时间的数据集。在大数据定义问题上，目前尚未达成一个完全的共识。

随着以博客、社交网络、基于位置服务（location based service，LBS）为代表的新型信息发布方式的不断涌现，以及云计算、物联网等技术的兴起，数据正以前所未有的速度不断地增长和累积，大数据时代已经来到。学术界、工业界甚至于政府机构都已经开始密切关注大数据问题。

在过去的十余年中，数据挖掘的应用在营销、人力资源、电子商务等各个领域广泛开展，并取得了引人注目的成效。从这种意义上说来，大数据标志着面向数据的研究和应用已超越了起步阶段，步入了成熟和深化的新时期。2012 年 1 月份的达沃斯世界经济论坛上，大数据是主题之一。该次会议还特别针对大数据发布了报告“大数据的重要影响：国际发展的新潜力”（*Big data，big impact：New possibilities for international development*），探讨了新的数据产生方式下，如何更好地利用数据来产生良好的社会效益。该报告重点关注了个人产生的移动数据与其他数据的融合与利用。2012 年 3 月，美国奥巴马政府发布了“大数据研究和发展倡议”（*Big data research and development initiative*），计划投资 2 亿美元以上，正式启动“大数据发展计划”，计划在科学研究、环境、生物医学等领域利用大数据技术进行突破。奥巴马政府的这一计划被视为美国政府继“信息高速公路计划”之后在信息科学领域的又一重大举措。

二、大数据的产生

人类历史上从未有哪个时代和今天一样产生如此海量的数据。数据的产生已经完全不受时间、地点的限制。从开始采用数据库作为数据管理的主要方式开始，人类社会的数据产生方式大致经历了 3 个阶段，而正是数据产生方式的巨大变化才最终导致大数据的产生。

（一）运营式系统阶段

数据库的出现使得数据管理的复杂度大大降低，实际上数据库大都为运营系统所采用，以作为运营系统的数据管理子系统，比如超市的销售记录系统、银行的交易记录系统、医院病人的医疗记录等。人类社会数据量第一次大的飞跃正是建立在运营式系统开始广泛使用数据库的基础之上。这个阶段最主要特点是数据往往伴随着一定的运营活动而产生并记录在数据库中，比如超市每销售出一件产品就会在数据库中产生相应的一条销售记录。这种数据的产生方式是被动的。

（二）用户原创内容阶段

互联网的诞生促使人类社会数据量出现第二次大的飞跃。但是真正的数据暴发产生于 Web 2.0 时代，而 Web 2.0 的最重要标志就是用户原创内容（user generated content，UGC）。这类数据近几年一直呈现爆炸性的增长，主要有两方面的原因：首先是以博客、微博为代表的新型社交网络的出现和快速发展，使得用户产生数据的意愿更加强烈；其次就是以智能手机、平板电脑为代表的新型移动设备的出现，这些易携带、全天候接入网络的移动设备使得人们在网上发表自己意见的途径更为便捷，这个阶段数据的产生方式是主动的。

（三）感知式系统阶段

人类社会数据量第三次大的飞跃最终导致了大数据的产生，今天我们正处于这个阶段。这次飞跃的根本原因在于感知式系统的广泛使用。随着技术的发展，人们已经有能力制造极其微小的带有处理功能的传感器，并开始将这些设备广泛地布置于社会的各个角落，通过这些设备来对整个社会的运转进行监控。这些设备会源源不断地产生新数据，这种数据的产生方式是自动的。

简单来说，数据产生经历了被动、主动和自动 3 个阶段。这些被动、主动和自动的数据共同构成了大数据的数据来源，但其中自动式的数据才是大数据产生的最根本原因。

三、大数据的挑战

综上所述，大数据时代的数据存在着如下几个特点：多源异构，分布广泛，动态增长，先有数据后有模式。正是这些与传统数据管理迥然不同的特点，使得大数据时代的数据管理面临着新的挑战。

下面将对其中的主要挑战进行分析。

（一）大数据集成

数据的广泛存在性使得数据越来越多地散布于不同的数据管理系统中，为了便于进行数据分析，需要进行数据的集成。数据集成看起来并不是一个新的问题，但是大数据时代的数据集成却有了新的需求，因此也面临着新的挑战。

1. 广泛的异构性

传统的数据集成中也会面对数据异构的问题，但是在大数据时代这种异构性出现了新的变化。在集成的过程中进行数据转换，过程是非常复杂和难以管理的。

2. 数据质量

数据量大不一定就代表信息量或者数据价值的增大，相反很多时候意味着信息垃圾的泛滥。一方面很难有单个系统能够容纳下从不同数据源集成的海量数据；另一方面如果在集成的过程中仅仅简单地将所有数据聚集在一起而不做任何数据清洗，会使得过多的无用数据干扰后续的数据分析过程。大数据时代的数据清洗过程必须更加谨慎，因为相对细微的有用信息混杂在庞大的数据量中。如果信息清洗的粒度过细，很容易将有用的信息过滤掉，清洗粒度过粗又无法达到真正的清洗效果，因此在质与量之间需要进行仔细的考量和权衡。

（二）大数据分析

传统意义上的数据分析主要针对结构化数据展开，且已经形成了一整套行之有效的分析体系。但是随着大数据时代的到来，半结构化和非结构化数据量的迅猛增长，给传统的分析技术带来了巨大的冲击和挑战，主要体现在以下几方面。

1. 数据处理的实时性

随着时间的流逝数据中所蕴含的知识价值往往也在衰减，因此很多领域对于数据的实时处理有需求。随着大数据时代的到来，更多应用场景的数据分析从离线（offline）转向了在线（online），开始出现实时处理的需求。大数据时代的数据实时处理面临着一些新的挑战，主要体现在数据处理模式的选择及改进。在实时处理的模式选择中主要有 3 种思路，即流处理模式、批处理模式以及二者的融合。虽然已有的研究成果很多，但是仍未有一个通用的大数据实时处理框架。各种工具实现实时处理的方法不一，支持的应用类型都相对有限，这导致实际应用中往往需要根据自己的业务需求和应用场景对现有的这些技术和工具进行改造才能满足要求。

2. 动态变化环境中索引的设计

关系数据库中的索引能够加速查询速率，但是传统的数据管理中模式基本不会发生变化，因此构建索引主要考虑的是索引创建、更新等的效率。大数据时代的数据模式随着数据量的不断变化可能会处于不断地变化之中，这就要求索引结构的设计要简单、高效，能够在数据模式发生变化时很快地进行调整来适应。在数据模式变更的假设前提下设计新的索引方案将是大数据时代的主要挑战之一。

3. 先验知识的缺乏

传统分析主要针对结构化数据展开。而在面对大数据分析时，一方面是半结构化和非结构化数据的存在，这些数据很难以类似结构化数据的方式构建出其内部的正式关系；另一方面很多数据以流的形式源源不断地到来，这些需要实时处理的数据很难有足够的时间去建立先验知识。

（三）大数据隐私问题

隐私问题由来已久，计算机的出现使得越来越多的数据以数字化的形式存储在电脑中，互联网的发展则使数据更加容易产生和传播，数据隐私问题越来越严重。

1. 隐性的数据暴露

很多时候人们有意识地将自己的行为隐藏起来，试图达到保护隐私的目的。但是互联网尤其是社交网络的出现，使得人们在不同的地点产生越来越多的数据足迹。这种数据具有累积性和关联性，单个地点的信息可能不会暴露用户的隐私，但是如果有办法将某个人的很多行为从不同的独立地点聚集在一起，他的隐私就很可能会暴露，因为有关他的信息已经足够多，这种隐性的数据暴露往往是个人无法预知和控制的。从技术层面来说，可以通过数据抽取和集成来实现用户隐私的获取。而在现实中通过所谓的“人肉搜索”的方式往往能更快速、准确地得到结果，这种人肉搜索的方式实质就是众包。大数据时代的隐私保护面临着技术和人力层面的双重考验。

2. 数据公开与隐私保护的矛盾

如果仅仅为了保护隐私就将所有的数据都加以隐藏，那么数据的价值根本无法体现。数据公开是非常有必要的。大数据时代的隐私性主要体现在不暴露用户敏感信息的前提下进行有效的数据挖掘，这有别于传统的信息安全领域更加关注文件的私密性等安全属性。但是数据信息量和隐私之间是有矛盾的，因此尚未发现非常好的解决办法。

3. 数据动态性

大数据时代数据的快速变化除了要求有新的数据处理技术应对之外，也给隐私保护带来了新的挑战。现有隐私保护技术主要基于静态数据集，而在现实中数据模式和数据内容时刻都在发生着变化。因此在这种更加复杂的环境下实现对动态数据的利用和隐私保护将更具挑战。

（四）大数据能耗问题

在能源价格上涨、数据中心存储规模不断扩大的今天，高能耗已逐渐成为制约大数据快速发展的一个主要瓶颈。在大数据管理系统中，能耗主要由两大部分组成：硬件能耗和软件能耗，二者之中又以硬件能耗为主。理想状态下，整个大数据管理系统的能耗应该和系统利用率成正比。但是实际情况并不像预期那样，实际系统利用率为0时仍然有能量消耗。从已有的一些研究成果来看，可以考虑以下两个方面来改善大数据能耗问题。

1. 采用新型低功耗硬件

新型非易失存储器件的出现，给大数据管理系统带来的新的希望。闪存、PCM 等新型存储硬件具有低能耗的特性。虽然随着系统利用率的提高，闪存等的能耗也有所升高，但是其总体能耗仍远远低于传统磁盘。

2. 引入可再生的新能源

数据中心所使用的电能绝大部分都是从不可再生的能源中产生的。如果能够在大数据存储和处理中引入诸如太阳能、风能之类的可再生能源，将在很大程度上缓解能耗问题。

（五）大数据处理与硬件的协同

硬件的快速升级换代有力地促进了大数据的发展，但是这也在一定程度上造成了大量不同架构硬件共存的局面。日益复杂的硬件环境给大数据管理带来的主要挑战有两方面。

1. 硬件异构性带来的大数据处理难题

整个数据中心（集群）内部不同机器之间的性能会存在明显的差别。如果集群中硬件的性能差异过大，则会导致大量的计算时间浪费在性能较好的服务器等待性能较差的服务器上。

2. 新硬件给大数据处理带来的变革

所有的软件系统都是构建在传统的计算机体系结构之上，即 CPU—内存—硬盘三级结构。基于闪存的固态硬盘的出现从硬件层为存储系统结构的革新提供了支持，为计算机存储技术的发展和存储能效的提高带来了新的契机。

（六）大数据管理易用性问题

从数据集成到数据分析，直到最后的数据解释，易用性应当贯穿整个大数据的流程。易用性的挑战突出体现在两个方面：首先，大数据时代的数据量大，分析更复杂，得到的结果形式更加多样化。其复杂程度已经远远超出传统的关系数据库。其次，大数据已经广泛渗透到人们生活的各个方面，很多行业都开始有了大数据分析的需求。但是这些行业的绝大部分从业者都不是数据分析的专家，在复杂的大数据工具面前，他们只是初级的使用者。复杂的分析过程和难以理解的分析结果限制了他们从大数据中获取知识的能力。这两个原因导致易用性成为大数据时代软件工具设计的一个巨大挑战。要想达到易用性，需要关注以下三个基本原则。

1. 可视化原则

可视性要求用户在见到产品时就能够大致了解其初步的使用方法，最终的结果也要能够清晰地展现出来。可视化技术是最佳的结果展示方式之一，通过清晰的图形图像展示，直观地反映出最终结果。但是超大规模的可视化却面临着诸多挑战，主要有：原位分析，用户界面与交互设计，大数据可视化，数据库与存储，算法，数据移动、传输和网络架构，不确定性的量化，并行化，面向领域与开发的库、框架以及工具，社会、社区以及政府参与。

2. 匹配原则

人的认知会利用现有的经验来考虑新的工具的使用。如何将新的大数据处理技术和人们已经习惯的处理技术和方法进行匹配将是未来大数据易用性的一个巨大挑战。

3. 反馈原则

带有反馈的设计使得人们能够随时掌握自己的操作进程，但是大数据时代很多工具内部结构复杂，对于普通用户而言这些工具近似于黑盒，调试过程复杂，缺少反馈性。

（七）性能的测试基准

目前尚未有针对大数据管理的测试基准，构建大数据测试基准面临的主要挑战有：系统复杂度高，用户案例的多样性，数据规模庞大，系统的快速演变，重新构建还是复用现有的测试基准。

第五节　普适计算理论

一、普适计算的含义

普适计算又称普及计算、普存计算（pervasive computing，ubiquitous computing）。这一概念强调和环境融为一体的计算，而计算机本身则从人们的视线里消失。经过人与计算机关系的多年变化（图 2-3），在普适计算的模式下，人们能够在任何时间、任何地点、以任何方式进行信息的获取与处理。普适计算的含义十分广泛，所涉及的技术包括移动通信技术、小型计算设备制造技术、小型计算设备上的操作系统技术及软件技术等。普适计算是无所不在的、随时随地可以进行计算的一种方式。其主要针对移动设备，比如信息家电或某种嵌入式设备，如掌上电脑、BP 机、车载智能设备、笔记本电脑、手表、智能卡、智能手机（具有掌上电脑的一部分功能）、机顶盒、POS 销售机、屏幕电话（除了普通话机的功能还可以浏览因特网）等新一代智能设备。普适计算设备可以一直或间断地连接着网络。与 Internet、Intranet 及 Extranet 连接，使用户能够随时随地获取相关的各种信息，并做出回应。由于普适计算设备的高度移动性，所以也被称为移动计算。普适计算提供了经由网络，使用各种各样的普适计算设备，访问后台数据、应用和服务的功能。无论使用何种普适计算设备，用户将能轻易访问信息，得到服务。普适计算降低了设备使用的复杂性，帮助提高在外办公人员的效率和人们的日常生活水平。图 2-3 表示的是人与计算机的关系在计算模式的演变。

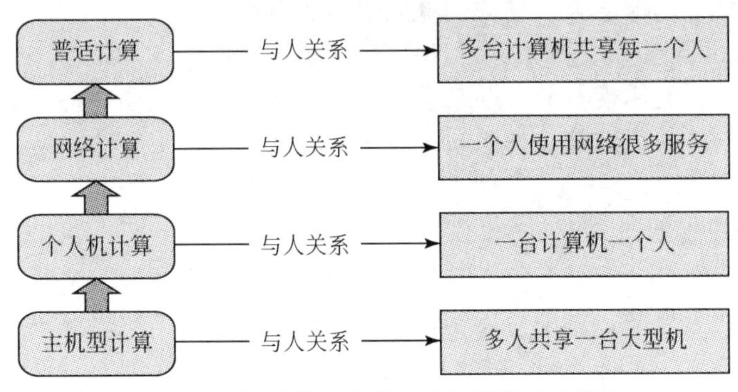

图 2-3　人与计算机的关系在计算模式的演变

普适计算的核心思想是小型、便宜、网络化的处理设备广泛分布在日常生活的各个场所，计算设备将不只依赖命令行、图形界面进行人机交互，而更依赖“自然”的交互方式，计算设备的尺寸将缩小到毫米甚至纳米级。在普适计算的环境中，无线传感器网络将广泛普及，在环保、交通等领域发挥作用；人体传感器网络会大大促进健康监控以及人机交互等的发展。各种新型交互技术（如触觉显示、OLED 等）将使交互更容易、更方便。

普适计算的目的是建立一个充满计算和通信能力的环境，同时使这个环境与人们逐渐地融合在一起在这个融合空间中人们可以随时随地、透明地获得数字化服务。在普适计算环境下，整个世界是一个网络的世界，数不清的为不同目的服务的计算和通信设备都连接在网络中，在不同的服务环境中自由移动。

二、普适计算的发展

普适计算最早起源于 1988 年 Xerox PARC 实验室的一系列研究计划。在该计划中美国施乐（Xerox）公司 PARC 研究中心的 Mark Weiser 首先提出了普适计算的概念。1991 年 Mark Weiser 在 *Scientific American* 上发表文章 *The Computer for the 21st Century*，正式提出了普适计算（ubiquitous computing）。

1999 年，IBM 也提出普适计算（IBM 称之为 pervasive computing）的概念，即为无所不在的，随时随地可以进行计算的一种方式。跟 Weiser 一样，IBM 也特别强调计算资源普存于环境中，人们可以随时随地获得需要的信息和服务。同年，第 1 届 Ubicomp 国际会议召开。

1999 年，在欧洲的研究团体 ISTAG（IST Advisory Group）提出了环境智能（ambient intelligence）的概念。其实这是个跟普适计算类似的概念，只不过在美国等通常叫普适计算，而在欧洲的有些组织团体则叫环境智能。二者提法不同，但是含义相同，实验方向也是一致的。

2001 年，*IEEE Pervasive Computing* 期刊创刊。

2002 年 8 月，第 1 届 Pervasive Computing 国际会议在瑞士的苏黎世召开。

2011 年 9 月，普适计算领域的顶级国际会议——第 13 届 ACM 普适计算国际会议 UbiComp2011 在中国北京的清华大学举行。这是 UbiComp 国际会议首次在中国举办，其显示出中国在下一代信息技术大潮中具有战略地位和重要作用。

三、普适计算的特点

普适计算的含义十分广泛，所涉及的技术包括移动通信技术、小型计算设备制造技术、小型计算设备上的操作系统技术及软件技术等。

间断连接与轻量计算（即计算资源相对有限）是普适计算最重要的两个特征。普适计算的软件技术就是要实现在这种环境下的事务和数据处理。

在信息时代，普适计算可以降低设备使用的复杂程度，使人们的生活更轻松、更有效率。实际上，普适计算是网络计算的自然延伸，它不仅使得个人电脑，而且其他小巧的智能设备也可以连接到网络中，从而方便人们即时地获得信息并采取行动。

目前，IBM 已将普适计算确定为电子商务之后的又一重大发展战略，并开始了端到端解决方案的技术研发。IBM 认为，实现普适计算的基本条件是计算设备越来越小，方便人们随时随地佩带和使用。在计算设备无时不在、无所不在的条件下，普适计算才有可能实现。

科学家认为，普适计算是一种状态，在这种状态下，iPad 等移动设备、谷歌文档或远程游戏技术 Onlive 等云计算应用程序、4G 或广域 Wi-Fi 等高速无线网络将整合在一起，清除“计算机”作为获取数字服务的中央媒介的地位。随着每辆汽车、每台照相机、每台电脑、每块手表以及每个电视屏幕都拥有几乎无限的计算能力，计算机将彻底退居到“幕后”以至于用户感觉不到它们的存在。

四、普适计算面临的挑战

（一）移动性问题

在普适计算时代，大量的嵌入式和移动信息工具将广泛连接到网络中，并且越来越多的通信设备需要在移动条件下接入网络。移动设备的移动性给 IPv4 协议中域名地址的唯一性带来麻烦。普适计算环境下需要按地理位置动态改变移动设备名，IPv4 协议无法有效解决这个问题，为适应普适计算需要网络协议必须修改或增强。作为 IPv6 的重要组成部分，移动连接特性可以有效地解决设备移动性问题。我国南方正在构建的 4G 网络可以更好地提供数据传输，例如我国的物联网联盟这方面发展的就很好，有很多倡议。

（二）融合性问题

普适计算环境下，世界将是一个无线、有线与互联网三者合一的网络世界，有线网络和无线网络间的透明链接是一个需要解决的问题。无线通信技术发展日新月异，如 3G，GSM，GPRS，WAP，Bluetooth，802.11i 等层出不穷，加上移动通信设备的进一步完善，使得无线的接入方式将占据越来越重要的位置，因此有线与无线通信技术的融合就变得必不可少。而我国随着移动设备技术的提高，最广泛的是安卓系统，目前电信等也有了高速发展。

（三）安全性问题

普适计算环境下，物理空间与信息空间的高度融合、移动设备和基础设施之间自发的互操作会对个人隐私造成潜在的威胁；同时，移动计算多数情况下是在无线环境下进行的，移动节点需要不断地更新通信地址，这也会导致许多安全问题。这些安全问题的防范和解决对 IPv4 提出了新的要求。

第三章　智慧环保核心技术

第一节　物联网技术

一、物联网概述

物联网被称为继计算机和互联网之后，世界信息产业的第三次浪潮，代表着当前和今后相当一段时间内信息网络的发展方向。从一般的计算机网到互联网，从互联网到物联网，信息网络已经从人与人之间的沟通发展到人与物、物与物之间的沟通，功能和作用日益强大，对社会的影响也越发深远。目前，美国、欧盟等都投入巨资深入研究探索物联网，我国也正在高度关注、重视物联网的研究，工业和信息化部会同有关部门，在新一代信息技术方面正在开展研究，以形成支持新一代信息技术发展的政策措施。

（一）物联网的基本概念

物联网（the internet of things）的概念最早于1999年美国麻省理工学院提出，即把所有物品通过射频识别等信息传感设备与互联网连接起来，实现对物品信息智能化识别和管理并通过信息互联而形成的网络。2005年11月17日，在突尼斯举行的信息社会世界峰会（World Summit on the Information Society，WSIS）上，国际电信联盟（International Telecommunication Union，ITU）发布了《ITU互联网报告2005：物联网》，正式提出了“物联网”的概念。该报告指出：无所不在的“物联网”通信时代即将来临，世界上所有的物体从轮胎到牙刷、从房屋到纸巾都可以通过因特网主动进行信息交换。现代意义的物联网可以实现对物的感知识别控制、网络化互联和智能处理有机统一，从而形成高智能决策。

目前较为统一的物联网定义：物联网是通信网和互联网的拓展应用和网络延伸，它利用感知技术与智能装配对物理世界进行感知识别，通过网络传输互联，进行计算、处理和知识挖掘，实现人与物、物与物信息交互和无缝链接，达到对物理世界实时控制、精确管理和科学决策的目的。

（二）物联网的发展历程

过去几十年，计算机、互联网和移动通信网的快速发展，不仅丰富了人与人之间的交流方式，也极大地提高了人与人之间的交流效率，缩短了时间和空间的距离，使得我们的日常生活发生了翻天覆地的变化。而“物联网”更进一步引入了人与物之间的交流，“物联网”的发展目标就是使得人们可以在任意时间，任意地点都可以与任何物品相联系，这又将给我们的日常生活带来革命性的变化。现在许多人认为，这将是继计算机、互联网与移动通信网之后的又一次信息产业浪潮，同时也是信息产业发展的主要趋势。

当前，世界各国的物联网都在引入巨资深入研究探索物联网，例如启动了以物联网为基础的“智慧地球”、“U-Japan”、“U-Korea”、“感知中国”等战略规划，许多概念正通过研究进入试验阶段。

美国的 IBM 公司早在几年前便提出了“智慧地球”策略，而作为两次信息化革命浪潮中的领跑者，美国已经推出了许多物联网产品，而且通过运营商、学校、科研机构、IT 企业等结合不少项目建立了广泛的试验区，同时，还与中国在内的一些国家积极推动物联网有关技术标准框架的制订。

中国在物联网领域几乎同时与美国等国家起步，中国高度重视物联网的发展，尤其在 2009 年时任总理温家宝提出“感知中国”以来，物联网被正式列为国家五大新兴战略性产业之一，物联网受到了社会各界的高度重视。物联网不但是我国争夺国际经济科技制高点，实现“建设创新型国家”战略性目标的重要抓手，也对国家转变经济发展方式、促进社会转型和产业升级具有重大意义。

二、物联网关键技术

（一）物联网的网络架构

物联网网络架构由感知层、网络层和应用层组成。感知层主要实现对物理世界的智能感知识别、信息采集处理和自动控制，并通过通信模块将物理实体连接到网络层，主要涉及 RFID、二维码、传感技术及相关设备。网络层主要实现信息的传递、路由和控制，包括延伸网、接入网和核心网，网络层可依托公众电信网和互联网，也可以依托行业专用通信网络。应用层是指应用基础设施/中间件和各种物联网应用，主要包括以手机、服务器为主的终端处理设备及相关的应用软件系统和数据库，应用基础设施/中间件为物联网应用提供信息处理、计算等通用基础服务设施、能力及资源调用接口，以此为基础实现物联网在众多领域的各种应用。

（二）物联网技术体系

物联网涉及感知、控制、网络通信、微电子、计算机、软件、嵌入式系统、微机电等技术领域，因此物联网涵盖的关键技术也非常多，为了系统分析物联网技术体系，可将物联网技术体系划分为感知与识别技术、通信网络技术、共性技术和支撑技术等。

1. 感知与识别技术

物联网的感知与识别技术是物联网感知物理世界获取信息和实现物体控制的首要环节，它既是实现物联网的基础，也是物联网的主要数据来源。通过感知与识别技术可以实现物联网的信息采集，重点识别物体本身的存在，定位物体位置、物体移动情况等。目前，常采用的技术主要包括射频识别技术、二维码技术、传感器技术以及 GPS 定位技术等。

1）射频识别技术

射频识别技术即 RFID（radio frequency identification），又称电子标签、无线射频识别，是 20 世纪 90 年代开始兴起并逐渐走向成熟的一种自动识别技术，利用射频信号通过空间耦合（交变磁场或电磁场）实现无接触信息传递并通过所传递的信息达到识别的目的。可通过无线电信号识别特定目标并读写相关数据，而无需识别系统与特定目标之间建立机械或光学接触。常用的有低频（30 ~ 300kHz）、高频（13.56MHz）、超高频、无源等技术。

从概念上来讲，RFID 类似于条码扫描，对于条码技术而言，它是将已编码的条形码附着于目标物，并使用专用的扫描读写器，利用光信号将信息由条形磁传送到扫描读写器，而 RFID 则使用专用的 RFID 读写器及专门的可附着于目标物的 RFID 标签，利用频率信号将信息由 RFID 标签传送至 RFID 读写器。

从结构上讲，RFID 是一种简单的无线系统，只有两个基本器件，该系统用于控制、检测和跟踪物体，系统由一个询问器和很多应答器组成。

在感知与识别技术中，RFID 用于对采集的信息进行标准化标识，数据采集和设备控制通过射频识别读写器、二维码识读器等实现。RFID 是一种非接触式的自动识别技术，属于近程通信，与之相关的技术还有蓝牙技术等。RFID 通过射频信号自动识别目标对象并获取相关数据，识别过程无须人工干预，可工作于各种恶劣环境。RFID 读写器和电子标签之间通过电磁场感应进行能量、时序和数据的无线传输。

2）传感器技术

新技术革命的到来，世界开始进入信息时代，在利用信息的过程中，首先要解决的就是要获取准确可靠的信息，而传感器是获取自然和生产领域中信息的主要途径与手段。

传感器属于物联网的神经末梢，是机器感知物质世界的“感觉器官”，用来感知信息采集点的环境参数，它可以将物理世界中的物理量、化学量、生物量转化成可供处理的数字信号，为物联网系统的处理、传输、分析和反馈提供最原始的信息，是物联网系统赖以进行决策和处理的窗口。

随着电子技术的不断进步，传统的传感器正逐步实现微型化、智能化、信息化、网络化，同时我们也正经历着一个从传统传感器到智能传感器再到嵌入式Web传感器不断发展的过程。传感器已经成为人类全面感知自然的最核心元件，各类传感器的大规模部署和应用是构成物联网不可或缺的基本条件，可见传感器本身的复杂性和众多品种。对应不同的应用我们提供不同的传感器，覆盖范围包括智能环保、智能工业、智能家居、智能运输、智能医疗等，几种常用传感器包括：温度传感器、湿度传感器、超声波传感器以及气敏传感器等。

2. 通信网络技术

在物联网的机器到机器、人到机器和机器到人的信息传输中，有多种通信技术可供选择，主要分为有线（如DSL、PON等）和无线（如CDMA、GPRS、WLAN等）两大类技术，主要实现物联网数据信息和控制信息的双向传递、路由和控制，重点包括低速近距离无线通信技术、低功耗路由、自组织通信、无线接入M2M通信增强、IP承载技术、网络传送技术、异构网络融合接入技术以及认知无线电技术。其中尤为重要的是无线传感器网络技术。

1）无线传感器网络技术

无线传感器网络（WSN）是信息科学领域中一个全新的发展方向，同时也是新兴学科与传统学科进行领域间交叉的结果。无线传感器网络是集分布式信息采集、传输和处理技术于一体的网络信息系统，以其低成本、微型化、低功耗和灵活的组网方式、铺设方式以及适合移动目标等特点受到广泛重视。

无线传感器网络经历了智能传感器、无线智能传感器、无线传感器网络3个阶段。智能传感器将计算能力嵌入到传感器中，使得传感器节点不仅具有数据采集能力，而且具有滤波和信息处理能力。无线智能传感器在智能传感器的基础上增加了无线通信能力，大大延长了传感器的感知触角，降低了传感器的工程实施成本。无线传感器网络则将网络技术引入到无线智能传感器中，使得传感器不再是单个的感知单元，而是能够交换信息、协调控制的有机结合体。

物联网正是通过遍布在各个角落和物体上的形形色色的传感器以及由它们组成的无线传感网络，来感知整个物质世界的。目前，面向物联网的传感网，主要涉及以下几项技术，测试及网络化测控技术、智能化传感网节点技术、传感网组织结构及底层协议、对传感网自身的检测与自组织、传感网安全。

2）部分网络通信技术

根据目前物联网所涵盖的概念，其工作范围可以分成两大块：一块是体积小、能量低、存储容量小、运算能力弱的智能小物体的互联，即传感网；另一块是没有上述约束的智能终端的互联，如智能家电、视频监控等。对于智能小物体网络层的网络通信技术目前有两项：一是基于ZigBee联盟开发的ZigBee协议进行传感器节点或者其他智能物体的互联；另一技术是IPSO联盟所倡导的通过IP实现传感网节点或者其他智能物体的互联。

3. 共性技术

物联网共性技术涉及网络的不同层面，主要包括架构技术、标识和解析、安全和隐私、网络管理技术等。物联网架构技术目前处于概念发展阶段。物联网需具有统一的架构，清晰的分层，支持不同系统的互操作性，适应不同类型的物理网络，适应物联网的业务特性。

标识和解析技术是对物理实体、通信实体和应用实体赋予的或其本身固有的一个或一组属性，并能实现正确解析的技术。物联网标识和解析技术涉及不同的标识体系、不同体系的互操作、全球解析或区域解析、标识管理等。

安全和隐私技术包括安全体系架构、网络安全技术、“智能物体”的广泛部署对社会生活带来的安全威胁、隐私保护技术、安全管理机制和保证措施等。

网络管理技术重点包括管理需求、管理模型、管理功能、管理协议等。为实现对物联网广泛部署的“智能物体”的管理，需要进行网络功能和适用性分析，开发适合的管理协议。

4. 支撑技术

物联网支撑技术包括嵌入式系统、微机电系统（micro electro mechanical system，MEMS）、软件和算法、电源和储能、新材料技术等。嵌入式系统是满足物联网对设备功能、可靠性、成本、体积、功耗等的综合要求，可以按照不同应用定制裁剪的嵌入式计算机技术，是实现物体智能的重要基础。软件和算法是实现物联网功能、决定物联网行为的主要技术，重点包括各种物联网计算系统的感知信息处理、交互与优化软件与算法、物联网计算系统体系结构与软件平台研发等。

微机电系统可实现对传感器、执行器、处理器、通信模块、电源系统等的高度集成，是支撑传感器节点微型化、智能化的重要技术。

海量信息智能处理综合运用高性能计算、人工智能、数据库和模糊计算等技术，对收集的感知数据进行通用处理，重点涉及数据存储、并行计算、数据挖掘、平台服务、信息呈现等。智能技术是为了有效地达到某种预期的目的，利用知识分析后所采用的各种方法和手段。通过在物体中植入智能系统，可以使得物体具备一定的智能性，能够主动或被动地实现与用户的沟通，这也是物联网的关键技术之一。智能分析与控制技术主要包括人工智能理论、先进的人-机交互技术、智能控制技术与系统等。物联网的实质是赋予物体智能，以实现人与物体的交互对话，甚至实现物体与物体之间的交互对话。为了实现这样的智能性，需要智能化的控制技术与系统，例如，控制智能服务机器人完成既定任务包括运动轨迹控制、准确的定位及目标跟踪等。

电源和储能是物联网关键支撑技术之一，包括电池技术、能量储存、能量捕获、恶劣情况下的发电、能量循环、新能源等技术。新材料技术主要是指应用于传感器的敏感元件实现的技术。传感器敏感材料包括湿敏材料、气敏材料、热敏材料、压敏材料、光敏材料等。新敏感材料的应用可以使传感器的灵敏度、尺寸、精度、稳定性等特性获得改善。

面向服务的体系架构（service-oriented architecture，SOA）是一种松耦合的软件组件技术，它将应用程序的不同功能模块化，并通过标准化的接口和调用方式联系起来，实现快速可重用的系统开发和部署。SOA 可提高物联网架构的扩展性，提升应用开发效率，充分整合和复用信息资源。

（三）物联网技术现状

目前全球各主要经济体及信息发达国家纷纷将物联网作为未来战略发展新方向，也有诸多产品进入了试验阶段，包括中国在内的极少数国家已经能够实现物联网的完整产业链。但是由于标准体系的缺乏、商业模式的不成熟以及由物品智能化带来的高成本等问题仍然制约着物联网的发展。尤其重要的是，由于不同行业在物联网应用方面的实际需求、技术架构和应用条件都有较大差别，物联网的各个细分市场并不明晰，存在着双向的信息不对称，即一方面，潜在客户对物联网技术的功能和作用认识不足；另一方面，物联网企业又普遍对客户的实际需求缺乏了解。寻找到符合各行业需求的物联网应用，既是推进物联网市场发展的关键，也是物联网产业目前必须解决的问题。

第二节　泛在网与网络融合技术

一、泛在网概述

随着芯片制造、无线宽带、射频识别、信息传感及网络业务等信息通信技术（ICT）的发展，信息网络将会更加全面深入地融合人与人、人与物乃至物与物之间的现实物理空间与抽象信息空间，并向无所不在的泛在网络（ubiquitous network）方向演进。

（一）泛在网的起源与发展

泛在计算（ubiquitous computing，UC）是1991年施乐实验室的计算机科学家Mark Weiser提出的一种超越桌面计算的全新计算模式。他认为泛在计算目的在于使计算机在整个物理环境中都是可获得的，而用户觉察不到计算机的存在，让人们注意的发展中心回归到要完成的任务本身。在此基础上，日韩衍生出了泛在网络、欧盟提出了环境感知智能（ambient intelligence，AI）、北美提出了普适计算（pervasive computing，PC）等说法。尽管这些概念的描述不尽相同，但是其核心内涵却相当一致，目标都是要建立一个充满计算和通信能力的环境，同时使这个环境与人们逐渐地融合在一起。现在国际上对泛在网络的研究正在逐步推进。前几年，日本和韩国通过加快推进e-Japan战略和e-Korea计划，使得各自国家信息通信基础设施建设的水平得到了全面提升。日韩两国通信融合发展大势，提出了构建可以在任何时间（anytime）、任何地点（any-where）、任何人（anyone）、任何物（anything）都能实现通信的泛在网络的构想，即帮助人类实现“4A”化通信，致力于实现从e时代（electronic）向u时代（ubiquitous）的转变。

目前，部分国家已经在推广一些“泛在网络”的先导应用，开始服务于社会、经济、生活的许多领域，如实现政府管理、金融服务、后勤、环境保护、家庭网络、医疗保健、办公大楼等领域的自动化以及信息化。

（二）泛在网应用领域

目前，泛在网络的应用已经在许多产业领域提升了服务水平，如政府管理、金融服务、后勤、环境保护、家庭网络、医疗保健、办公大楼等的自动化和智能化服务等。基于泛在网络提供的应用和服务可无限扩展，无处不在。近期的热点应用领域是食品/药品安全、市政监控、生产监控、家庭电信融合服务、汽车通信和娱乐服务等。

（三）泛在网的结构模型

1. 终端及感知延伸层

终端及感知延伸层主要包括传感器及机器类型通信（MTC）终端、传感器网络、传感器网关、电子标签和识读器、RFID读写器、摄像头和全球定位系统（GPS）、智能终端及设备等。

2. 网络层

网络层将包括泛在网互联子层和泛在网业务支撑及运营管理子层。该层功能主要涉及泛在感知信息的传递控制、存储、关联、分析等，且支持分布式、扁平化的信息处理框架（如云、网格、分布式计算）。此外，该层也提供对网络通信、信息处理两个层次运营的能力支持，从而支持可信可管的泛在网络基础设施形成。

3. 应用层

泛在网络将成为电信网、互联网、行业和企业专网的协同和融合，因此泛在网络应用将对信息进行综合分析并提供更加智能的服务，推动人的智能潜力、社会物质与能源资源充分发挥，为各种行业具体应用提供公共服务支撑环境，提供面向行业应用（城市建设、工业、农业、环保、医疗等）子集的共性支撑平台。

二、泛在融合网络下的业务技术研究

（一）泛在网技术架构

泛在网强调无所不包、无所不在、无所不能，泛在网络是在原有网络和新网络的基础上，根据向信息社会发展的社会需求变化，增加相应的服务和应用。因此，需要在现有网络接入能力的基础上延伸覆盖和接入能力。此外，泛在网络注重与物体进行通信，需要实现物体信息化，同时这些物体应该具备环境感知能力和智能性。也就是说，通信的物体具备了信息能力、感知能力、智能能力，不再是一个“哑巴”式的物体，同时网络还赋予了它一个唯一的标识，就像具备了“生命”一样具备了与人和其他物体的通信能力。未来的泛在网络是硬件、软件、系统、终端和应用的融合，所涉及的技术支撑包括 RFID、人机交互、上下文感知计算、多接入、移动性管理、网络安全、网络管理等。

总结起来，泛在网络所涉及的技术体系有三大类，包括智能终端系统、基础网络技术以及应用层技术，每大类又涉及诸多关键技术。其中，FTTH、IPv6、3G、LTE、Wi-Fi、RFID、GSM、WLAN、WiMax、Zigbee、NFC、蓝牙、发现技术、镶嵌技术、计算技术、纳米技术、生物技术、内容技术、软件技术等都是组成泛在网的重要技术。泛在网技术包含的网络体系范畴将越来越大，目前，已经将原本不属于电信范畴的技术，如传感器技术、标签技术等各种近距离通信技术纳入其中。

有几类重要技术的发展支持了泛在网络这一应用概念。

1. 物联网泛在网络

物联网的概念包括个域网（PAN）、汽车网（VAN）、家庭网络（HAN）、办公网络（OAN）、存储网络（SAN）等。其中，家庭网络是近几年业界关注的重点，提供家庭网络服务的基本条件是实现家庭网络各信息终端设备和智能家电设备的自组织联网并提供自动发现和配置。因此，传感器技术和传感器网络就成为泛在网络的核心技术之一。物联网通信技术旨在实现人和物体、物体和物体之间的沟通和对话。为此需要统一的通信协议和技术，大量的 IP 地址，还要再结合自动控制、纳米技术、RFID、智能嵌入等技术作为支撑。这些协议和技术统称为“泛在网络”技术。ITU 把泛在网络描述为物联网基础的远景。泛在网络由此成为物联网通信技术的核心。

2. 基础网络技术

泛在网络是基于现有的网络基础设施，增加新的网络基础设施构成的。融合是现有网络基础设施的未来发展趋势，即具备融合固定和移动业务（FMC）能力和融合电信、互联网、广电网业务的能力。未来的网络需要超强的智能性，即要具备感知环境、内容、语言、文化的能力。泛在网络要满足各种层次的信息化应用，要求基础网络具有不同安全等级和不同服务质量的网络能力。泛在网络最重要的一个特征是无缝的移动性，移动宽带网络是最重要的网络基础设施。新型光通信、分组交换、互联网管控、网络测量和仿真、多技术混合组网都将是泛在网络的关键技术。

3. M2M

M2M（machine to machine）一般认为是机器到机器的无线数据传输，有时也包括人对机器和机器对人的数据传输。有多种技术支持 M2M 网络中的终端之间的传输协议。目前主要有 IEEE802. 11a/b/gWLAN 和 Zigbee。二者都工作在 2. 4G 的自主频段，在 M2M 的通信方面各有优势。采用 WLAN 方式的传输，容易得到较高的数据速率，也容易得到现有计算机网络的支持，但采用 Zigbee 协议的终端更容易在恶劣的环境下完成任务。

4. 传感器网络

传感器网络（sensor network）是由使用传感器（光、电、温度、湿度信息系统与网络和压力等）的器件加上中低速的近距离无线通信技术组成的在空间上呈分布式的无线自治网络，是由多个具有有线或无线通信与计算能力的低功耗、小体积的微小传感器节点构成的网络系统，它一般提供局域或小范围内物与物之间的信息交换功能。它常用来感知环境参数，如光、电、湿度、温度、震动等。和互联网一样，传感器网络最早是从军队的应用环境演化而来，目前也应用在很多民用领域。

5. 近程通信和 RFID

近程通信（near field communication）是新兴的短距离连接技术，从很多无接触式的认证和互联技术演化而来，RFID 是其中一个重要技术。当产品嵌入 NFC 技术时，将大大简化很多消费电子设备的使用过程，帮助客户快速连接，分享或传输数据，给客户带来很多简便性。

近程通信技术工作在13.5M，以424kB/s速度交换数据，当两个NFC兼容的物品接近到40cm时就可以进行数据传输，可读可写。NFC技术与很多现有的技术兼容，如蓝牙和无线局域网、近程通信技术、近程通信也遵从ISO，ECMA和ETSI等国际标准。

（二）传感器网、物联网与泛在网络的关系

1. 三网定义的交叉

传感网最早由美国军方提出，利用各种传感器（光、电、温度、湿度和压力等）加上中低速的近距离无线通信技术构成一个独立的网络，是由多个具有有线或无线通信与计算能力的低功耗、小体积的微小传感器节点构成的网络系统，它一般提供局域或小范围内物与物之间的信息交换功能。传感网可被简单看作利用各种各样的传感器加上中低速的近距离无线通信技术共同组成的网络。

物联网源自美国麻省理工大学，指在物理世界的实体中部署具有一定感知、计算或执行能力的各种信息传感设备（如传感器、射频识别、二维码、短距离无线通信技术、移动通信模块等），通过网络设施实现信息传输、协同和处理，从而实现广域或大范围的人与物、物与物之间信息交换需求的互联。物联网包括各种末端网、通信网络和应用3个层次，其中末端网包括各种实现与物互联的技术，如传感器网络、RFID、二维码、短距离无线通信技术和移动通信模块等。传感器网络是物联网末端采用的关键技术之一。

泛在网络是指基于个人和社会的需求，利用现有的网络技术和新的网络技术，实现人与人、人与物、物与物之间按需进行的信息获取、传递、存储、认知、决策和使用等服务，网络超强的环境感知、内容感知及其智能性，为个人和社会提供泛在的、无所不含的信息服务和应用。从泛在的内涵来看，首先关注的是人与周边的和谐交互，各种感知设备与无线网络只是手段。最终的泛在网络形态上，既有互联网的部分，也有物联网的部分，同时还有一部分属于智能系统（智能推理、情境建模、上下文处理、业务触发）范畴。传感网是物联网感知层的重要组成部分；物联网是泛在网络发展的初级阶段（物联阶段），主要面向人与物、物与物的通信；泛在网络是通信网、互联网、物联网的高度协同和融合，将实现跨网络、跨行业、跨应用、异构多技术的融合和协同。而传感网与物联网则作为泛在网络应用的具体体现，它们实质是泛在网络要融合协同的一种网络工作模式。因此，“感知中国”是泛在网络发展阶段当前的具体体现。

2. 三网未来定位各异

未来泛在网、物联网、传感器网各有定位，传感器网是泛在/物联网的组成部分。物联网采用各种不同的技术把物理世界的各种智能物体、传感器接入网

络，是泛在网发展的物联阶段，而通信网、互联网、物联网之间相互协同融合是泛在网发展目标。

三、泛在网在环保行业的应用

构建和谐生态环境是社会发展的必然需求，人与自然和谐共处是人类的共同理念。因此对环境质量以及污染源的状态进行实时监测是环保领域的工作重点。基于泛在网技术可以搭建实时的环境监测与预警平台，高效灵活的进行监测预警，很好地应用于环保领域。

泛在网技术充分利用传感技术并融合短距离的 Zigbee 通信和 CDMA2000 EV-DO 无线传输等手段，很好地解决了环境保护领域对在线监测系统的要求，如监控数据实时性强，监控点多，监测点相隔距离远，能应用于复杂监测环境等。对环境质量与重点污染源的监测，利用传感器网、通信网络相结合，形成了初步的泛在网体系。在下一步的探索中，还可以将智能数据分析处理平台引入到监测和管理系统中，实现有效的环境污染控制以及对排污单位或个人的及时监管，为环境保护提供一个全新的自动化与信息化的管理监测方式。

对于环保行业整体来讲，有两个方面的应用需求：一是对环境质量的监测，面临着监测范围、项目种类和监测频次等方面的不断扩大和增加；二是对污染源（包括应用废弃物）的监测，同样也有实时预警和监测范围的要求。采用泛在网对环境质量和污染源进行监测具有投资较少，建设周期短，运行维护简单，性价比高等优点。

第三节　云计算技术

一、云计算概述

随着互联网时代信息与数据的快速增长，科学、工程和商业计算领域需要处理大规模、海量的数据，对计算能力的需求远远超出自身 IT 架构的计算能力，这时就需要不断加大系统硬件投入来实现系统的可扩展性。另外，由于传统并行编程模型应用的局限性，客观上要求一种容易学习、使用、部署的新的并行编程框架。在这种情况下，为了节省成本和实现系统的可扩放性，云计算的概念被提了出来。

云计算是以互联网为载体，利用虚拟化等手段整合大规模分布式可配置的网络、计算、存储、数据、应用等计算资源，使其以服务的方式提供给用户，满足用户按需使用的计算模式。通俗地讲，云计算是一种计算方式，通过互联网将资源以服务的形式提供给用户，而用户不需要了解、知晓或者控制支持这些服务的技术基础架构。

（一）云计算发展背景

云计算的突然兴起和网络应用的转型密不可分。从20世纪40年代世界上第1台电子计算机诞生至今，计算模式在经历了单机、终端-主机、客户端-服务器等几个重要时代的变迁之后，进入了互联网时代。当互联网将全世界的企业和个人连接起来后，用户对互联网内容的贡献空前增加。这种基于互联网沟通和交互的形式极大地改变了人们的工作和生活方式，由此带来的网络业务需求激增、应用程序层出不穷、信息规模迅猛增长、处理任务复杂多变、存储设备日趋紧张等问题也接踵而至。

云计算正是在这样的时代背景下应运而生。它通过将计算任务分布在由大量计算机构成的资源池（即“云”）上，使各种应用系统能够根据需要获取计算力、存储空间和各种软件服务。这种全新的互联网应用模式，成为解决高速数据处理、海量信息存储、资源动态扩展、数据安全与实时共享等问题的有效途径，向人们展示了其强大而又独具特色的发展优势。因此，自2007年云计算概念诞生以来，得到了人们的高度关注，各种新概念、新观点、新技术和新产品也层出不穷。

（二）国内外发展现状

1. 国外发展现状

自2007年起，产业界、学术界、各国政府等都开始逐渐重视对云计算的研究和讨论。人们已经逐渐意识到云计算不仅是信息技术发展的先进代表，更可能掀起真正意义上的信息技术革命浪潮。

在产业界，云计算因其成功的商业运作模式得以迅速发展。各大跨国公司，如Amazon、Google、IBM、微软、Salesforce. com等，都是云计算的先行者。在学术界，云计算的研究热点主要集中在数据密集型计算、数据中心建设、服务计算等领域。

2. 国内发展现状

2009年以前，国内的企业、科研机构、高校等对云计算的研究仍主要停留在网格计算、可信计算、基础软件等传统项目上。近两年来，随着认识观念的加深，很多企业也开始向云计算迈进，为云计算在中国的发展起到了很好的推动作用。

阿里巴巴、世纪互联、中国移动、百度、瑞星、华为等，都是国内较早投资云计算的企业。2009年初，阿里巴巴在南京建立了国内首个电子商务云计算中心，同年9月，又宣布成立子公司阿里云，专注于云计算的研究和开发。世纪互联作为国内首家云计算基础设施服务商，推出了CloudEx产品线，提供类似Amazon的主机和存储服务，以及供个人和企业进行互联网云端备份的数据保全服务。瑞星、金山、奇虎360等信息安全企业，在云安全领域取得了较大成绩，其“云安全”解决方案水平已经达到国际先进。

（三）云计算特点

1. 虚拟化

云计算支持用户在任意位置、使用各种终端获取应用服务。这个“端”可以是笔记本、手机，也可以是平板电脑。终端通过网络的IT资源来完成所需的一切服务。

2. 高可靠性

“云”使用了数据多副本容错、计算节点同构可互换等措施，来保障服务的可靠性。使用云计算比使用本地计算机可靠。

3. 自治性

云计算系统是一个自治系统，系统的管理对用户来讲是透明的，不同的管理任务是自动完成的，系统的硬件、软件、存储能够自动进行配置，从而实现对用户按需提供。

4. 通用性

云计算不针对特定的应用，在“云”的支撑下可以构造出千变万化的应用，同一个“云”能同时支撑不同应用的运行。

5. 按需服务

“云”是一个庞大的资源池，按需购买；云的资源可以像自来水、电、煤气那样计费。云计算系统能够向用户提供满足服务质量保证要求的服务，能够根据用户的需求对系统做出调整，如用户需要的硬件配置、网络带宽、存储容量等。

（四）云计算结构

1. 存储层

存储层是云计算最基础的部分，承载在各类存储设备上。如FC光纤通道存储设备，NAS、iSCSI等IP存储设备，SCSI或SAS等DAS存储设备。这些物理存储设备分布在网络的不同区域，通过统一的管理系统，实现硬件的状态监控和故障维护，打破了物理机限制的逻辑化存储空间。

2. 基础管理层

基础管理层是云计算最核心的部分，通过集群、分布式文件系统和网格计算等技术，实现存储设备的协同工作，保证多个设备对外提供同一种服务，并通过资源协作提高数据访问性能。该层需要保障用户的安全，一是不同用户间数据授权的安全，另一个是数据本身的安全和稳定。

3. 应用接口层

应用接口层是云计算最灵活的部分，用来实现应用服务系统对基础层的不同开发环境和 API，如视频监控应用平台、IPTV 等服务平台。

4. 访问层

访问层是用户请求的响应层，授权用户通过标准的公用应用接口登录云，云系统响应用户请求，分配相关资源。从上面的结构模型可知，云存储系统是一个多设备、多应用、多服务协同工作的集合体，是多种技术融合发展的结果。

二、云计算的关键技术

云计算涉及的关键技术很多，无论是通信、存储、计算，还是资源管理、调度、计费等，都是值得深入研究的问题。从云计算“以数据为核心按需提供服务”的角度来看，虚拟化技术、大规模分布式存储技术、海量数据处理技术，是研究过程中的重点和难点。

（一）虚拟机技术

把虚拟机和设备作为标准部署对象组合在一起是云计算的关键技术之一。云计算最大的特点就是虚拟化技术，通过虚拟化软件，单个任务的 CPU 占有率可以根据任务大小而自动调整，所以一个 CPU 上面就可以跑多个程序，一般这些任务对 CPU 的占有率都不高；云计算有别于高性能计算，高性能计算一般单个任务就会跑满整个 CPU 或者占有 CPU 的百分之五十以上。形象地说，高性能计算也可以认为是采用了虚拟化技术，只是它的虚拟化程度没有那么高，一般任务以核数为衡量单位，而云计算的任务却可以细化到核的百分之一甚至更小，虚拟化程度很高，一般虚拟化软件都非常昂贵。之所以要采用虚拟化技术，原因在于其本身单个程序对 CPU 占有率低有关，一般云计算主要还是应用于互联网。高性能计算还是以大规模科学计算和数据挖掘为主。虚拟化进一步增强了灵活性，因为它把硬件概括到这样一个高度：在硬件上面，可以在不需要连接具体物理服务器的情况下部署和重新部署软件栈。虚拟化实现了一个动态数据中心，其中的服务器提供一个包含可根据需要使用资源的资源池，而且，其中的应用程序与计算、存储和网络资源的关系可动态变化，以适应工作负荷和业务需求。虚拟设备（包含软件的虚拟机，这些软件部分或全部地配置为执行像 Web 服务器或数据库服务器这样的特定任务）进一步增强了快速创建和部署应用程序的能力。

（二）海量数据处理技术

海量数据处理指的是对 TB 甚至 PB 级规模数据的计算和分析。互联网时代的数据统计和分析通常都是海量数据级别的。单台计算机往往不能满足海量数据处理在性能和可靠性等方面的要求，因此，并行处理是最直接和有效的计算方式，而良好的编程模型就显得特别重要，它将直接影响海量数据处理、分析和挖掘的效率。

在云计算模式下，由于数据和处理服务器的规模在持续增长，且处理的实时性要求很高，因此对系统的并行 I/O 能力、数据划分和组织方式、计算和数据的绑定关系等带来巨大考验。为了获得更高性能的处理效率，并行任务粒度划分、任务状态监控、任务跟踪与协作、操作本地化、容错机制等都是需要进一步深入研究的问题。

（三）存储云技术

云计算通常由存储云进行补充，存储云通过 API 提供虚拟化存储，而这些 API 为存储虚拟机映像（image）、用于诸如 Web 服务器的组件的源文件、应用程序状态数据以及一般业务数据提供便利。为保证高可用、高可靠和经济性，云计算采用分布式存储的方式来存储数据，采用冗余存储的方式来保证存储数据的可靠性，即为同一份数据存储多个副本。另外，云计算系统需要同时满足大量用户的需求，并行地为大量用户提供服务。因此，云计算的数据存储技术必须具有高吞吐率和高传输率的特点。

三、云计算与相关计算形式

云计算是并行计算（parallel computing）、分布式计算（distributed computing）、网格计算（grid computing）三大科学概念的商业实现。其核心是在大量的分布式计算机上（非本地机或远程服务器）进行运算。同样是基于网络平台资源共享特性的一种服务形式的云计算与分布式计算、网格计算既有区别也有联系。

（一）分布式计算

分布式计算研究如何把巨大的问题分成许多小的部分，然后把这些小任务分配给许多计算机进行处理，最后把这些计算结果综合起来得到最终的结果。在两个或多个软件间互相共享数据，这些软件既可以在同一台计算机上运行，也可以在利用网络连接起来的多台计算机上运行。

（二）网格计算

网格计算通过利用大量异构计算机（通常为桌面）的未用资源，将其作为嵌入在分布式电信基础设施中的一个虚拟的计算机集群，为解决大规模的计算问题提供了一个模型。

（三）并行计算

并行计算就是在并行计算机上所做的计算，它与常说的高性能计算（high performance computing）、超级计算（super computing）是同义词。并行计算是在串行计算的基础上演变而来，它努力仿真自然世界，一个序列中含有众多同时发生的、复杂且相关事件的事务状态。

（四）效用计算

效用计算是一种基于计算资源使用量付费的商业模式，用户从计算资源供应商获取和使用计算资源并基于实际使用的资源付费。效用计算允许用户只为他们所需要用到并且已经用到的那部分资源付费。

（五）云计算与上述计算

云计算和网格计算从本质上来讲都属于分布式计算，是分布式计算的新发展。云计算与网格计算最大的区别在于对网络计算资源的组织、分配和使用的方式不同，云计算更虚拟化、更灵活地使用这种资源。作为并行计算的最新发展计算模式，云计算意味着对于服务器端的并行计算要求的增强，因为数以万计用户的应用都是通过互联网在云端来实现的，它在带来用户工作方式和商业模式的根本性改变的同时，也对大规模并行计算的技术提出了新的要求。云计算以服务的形式提供计算、存储、应用资源的思想与效用计算非常类似。两者的区别不在于这些思想背后的目标，而在于组合到一起，使这些思想成为现实的现有技术。

四、云计算的应用

目前云计算应用主要有软件服务、公用/效用计算、Web 服务、开发及应用平台服务、管理服务、系统集成等。软件服务是通过 Web 浏览器来向成千上万个用户提供某种单一的软件应用，在用户看来，他们不需要事先购买服务器设备或是软件授权。公用/效用计算如今被赋予新的含义，Amazon 的 AWS、Sun 的存储云、IBM 的“蓝云”以及其他厂商所共同倡导的云计算，正在为整个业界提供所需要的存储资源和虚拟化服务器等应用。云计算领域的 Web 服务与 SaaS 有些类似，Web 服务厂商也是通过提供 API 让开发人员来开发互联网应用，而不是自己来提供功能全面的应用软件。平台服务将开发环境作为服务来提供给用户，也就是说，用户可以在供应商的基础架构上创建自己的应用软件来运行，然后通过网络直接从供应商的服务器上传递给其他用户。管理服务供应商（MSP）面向的IT管理人员而不是最终用户，例如用于电子邮件的病毒扫描服务，还有应用软件监控服务等。服务商业平台为用户提供了一种交互性服务平台，这在日常的商业贸易领域是非常普遍的，比如，某种消费管理系统可以让用户从一个网络平台上订购旅行或秘书类服务，而且服务的配送实现方式和价格也都是由用户事先设定好的。云计算集成整合还只是刚刚开始，通过把多家SaaS供应商联合在一起来为客户提供完整的服务。

最简单的云计算技术在网络服务中已经随处可见，如搜索引擎、网络信箱等。Google的Applications（包括Gmail、Gtalk、Google日历）及FaceBook等都是“云计算”的具体应用。云计算可以让用户体验10万亿次/s的运算能力，拥有这么强大的计算能力可以模拟核爆炸、预测气候变化和市场发展趋势。

第四节　面向大数据的数据挖掘技术

一、数据挖掘的定义

数据挖掘（data mining）是从大量的、不完全的、有噪声的、模糊的、随机的数据中提取出隐含在其中的、人们事先所不知的，但又是潜在有用的信息和知识的一个过程。它是一门涉及面很广的交叉学科，包括机器学习、数理统计、神经网络、数据库、模式识别、粗糙集、模糊数学等相关技术。随着信息技术的高速发展，人们积累的数据量急剧增长，动辄以TB计，如何从海量的数据中提取有用的知识成为当务之急。数据挖掘就是为顺应这种需要应运而生发展起来的数据处理技术，是知识发现（knowledge discovery in database）的关键步骤。

这里所说的知识发现，不是要求发现放之四海而皆准的真理，也不是要去发现崭新的自然科学定理和纯数学公式，更不是什么机器定理证明。实际上，所有发现的知识都是相对的，是有特定前提和约束条件，面向特定领域的，同时还要能够易于被用户理解，最好能用自然语言表达所发现的结果。

二、数据挖掘国内外研究现状

（一）国外研究现状

与数据挖掘极为相似的术语——知识发现（knowledge discovery in data, KDD），这一词语首先出现在1989年8月美国底特律召开的第11届国际人工智能联合会议的专题讨论会上。1995 年美国计算机协会在加拿大蒙特利尔召开的首届 KDD & Data Mining 国际学术会议上，把数据挖掘技术分为科研领域的知识发现与工程领域的数据挖掘。之后每年召开一次这样的会议，经过十几年的努力，数据挖掘技术的研究已经取得了丰硕的成果。目前，对 KDD 的研究主要围绕理论、技术和应用三个方面展开，多种理论与方法的合理整合是大多数研究者采用的有效技术。

目前，国外数据挖掘的最新发展主要有对发现知识方法的进一步研究，如近年来注重对 Bayes（贝叶斯）方法以及 Boosting 方法的研究和改进提高，KDD 与数据库的紧密结合，传统的统计学回归方法在 KDD 中的应用。在应用方面主要体现在 KDD 商业软件工具从解决问题的孤立过程转向建立解决问题的整体系统，主要用户有保险公司、大型银行和销售业等。许多计算机公司和研究机构都非常重视数据挖掘的开发应用，IBM（美国国际商用机器公司）和微软都相继成立了相应的研究中心。美国是全球数据挖掘研究最繁荣的地区，并占据着研究的核心地位。

由于数据挖掘软件市场需求量的增大，包括国际知名公司在内的很多软件公司都纷纷加入数据挖掘工具研发的行列，到目前已开发了一系列技术成熟、应用价值较高的数据挖掘软件。以下为目前最主要的数据挖掘软件。

（1）Knowledge Studio：由 Angoss 软件公司开发的能够灵活地导入外部模型和产生规则的数据挖掘工具。最大的优点：响应速度快，且模型、文档易于理解，SDK 中容易加入新的算法。

（2）IBM Intelligent Miner：该软件能自动实现数据选择、转换、发掘和结果呈现一整套数据挖掘操作，支持分类、预测、关联规则、聚类等算法，并且具有强大的 API 函数库，可以创建定制的模型。

（3）SPSS Clementine：SPSS 是世界上最早的统计分析软件之一。Clementine 是 SPSS 的数据挖掘应用工具，它可以把直观的用户图形界面与多种分析技术（如神经网络、关联规则和规则归纳技术）结合在一起。该软件首次引入了数据挖掘流概念，用户可以在同一个工作流环境中清理数据、转换数据和构建模型。

（4）Cognos Scenario：该软件是基于树的高度视图化的数据挖掘工具，可以用最短的响应时间得出最精确的结果。

此外，还有由美国 Insightful 公司开发的 IMiner、SGI 公司和美国 Standford 大学联合开发的 Minset、Unica 公司开发的 Affinium Model、加拿大 Simon Fraser 大学开发的 D B Miner、HNC 公司开发的用于信用卡诈骗分析的 Database Mining Workstation、Neo Vista 开发的 Decision Series 等。

（二）国内研究现状

与国外相比，国内对数据挖掘技术研究较晚，没有形成整体力量。1993 年国家自然科学基金首次支持对该领域的研究项目，目前正处于发展阶段。最新发展：分类技术研究中，试图建立集合理论体系，实现海量数据处理；将粗糙集和模糊集理论二者融合用于知识发现；构造模糊系统辨识方法与模糊系统知识模型；构造智能专家系统；研究中文文本挖掘的理论模型与实现技术；利用概念进行文本挖掘。目前，国内的许多科研单位和高等院校竞相开展知识发现的基础理论及其应用研究。已经研发了不少新兴的数据挖掘软件。

（1）MS Miner：由中国科学院计算技术研究所智能信息处理重点实验室开发的多策略通用数据挖掘平台。该平台对数据和挖掘策略的组织有很好的灵活性。

（2）D Miner：由上海复旦德门软件公司开发的具有自主知识产权的数据挖掘系统。该系统提供了丰富的数据可视化控件来展示分析结果，实现了数据查询结果可视化、数据层次结构可视化、多维数据结构可视化、复杂数据可视化。

（3）Scope Miner：由东北大学开发的面向先进制造业的综合数据挖掘系统。

（4）ID Miner：由青岛海尔青大软件有限公司研发的具有自主知识产权的数据挖掘平台。该平台大胆采用了国际通用业界标准，对该软件今后的发展有很大的促进作用，同时也为国内同类软件的开发提供了一条新的思路。

除此之外，还有复旦德门软件公司开发的 CIAS 和 AR Miner、东北大学软件中心开发的基于 SAS 的 Open Miner 以及南京大学开发的一个原型系统 Knight 等。

目前，国内数据挖掘软件产业还不成熟，从事此方面研究的人员主要集中在高校，只有少部分分布在研究所或公司，且大多数研究项目都是由政府资助，主要的研究方向集中在数据挖掘的学习算法、理论方面以及实际应用。研究的产品尚未得到国际市场的认可，在国际上的使用更是为数甚少。

三、数据挖掘的对象

根据信息存储格式，用于挖掘的对象有关系数据库、面向对象数据库、数据仓库、文本数据源、多媒体数据库、空间数据库、时态数据库、异质数据库以及环球网 Web。

目前，用于数据挖掘的数据源主要是关系数据库、数据仓库和环球网 Web。

四、数据挖掘流程

数据挖掘是一个完整的过程，该过程从大型数据库中挖掘先前未知的、有效的、可实用的信息，并使用这些信息做出决策或丰富知识。下面对数据挖掘流程进行简要介绍。

1. 确定业务对象

清晰地定义出业务问题，确定数据挖掘的目的是数据挖掘的重要一步。挖掘的最后结果是不可预测的，但要探索的问题应是有预见的，为了数据挖掘而数据挖掘则带有盲目性，是不会成功的。

2. 数据准备

数据准备包括数据的选择、数据的预处理和数据的转换。数据选择时，在大型数据库和数据仓库目标中搜索所有与业务对象有关的数据信息，并从中选择适用于数据挖掘应用的数据。数据预处理是对提取的数据进行质量研究，为进一步的分析做准备，并确定将要进行的挖掘操作的类型。数据的转换是将数据转换成一个分析模型，这个分析模型是针对挖掘算法建立的，建立一个真正适合挖掘算法的分析模型是数据挖掘成功的关键。

3. 数据挖掘

对所得到的经过净化和转换过的数据进行挖掘。除完善和选择合适的挖掘算法外，其余一切工作都能自动地完成。

4. 结果分析

对数据挖掘的结果进行解释和评价，其使用的分析方法一般应依数据挖掘操作而定，通常会用到可视化技术。最终转换成为能够被用户理解的知识。

5. 知识的运用

将分析所得到的知识集成到业务信息系统的组织结构中去。

五、数据挖掘存在的问题

（一）数据类型不同

绝大多数数据库是关系型的，因此在关系数据库上有效地执行数据采掘是至关重要的。但是在不同应用领域中存在各种数据和数据库，而且经常包含复杂的数据类型，例如结构数据、复杂对象、事务数据、历史数据等。由于数据类型的多样性和不同的数据采掘目标，一个数据采掘系统不可能处理各种数据，因此针对特定的数据类型需要建立特定的数据采掘系统。

（二）数据的动态性及数据缺陷

现实数据库通常是庞大、动态、不完全、不准确、冗余和稀疏的，这给知识发现系统提出了许多难题。数据库中数据的不断变化造成先前发现的知识很快过时，数据的不准确性使知识挖掘过程需要更强的领域知识和更多的抽样数据，同时导致发现结果的不正确。不完全数据包括缺少单个记录的属性值或缺少关系的字段，重复出现的信息称为冗余信息，为避免将对用户毫无意义的函数发现作为知识发现的结果，系统必须了解数据库的固有依赖。另外数据的稀疏性和不断增加的数据量增加了知识发现的难度。

（三）数据挖掘算法的有效性和可测性问题

海量数据库通常有上百个属性和表及数百万个元组。GB 量级数据库已不鲜见，TB 量级数据库已经出现，高维大型数据库不仅增大了搜索空间，也增加了发现错误模式的可能性。因此必须利用领域知识降低维数和除去无关数据，从而提高算法效率。从一个大型数据库中抽取知识的算法必须高效、可测量，即数据采掘算法的运行时间必须可预测，且可接受，指数和多项式复杂性的算法不具有实用价值。但当算法用有限数据为特定模型寻找适当参数时，有时会物超所值，降低效率。

（四）私有性和安全性问题

数据采掘能从不同角度、不同抽象层上看待数据，将影响到数据采掘的私有性和安全性。通过研究数据采掘导致的数据非法侵入，造成信息泄漏。

总之，数据挖掘只是个工具，不是万能的，它可以发现一些潜在的用户，但是不会告诉你为什么，也不能保证这些潜在的用户成为现实。数据挖掘的成功要求对期望解决问题的领域有深刻的了解，理解数据，了解其过程，才能对数据挖掘的结果找出合理的解释。例如，曾经用数据挖掘找出的啤酒和尿布的例子，如何去解释这种现象，是应该将两者放在一起还是分开销售，这还需要对消费心理学有所研究才能做出决定，而不是数据挖掘能力所及的了。

六、数据挖掘的发展展望

目前数据挖掘逐渐从高端的研究转向常用的数据分析，在国外像金融业、零售业等这样一些对数据分析需求比较大的领域已经成功地采用了数据挖掘技术来辅助决策。尽管如此，数据挖掘技术仍然面临着许多问题和挑战，如超大规模数据集中的数据挖掘效率有待提高，开发适应于多数据类型、容噪的挖掘方法，网络与分布式环境下的数据挖掘，动态数据和知识的数据挖掘等。

但是毕竟数据挖掘技术是一个年轻且充满希望的研究领域，商业利益的强大驱动力将会不停地促进它的发展。数据挖掘不会在缺乏原理的情况下自动地发现模型，而且得到的模型必须在现实的生活中验证，数据分析者必须知道你所选的挖掘算法的原理是什么以及是如何工作的，并且要深刻了解期望解决问题的领域，理解数据，了解其过程，只有这样才能解释最终所得到的结果，从而促使挖掘模型的不断完善和提高，使得数据挖掘真正地满足信息时代人们的要求，服务于社会。

随着科学技术的不断发展和更新，以及科学家们的不断努力探索，新的数据挖掘方法和模型被研究者们不断开发，人们对它的研究正日益广泛和深入，也将会把这一技术应用到更多的领域中，其中环保行业便是其中之一。

第五节　人工智能技术

人工智能技术是一个新兴的学科领域，它是在计算机科学、控制论、信息学、神经心理学、哲学、语言学等多种学科研究的基础上发展起来的一门综合性的边缘学科。人工智能的应用成果已经给我们的现实生活带来了很多方便。例如，农业专业系统可以帮助农业人员对农作物进行最优栽培和管理；字符识别系统使得计算机可以“看懂”文字，帮助邮政人员自动投递或者分拣信件；语音识别系统使得计算机能够“听懂”人类的语言，有些操作就不必由人亲自动手。

一、人工智能的定义

人工智能（artificial intelligence，AI）自20世纪50年代明确提出以来，已经有了迅猛的发展。人工智能是研究、开发用于模拟、延伸和扩展人的智能的理论、方法、技术及应用系统的一门新的技术科学。人工智能是计算机科学的一个分支，它企图了解智能的实质，并生产出一种新的能以人类智能相似的方式做出反应的智能机器，该领域研究包括机器人、语言识别、图像识别、自然语言处理和专家系统等。人工智能是研究使计算机来模拟人的某些思维过程和智能行为（如学习、推理、思考、规划等）的学科，主要包括计算机实现智能的原理、制造类似于人脑智能的计算机，使计算机能实现更高层次的应用。人工智能将涉及计算机科学、心理学、哲学和语言学等学科，可以说几乎包括自然科学和社会科学的所有学科，其范围已远远超出了计算机科学的范畴。人工智能与思维科学的关系是实践和理论的关系，人工智能是出于思维科学的技术应用层次，是它的一个应用分支。从思维观点看，人工智能不能仅限于逻辑思维，要考虑形象思维、灵感思维才能促进人工智能的突破性发展。

由于智能概念的不确定，人工智能的概念一直没有一个统一的标准。著名的美国斯坦福大学人工智能研究中心尼尔逊教授对人工智能下了这样一个定义“人工智能是关于知识的学科——怎样表示知识以及怎样获得知识并使用知识的科学”，而美国麻省理工学院的温斯顿教授认为“人工智能就是研究如何使计算机去做过去只有人才能做的智能工作”。诸如此类的定义基本都反映了人工智能学科的基本思想和基本内容，即人工智能是研究人类智能活动的规律，构造具有一定智能的人工系统，研究如何让计算机去完成以往需要人的智力才能胜任的工作，也就是研究如何应用计算机的软硬件来模拟人类某些智能行为的基本理论、方法和技术。

尽管对于人工智能的定义，学术界有许多种说法和定义方式，但其本质都是一致的。人工智能就是研究怎么样利用机器模仿人脑从事推理规划、设计、思考、学习等思维活动，解决迄今认为需要由专家才能处理好的复杂问题。人工智能是一个大科学的通称，它所覆盖的研究领域非常广，涉及的研究内容非常丰富。从实用观点看，人工智能是一门知识工程学，以知识为对象，研究知识的获取、知识的表示方法和知识的使用。

二、人工智能国内外研究现状

能够用来研究人工智能的主要物质手段以及能够实现人工智能技术的机器就是计算机，人工智能的发展历史是和计算机科学与技术的发展史联系在一起的。人工智能是计算机学科的一个分支，20 世纪 70 年代以来被称为世界三大尖端技术之一（空间技术、能源技术、人工智能），也被认为是 21 世纪（基因工程、纳米科学、人工智能）三大尖端技术之一。这是因为近三十年来它获得了迅猛发展，在很多科学领域都获得了广泛应用，并取得了丰硕的成果。人工智能已逐步成为一个独立的分支，无论在理论还是实践上都已自成系统。

（一）国外研究现状

人工智能的发展历史就是人类思索自身的历史，人类从很早的时候就开始思考自身。从公元前（公元前 384 ~ 322 年）伟大的哲学家亚里士多德到 16 世纪英国哲学家培根，他们提出的形式逻辑的三段论、归纳法，都对人类思维过程的研究产生了重要影响。17 世纪德国数学家莱布尼兹提出的万能符号和推理计算思想，为数学逻辑的产生和发展奠定了基础，播下了现代机器思维设计思想的种子。19 世纪英国逻辑学家布尔创立的布尔代数，实现了用符号语言描述人类思维活动的基本推理法则。20 世纪 30 年代迅速发展的数学逻辑和关于计算的新思想，使人们在计算机出现之前，就建立了计算与智能关系的概念。但是人工智能作为一门科学正式诞生于 1956 年在美国达特茅斯学院召开的一次学术会议上。1969 年国际人工智能联合会议成立，它标志着人工智能这门新兴学科得到了世界范围的公认。

20 世纪 70 年代，人工智能进入发展期，许多发达国家都相继开展了对这门新兴学科的研究工作。随着 DENDRAL（判定某待定物质的分子结构）专家系统的成功，一大批专家系统从各个领域各个方面涌现出来，从医学、数学、生物工程到地质探矿、气象预报、地震分析等，一个个成功的系统都带来了巨大的经济效益和社会效益，令世人刮目相看。

1987 年在意大利召开的第十届国际人工智能会议上，美、日等国都先后制定了一批有关人工智能的大型项目，都争相在人工智能方面取得更为突破性的进展。其中，美国的 ALV（automontous land vehicle）和日本的第五代计算机就是其中最典型的代表。但是在此后的发展期间遇到了很多的难题，使得人工智能发展陷入低谷期。20 世纪 90 年代初麻省理工学院的布鲁克斯以其进化理论提出了“没有表达的智能”和“没有推理的智能”，成为了行为主义学派的代表，为解决智能发展的难题提供了重要方法和理论。

目前，国外人工智能技术已经十分成熟，技术应用已涉及多个领域，而且均取得了很好的效果，为人们的生活、工作等带来了极大的便利。

（二）国内研究现状

我国人工智能研究起步较晚，1978 年才纳入国家计划的研究，1984 年召开了智能计算机及其系统的全国学术研讨会，1986 年起把智能计算机系统、智能机器人和智能信息处理（含模拟识别）等重大项目列为国家高技术研究计划，1993 年起，又把智能控制和智能自动化等项目列入国家科技攀登计划。近年来，我国许多单位跟紧世界研究潮流，开展了对知识发现、数据挖掘、多 Agent 系统、模式识别、智能机器人、自然语言处理和自动推理等多领域的研究与开发工作，并取得了一定的进展。当前我国已有数以万计的科技人员和大学师生从事不同层次的人工智能研究与学习，人工智能研究已经在我国深入开展。虽然我国的人工智能研究起步较晚，但在研究者们的努力下，经过短短的十几年，我们就大大缩短了我国人工智能技术与世界先进水平的差距，也为未来的发展奠定了技术和人才基础。我国科学家提出的仿生识别方法、可拓学理论等在全球可谓独树一帜，能够较好地处理过去在人工智能方面难以解决的矛盾问题，并已逐步替代之前的模拟人体结构理论等，策划能够为全球实验室优先采用的研究方法。

但是也应该看到目前我国人工智能研究中还存在一些问题，其特点是：课题比较分散，应用项目偏多、基础研究比例略少、理论研究与实际应用需求结合不够紧密。选题时，容易跟着国外的选题走；立项论证时，惯于考虑国外怎么做；落实项目时，又往往顾及面面俱到，大而全；再加上受研究经费的限制，所以很多课题既没有取得理论上的突破，也没有太大的实际应用价值。

我国虽然在人工智能的软件方面水平不低，但是在硬件、机器制造方面水平还不高，和日本等应用水平和普及度都较高的国家相比，还处于一个“很初级”的阶段。当前我国人工智能应用发展也是落后于发达国家，其原因主要是：工业化生产水平相比于美日还存在较大的差距，对资源和能源的消耗也都难以达到需求。此外，一项先进的人工智能成果在刚投入市场生产时需要较高的成本，这对于我国一些普通家庭来说还属于奢侈品，因此，在市场需求和推广上也难以跟上国外的脚步。所以今后，基础研究的比例应该适当提高，同时人工智能研究一定要与应用需求相结合。科学研究讲创新，而创新必须接受应用和市场的检验。因此，我们不仅要善于找到解决问题的答案，更重要的是要发现最迫切需要解决的问题和最迫切需要满足的市场需求。

三、人工智能的研究目标与表现形式

（一）人工智能研究目标

人工智能的研究目标是构造出一个像人一样具有智能，会思维和行动的计算机或系统。人工智能的研究目标可分为近期目标和远期目标。近期目标是实现机器智能，即先部分地或某种程度地实现机器的智能，从而使现有的计算机更灵活、更好用和更有用，成为人类的智能化信息处理工具。而人工智能的远期目标是要制造智能机器，即要使计算机具有看、听、说、写等感知和交互功能，具有联想、推理、理解、学习等高级思维能力，还要有分析能力、解决问题和发明创造的能力。简单来说就是使计算机像人一样具有自动发现规律和利用规律的能力，或者说具有自动获取知识和利用知识的能力，从而扩展和延伸人的智能。

人工智能研究的远期和近期目标是相辅相成的。近期目标的研究成果为远期目标的实现奠定了基础，做出了理论及技术上的准备，远期目标为近期目标指明了方向。随着人工智能研究的不断深入、发展，近期目标将不断变化，逐步向远期目标靠近，近年来人工智能在各个领域中所取得的成就充分说明了这一点。

（二）人工智能表现形式

人工智能的表现形式实际上也就是它的应用形式，主要包括以下几种。

1. 智能软件

其应用范围比较广泛，例如，它可以是一个完整的智能软件系统，如专家系统、知识库系统等；也可以是具有一定智能的程序模块，如推理模块、学习程序等，这种程序可以作为其他程序系统的子系统；智能软件还可以是具有一定知识或智能的应用软件。

2. 智能设备

其包括具有一定智能的仪器仪表、机器和设施等，如采用智能控制的机床、汽车、武器装备和家用电器等。这种设备实际上是嵌入了某种智能软件的设备。

3. 智能网络

智能网络即智能化的信息网络，具体讲，从网络的构建、管理、控制和信息传输，到网上信息发布、检索以及人机接口等，都是智能化的。

4. 智能机器人

智能机器人是一种拟人化的智能机器。

5. 智能计算机

在体系结构方面，智能计算机是要试图打破冯·诺依曼式的计算机的存储程序式的框架，实现类似于人脑结构的计算机体系结构，以期获得自学习、自组织、自适应和分布式并行计算的功能。

6. 智能体或主体

它是一种具有智能的实体，具有自主性、反应性、适应性和社会性等基本特征。智能体可以是软件形式的（如运行在 Internet 上，进行信息收集），也可以是软硬件结合的（如智能机器人就是一种软硬件结合的智能体）。智能体是 20 世纪 80 年代提出的一个新概念，人们试图用它来描述具有智能的实体，以至于有人把人工智能的目标就定为"构造能表现出一定智能行为的智能体"。

四、人工智能的应用现状

近几十年，人工智能取得了诸多令人瞩目的成就，如专家系统、人工神经网络、遗传算法等，在我们生活中的很多领域已经得到广泛应用。下面将列举一些人工智能技术的应用及其给我们的生活带来的便利。人工智能在医学、电气自动化、计算机辅助工艺设计、制造业等方面有较好的应用发展。人工智能也在污水处理中有一定应用。

从控制系统设计的角度看，污水处理系统由于污染物质的多样性、复杂性和多变性，属难以控制的复杂工业过程，主要体现在以下 5 个方面：①对象的复杂性；②环境的复杂性；③任务的复杂性；④处理过程具有多目标融合的特点；⑤检测手段匮乏。但是智能控制由于具有自学习、自适应和自组织功能，特别是不需要建立被控制对象精确数学模型的特点，非常适合用于复杂的污水处理过程的控制，在欧、美、日等发达国家的污水处理领域已有许多成功的应用实例，显示出极为广阔的应用前景。

就目前形势而言，人工智能必将在更多新的领域获得有效的应用，而且其在已知领域的应用必将日趋完善，进一步推动人工智能的研究与发展。

五、人工智能的发展前景

不同研究分支的学者不断对人工智能领域可能的突破点进行探讨，我们大致可以从三个方面了解人工智能领域进一步深入研究的发展方向。

（一）寻找新型智能控制理论

人脑的结构和功能往往要比人们自己想象的复杂得多，人工智能和智能控制研究面临的困难要比大家估计的重大得多。因此，要从根本上了解人脑的结构与功能，解决面临的困难，完成人工智能和智能控制的研究任务，需要寻找和建立更新的智能控制框架和理论体系。

（二）改善技术集成水平

智能控制技术就是人工智能技术与其他信息处理技术（如信息论、系统论等）的集成。然而人工智能技术需要集成的不仅在计算机理论方面，还需要在听觉技术、机器人学、生理学、心理学等方面都有所兼容。只有在各方面都有所涉及，人工智能技术才能够多层次、高水平发展。

（三）拓展人工智能技术的应用领域

人工智能技术除了应用在高级机器人、过程智能控制和智能故障诊断等方面外，还可拓展新的应用领域并加以研制新的应用软件配合，例如在交通、商业、农业、文化教育等方面均可涉及。

人工智能一直处于计算机技术的前沿，人工智能研究的理论和发现在很大程度上将决定计算机技术的发展方向。今天，已经有很多人工智能研究的成果进入人们的日常生活。将来，人工智能技术的发展将会给人们的生活、工作和教育等带来更大的影响。

第六节　环境模型模拟技术

在环境保护领域，常常需要对环境污染物的宏观环境行为和微观环境行为展开系统性的研究。应用数学模型以及计算机软件技术模拟污染物在环境系统中的分布与归宿具有传统实验方法无可比拟的优越性。

一、水质模型

水质模型是水体中污染物随时空迁移转化规律的描述，是研究和解决水体污染的一种常用方式。20 世纪六七十年代伴随着计算机技术和系统理论的发展，涌现出了大量的水质模型，为治理水体污染做出了很大的贡献，但水质模型常常针对于某个具体的水质污染来开发，和具体应用完全结合在一起。此外，现代信息技术的发展迅速，水质模型的计算也离不开计算机及网络的支持，这就要求我们在新环境下进行应用开发时，考虑如何进行系统的架构设计才能更有利于模型的设计与编码，有利于今后功能的扩展以及系统的快速有效维护等。

（一）水质模型概述

研究水环境模拟，常常涉及研究区域的尺度（尺度模型）、模型建立过程（概念模型）、模型数值模拟（数学模型）等研究过程。本书中重点介绍的是水质数学模型。一般而言，环境污染问题根据防治治理和监测目的可分为污染正演问题和反演问题。水污染来源往往比较清楚，管理者和研究者更关心水污染模拟预测问题。本书中介绍的水质模型主要是正演模型。

水质模型就是描述水体（河流、湖泊等）的水质要素（BOD，DO 等），在其他因素（物理、化学、生物等）作用下随时间和空间变化关系的数学表达式，是定量描述各水质变量在水环境中迁移转化规律及其影响因素之间相互关系的数学描述。它既是水环境科学研究的内容之一，又是水环境研究的重要工具，涉及气象、水文、水力、水化学、水生物、湖沼、土壤、沉积物、数学、计算机等多门学科。水质模型不仅可以模拟、预测水质分布的现状及其随时间发展的变化规律，而且能够为进一步的水质监控、改善、调节、管理提供科学的依据和决策方案。

1. 水质模型理论基础

水质模型研究在理论上发展很快，如随机理论、灰色理论和模糊理论等，在研究方法上也结合运用了迅猛发展的计算机新技术，如人工神经网络（artifical neural networks，ANNS）和地理信息系统（GIS）等，这些成果都极大地推动了水质模型的现代化和信息化。

Kirkby 等（1987）对于自然地理学领域的计算机模拟模型，采用了“黑箱模型”（black box models），“过程模型”（process models），“物质平衡模型”（mass balance models），“随机模型”（stochastic models）的分类方法。

黑箱模型也称之为“输入输出（input/output）模型”，黑箱模型的内部运行机制不是直接描述现实世界的实际过程，而是对于一定的输入数据产生相应的输出结果。

过程模型是人们对于真实世界存在的某些自然过程发生、发展的机理有了一定的认识，并在这个认识基础之上，对这些自然过程进行数学描述而建立的模型。过程模型是通过对于真实世界物质和能量流程的描述而建立起来的，是采用数学描述方法对实际自然过程的一种逼近。一个有效的过程模型是多个子模型在一定的时间和空间分辨率下的组合，它具有可以分解、组合的特性。

物质平衡模型是依据物质、能量守恒原理而构建的模型。对于自然地理过程而言，物理过程和化学过程是同时存在的，环境物质可以以多种状态存在、转化，但物质和能量是守恒的。在建模中，单一过程模型通常以它们之间的内在关系相互联结，物质、能量平衡方程就是一种最为普遍的联结方式。

随机模型是通过随机理论构建的模型。自然地理过程从原理上来讲也不具有随机性，但由于地理过程的复杂性，真正确定性的描述是不可能的。所以，对于某一地理过程可以被描述为一系列具有某种特殊概率分布的随机数值。目前，这种随机模型在一些比较著名的模型系统中，常常用来模拟产生模型运行所需要的气象因素，如 SWAT 模型和 WEPP 模型中的气象因素模拟系统。

水质模型的理论基础也基本符合以上方法论。按机理过程建模也主要遵循物质、能量守恒原理。但随着水质模拟的研究深入，水质模拟过程的复杂性越来越大，也发展了很多非机理过程的水质模型。按照模型基于不同理论的建立方法，水质模拟方法一般可分为非机理模型与机理模型两大类。不同模型类型的理论基础如下。

1）非机理模型（数据驱动模型）

非机理模型与水环境的机理过程无关，而是通过实测数据进行建模。对于尚未研究透彻的转化机理来说，利用这种方法建模，可以快速而有效地对目标进行估算。

非机理模型的建模方法主要有：利用回归统计方法建模，即根据多元回归统计建立水质与多个影响因素之间的关系；利用灰色系统理论、马尔科夫链、小波分析等时序预测方法，对水质指标进行预测；利用以 BP 人工神经网络为代表的机器学习算法，建立非线性黑箱模型。

（1）统计概率预测模型。统计概率模型是通过统计历史数据资料而得到的条件概率信息，建立统计分析模型。从因变量的个数上可以分为两类。

第一，单因素预测。单因素预测是根据现有的水质数据对水质的变化趋势进行预测的方法。这种方法由于是属于“数据驱动”的模型，因此水质资料信息的丰度、精度都直接影响着预测结果的可靠性。其代表方法为时间序列分析法。

时间序列分析方法是通过研究、分析和处理时间序列，揭示时间序列本身的结构与规律来认识系统的固有特性，从而推断出系统在未来的变化趋势的一种方法。由于水环境系统的水质水量变化也可以被看作是时间序列，那么通过对水质水文的监测数据进行时间序列分析，就可以对监测指标进行预测模拟。

目前，运用最广泛的是马尔科夫链模型。马尔科夫链预测方法最初由俄国数学家马尔科夫于 1907 年提出，是一种概率预测方法。它根据变量的目前状况预测其将来某一时刻的变动情况。马尔科夫链预测是通过计算状态转移概率进行预测的。对某一事物变化过程而言，如果该事物有一种状态转移到另一种状态具有转移概率，且这种转移概率可以根据其紧接的前项状态推算出来，就称该过程为马尔科夫过程。其特点是无需依据大量的历史统计资料而通过对近期情况的分析即可以预测出将来的情况，为制定长期规划和对策提供参考信息。水质系统由于受到物理、化学和生物等诸多因素影响而成为一种复杂系统，因此采用马尔科夫法进行模拟预测比通过机理型水质模型模拟要容易得多。目前，该模型已广泛应用于社会、经济、科技、生态、农业、环境、医学、水利水电等众多科学领域，在水质预测方面也有相应的应用实例，如长江水质预测数学模型、黄河三门峡水质预测模型等。

第二，多因素综合性预测模型。多因素综合性预测需要首先筛选影响水质状况的多个主要影响因子，利用实测数据通过回归统计方法，建立水质与影响因子之间的关系式。在这方面应用较多的是回归模型。

回归模型是统计学中常用的方法，是由一个或一组随机变量来对另一个或一组随机变量的值进行预测。回归模型主要有：一元、多元线性回归、逐步回归、非线性回归、岭回归、偏最小二乘回归、趋势面分析模型和 Tobit 回归模型等。

（2）灰色系统预测模型。灰色系统理论是由邓聚龙于 1982 年提出的，最早应用于系统控制不确定元的研究中。利用灰色系统进行预测，是一种单因素趋势外推的预测方法。其基本思想是把已知的无序数据作为时间序列，通过函数运算进行加工，使其变得有规律，然后再用微分方程对新生成的数据序列进行拟合，最终得到灰色系统动态预测模型 GM（n，h）。目前，使用较多的是 GM（1，1）模型。利用该模型，可以外推至中、长期预测，最大优势在于其对实测资料信息要求较少。

该理论在水质预测的应用方面，向跃霖（1997）基于灰色系统理论提出了水质预测灰色幂级数曲线模型 GPSM（1），并对地表水中的 COD_{Mn} 浓度进行了预测，通过与 GM（1，1）的预测进行对比，发现 GPSM（1）模型较 GM（1，1）模型的拟合效果更好。李志强和王世俊（2002）结合灰色系统理论与马尔科夫链，建立河流水质灰色马尔科夫预测模型，对地表水体中的 DO 浓度进行了预测，该方法利用马尔科夫链，增强了对随机波动性较大的时间序列预测。同年，戴志军等（2002）在构建 GM（1，1）模型之前运用格拉布斯方法对异常数据进行了剔除，避免了“脏”数据对预测精度的干扰，也取得了较好的效果。

（3）神经网络模型。人工神经网络（artificial neural networks，ANN）是由大量处理单元互联组成的非线性、自适应信息处理系统，具有适应能力强、预测精度高、参数修正自动化等优点。基于人工神经网络的水质模型目的是利用现代神经科学研究的成果，模拟大脑神经网络处理、记忆信息的方式，对信息进行人工智能化处理。

其中BP（back-propagation）神经网络，又称为误差反向传播人工神经网络，已经广泛应用于函数逼近、模式识别、数据压缩等领域。80%～90%的人工神经网络模型是采用BP神经网络或它的变化形式，它也是前馈网络的核心部分。

人工神经网络属于经验模型（黑箱模型），只考虑输入与输出而与过程机理无关，不分析实际过程的机理，而是根据从实际得到的与过程有关的数据进行数理统计分析，按误差最小原则归纳出该过程各参数和变量之间的数学关系式。人工神经网络可以处理高维数据，并且具有自适应、自组织、自学习等特点，能够较好地应用于水质预测等复杂问题。

2）机理模型（过程模型）

与非机理模型相对，机理模型是基于水质组分的迁移转化规律进行构建的。由于尚未对水环境污染物研究透彻，因此完整的水质白箱模型目前并不存在。但作为重点研究的各项要素及其转化规律的概念性模型已经形成广泛共识，因此机理模型作为一种半白箱模型已经能够运用在不同的水体当中，为水质管理提供理论依据。

水质机理模型利用数学方程描述水体中各水质组分在参加水循环过程中所发生的物理（如迁移、沉淀等）、化学（如氧化、还原）、生物（如生物降解）等多方面的变化和相互影响，对水环境科学问题进行研究。水质机理模型目前仍然不是一个完备的体系，尚处在不断地研究发展过程中，因此其既是研究内容，同样也是水环境机理研究的重要手段。在水质预测、评价、容量计算和预警预报中得到了广泛的应用。

目前水质机理模型通常依据物质质量守恒与能量守恒原理而建立。河流中的水质受到物理迁移、交换加上生物、化学、生化的转变过程共同作用。对于一个较为完备的水质模型软件，应当综合考虑水动力、水文、生物、化学、物理等多门学科知识，并融合多种如3S等多元化的信息数据库。但单从建模机理角度讲，现在水质模型中普遍包含下列一些要素。

（1）控制条件。20世纪30年代产生的Streeter-Phelps模型，仅考虑到BOD与DO两个状态变量，而随后的QUAL2E模型，考虑了近10个状态变量，后面还出现了如WASP等结构更加复杂的水质模型，考虑的状态变量更多，但是其通常控制条件均可以由下式来描述

$$\frac{\partial c^{\omega}}{\partial t}=-u^{\omega}\frac{\partial c^{\omega}}{\partial x}-v^{\omega}\frac{\partial c^{\omega}}{\partial y}+w^{\omega}\frac{\partial c^{\omega}}{\partial z}+\frac{\partial}{\partial x}\left(\varepsilon_x\frac{\partial c^{\omega}}{\partial x}\right)+\frac{\partial}{\partial y}\left(\varepsilon_y\frac{\partial c^{\omega}}{\partial x}\right)+\frac{\partial}{\partial z}\left(\varepsilon_z\frac{\partial c^{\omega}}{\partial z}\right)+r^{\omega}$$

式中，c^{ω}为水质指标的浓度；t为时间；x、y、z分别为空间坐标；u^{ω}、v^{ω}、w^{ω}分别为x，y，z方向的速度；ε_x、ε_y、ε_z分别为x，y，z方向的扩散系数；r^{ω}为水质指标随化学、生物过程的变换速率。

（2）物理迁移方程。污染物浓度随河水流动进行迁移的方程通常由Navier-

Stokes 方程进行描述。对于河流的迁移模型，常假定为稳定流，采用有限差分法进行数值求解。对子其中长宽比较大的河流可将控制条件沿河宽积分，可形成一维的平流弥散方程，相应的控制方程可以化简为

$$\frac{\partial(Ac)^{\omega}}{\partial t}+\frac{\partial(Qc^{\omega})}{\partial x}=\frac{\partial}{\partial x}\left(AD_{L}\frac{\partial c^{\omega}}{\partial x}\right)+AR^{\omega}$$

式中，A 为横截面面积；Q 为流量；D_L 是水流方向的弥散系数；c^{ω} 是横截面的污染物平均浓度；R^{ω} 为界面平均浓度变化速率。

(3) 物质转化方程。水体中物质的转化过程包括多种化学变化、生物、生化作用以及一些如大气复氧、沉淀等物理作用的过程。污染物浓度这些转化过程中的变化，是由转化过程模型来描述。不同的水质模型的转化模型不同，如最初的 Streeter-Phelps 模型仅考虑了氧循环 BOD 与 DO 的变化；后来在 QUAL1 模型当中，加入了氮循环的过程，随后 QUAL2 模型又将其扩展至氧、氮和磷循环的更为复杂的系统；后来又出现了如 QUAL2K、WASP、ECOLAB 等能够模拟包含重金属在内的有毒物质的模型。

2. 水质模型分类体系

随着水质模型方法的不断发展，水质模型的类型也表现出多元化。

本书按照机理性和非机理性水质模型分别进行了分类体系的综合梳理。如表 3-1、表 3-2 所示。

表 3-1 机理性水质模型综合

功能	模型名称	模型维度	模型特点	应用领域
仅模拟水质	S-P	一维	最早的水质模型，假设 DO 浓度仅取决于 BOD 反应与复氧过程	河流
	Thomas	一维	对一维稳态河流，在 S-P 模型基础上增加了一项因悬浮物的沉淀与悬浮所引起的 BOD 速率变化	河流
	Dobbins-Camp	一维	考虑到河流分布源和局部径流对水中 BOD 浓度的影响，修正 S-P 模型	河流
	O'connon	一维	假定总的 BOD 是由含碳 BOD 和含氮 BOD 两项组成的，增加代表含氮 BOD 降解速度常数，修正 S-P 模型	河流
	BLTM	一维	它没有模拟水动力情况，水动力条件要由其他模型提供。这个模型包括 QUAL Ⅱ 所含所有的水质变化过程，而且是时变的	河流、河口

续表

功能	模型名称	模型维度	模型特点	应用领域
仅模拟水质	CE-QUAL-ICM	一维、二维、三维	模拟流量，所以必须从别的模型（CH3D）获得流量，是目前世界上发展程度最高的三维模型之一	河流、湖泊、河口、水库、海岸
	CE-QUAL-R1	一维	模拟垂向水质变化。它被用于模拟湖泊、水库的水质在深度方向的变化	水库、湖泊
	OTIS/ OTEQ	一维	能模拟河流的调蓄作用，它只研究用户自定义水质组分。用得最多的是模拟示踪剂试验	河流
	RMA4	二维	能模拟最多6个用户定义组分传输的水质模型	河流、湖泊、河口、水库、海岸
	SED-2D	二维	底泥传输模型，能模拟的水质变化过程种类不多	河流、湖泊、河口、水库、海岸
	WASP	一维、二维	能模拟几个底泥层和2个水体层，所以它实际上是准二维模拟，源代码开发	河流、湖泊、河口、水库、海岸
模拟水动力和水质	CE-QUAL-RIV1	一维	模拟分支河网的水流量与水质变化。用这个模型时要考虑它处理变化大的流量和不同水质元素的能力	河流、渠道
	CE-QUAL-W2	二维	模型是横向平均的，即它模拟纵向和垂向。该模型用来模拟湖泊和水库，也适合模拟一些具有湖泊特性的河流	河流、水库、河口
	EFDC/HEM3D	一维、二维、三维	环境流体动态代码，它由John Hamrick开发。该模型目前已由USEP A支持，正作为USEPA模型进行升级	河流、湖泊、河口、水库、海岸
	HSPF	水系	能模拟标准的富营养化过程，也能模拟其他水质组分如杀虫剂的传输	水系、海岸
	MIKE11	一维	用于模拟河网、河口、滩涂等多种地区的情况，研究的变量包括水温、细菌、氮、磷、DO、BOD、藻类、水生动物、岩屑、底泥、金属以及用户自定义物质	河口、河流、渠道
	MIKE21	二维	是MIKE11的姐妹模型，用来模拟在水质预测中垂向变化常被忽略的湖泊、河口、海岸地区	河口、海岸

续表

功能	模型名称	模型维度	模型特点	应用领域
模拟水动力和水质	MIKE3	三维	能处理三维空间。与 MIKE11 和 MIKE21 一样，它的水质变化过程很多	河流、湖泊、河口、水库、海岸
	PRMS	水系	有被高度优化的能量平衡和融雪变化过程。它仅能模拟底泥运动，所以有时使用受限	水系、渠道
	QUALⅡ	一维	用来模拟分支河网的富营养化过程。水质组分包括水温、细菌、氮化合物、磷化合物、DO、BOD、藻类以及用户自定义的 1 种可溶解物质和 3 种不溶解物质	水系、渠道
	SNTEMP	一维	仅用来模拟稳态流中的水温，能高度精确和细致地模拟河流环境中的热源、热汇	河流、渠道
模型系统	MIKE SHE	水系	包括降雨—径流变化过程、一个集成的地下水流量模型和与 MIKE11 以及其他 MIKE 模型的联系（接口），提供了极好的界面和一个综合的水质变化过程系列	水系、渠道
	BASINS	零维、一维	由 6 个相互关联的能对水系和河流进行水质分析、评价的组件组成，分别是国家环境数据库、评价模块、工具、水系特性报表、河流水质模型、非点源模型和后处理模块	水系、河流、渠道
	GENSCN	水系	模型除 HSPF 外，还集入了动态一维流量模型 FEQ。FEQ 没有水质变化过程，优势在于能模拟水质变化情节	水系、河流、渠道
	MMS	一维、二维、三维	包括分支河网水动力模型 DAFLOW，以及从 DAFLOW 中获取流量值的水质模型 BLTM，水质变化过程不多	水系、渠道
	SMS	一维、二维、三维	不模拟降雨—径流过程。它在二维（垂向平均）方向模拟河流、河口、海岸，包括水动力和泥沙模型，仅含有限的水质变化过程	河流、湖泊、河口、水库、海岸

表 3-2　非机理性水质模型

基础理论	方法特点	应用
随机理论	随机理论应用于水环境系统的研究中主要从两个方面来进行，一是随机变量法，另一是随机过程法。随机变量法把不确定量视为随机变量，它是时不变的，但服从一定的概率分布；随机过程法把不确定量视为随机过程，它是时变的，每一时刻的取值都是一个随机变量。由于随机过程法在处理水环境系统所表现出来的特有的优势，使得其在河流水质模型研究中越来越受到重视	水质预测
模糊数学	水体质量受多方面因素影响，在水质评价中，污染程度、水质类型和分级标准等都存在一定的模糊、不确定性。模糊数学模型就是用数学的方法研究处理实际中的随机复杂变化的问题，对其进行定量化处理，以反映水质状况的不确定性	水质评价
人工神经网络	人工神经网络是由大量处理单元互联组成的非线性、自适应信息处理系统，具有适应能力强、预测精度高、参数修正自动化等优点。基于人工神经网络的水质模型目的是利用现代神经科学研究的成果，模拟大脑神经网络处理、记忆信息的方式，对信息进行人工智能化处理	水质评价、水质预测
灰色系统	灰色系统是指部分信息明确、部分不明确的“小样本”、“贫信息”为研究对象的系统。灰色系统通过对“部分”已知信息的生成、开发，提取有价值的信息，实现对系统运行行为的下确认识和有效控制。其在社会、经济、农业、工业、气象、地质、水利、卫生、金融等系统的分析、预测、决策、规划、评价、控制中的应用日益广泛和深入，并取得了一系列重大成果	水质评价、水质预测
回归分析	回归分析（regression analysis）是确定两种或两种以上变数间相互依赖的定量关系的一种统计分析方法，运用十分广泛。回归分析是对具有因果关系的影响因素（自变量）和预测对象（因变量）所进行的数理统计分析处理。只有当变量与因变量确实存在某种关系时，建立的回归方程才有意义	水质评价
时间序列分析	时间序列分析（time series analysis）是一种动态数据处理的统计方法。该方法基于随机过程理论和数理统计学方法，研究随机数据序列所遵从的统计规律，以用于解决实际问题。它包括一般统计分析（如自相关分析，谱分析等），统计模型的建立与推断，以及关于时间序列的最优预测、控制与滤波等内容	水质评价

（二）水质模型发展阶段

最早发展的水质模型是简单的氧平衡模型。1925 年，美国的两位工程师 Streeter 和 Phelps 在对 Ohio 河流污染源及其对生活污水造成的可度量影响的研究中，提出了氧平衡模型的最初形式。该模型最初被应用于城市排水工程的设计和简单水体自净作用的研究。自此，水质模型研究开了先河。

水质模型的研究者在归纳总结水质模型的发展阶段时，也提出了若干种划分结果。如表 3-3 所示。

表 3-3　水质模型发展阶段划分

研究者	分类依据	各阶段及时间	各阶段特点	代表模型
徐祖信（2003）	以水质模型研究发展的时间顺序划分为三个阶段	阶段一（1925～1980 年）	研究对象仅是水体水质本身，主要研究受生活和工业点污染源严重污染的河流系统，输入的污染负荷仅强调点源	S-P 模型、QUAL-I 模型、QUAL-II 模型、LAKECO、WRMMS、DYRESM 模型等
		阶段二（1980～1995 年）	水质模型研究快速发展阶段，状态变量（水质组分）数量增长，水动力模型纳入了多维模型、底泥等作用纳入了模型内部，并与流域模型进行连接以使面污染源能被连入初始输入	QUAL2E 模型、WASP4 模型、WASP5 模型、MINTEQA2 模型等
		阶段三（1995 年至今）	增加了大气污染模型，能够像对沉降到水体中的大气污染负荷直接进行评估一样，对来自流域的负荷进行评估，对将边界条件连接到水体外部负荷的工作处于研究中	WASP6、QUAL2K、EFDC 模型系统等
王玲杰（2005）	以模型变量个数为基础划分为三个阶段	阶段一（20 世纪 20～50 年代）	水质模型概念提出，单变量模型出现	S-P 模型
		阶段二（20 世纪 50～80 年代）	多变量的综合水质模型进入了应用平台	QUAL-I、QUAL-II 模型
		阶段三（20 世纪 90 年代至今）	如何提高模型的适用性、精确度和可靠度为研究重点	LAKECO、WRMMS、DYRESM 等

续表

研究者	分类依据	各阶段及时间	各阶段特点	代表模型
叶常明(1993)，李程(2013)	通过模型复杂度划分为三个阶段	第一阶段(20世纪20年代中至70年代初)	主要集中对氧平衡模型的研究，属于一维稳态模型阶段	QUAL-I、QUAL-II 模型
		第二阶段(20世纪70年代初至80年代中)	出现多为维模拟、形态模拟、多介质模拟、动态模拟等特征的多种模型研究	湖泊水库一维动态模型 LAKECO、WRMMS、DYRESM 及三维模型
		第三阶段(20世纪80年代中至今)	考虑水质模型与面源模型的对接；增加模型中状态变量及组分数量；考虑大气中污染物质沉降的影响；多种新技术方法，如随机数学、模糊数学、人工神经网络、3S 技术等引入水质模型研究中	多介质箱式模型、水生食物链积累模型、一维稳态 CE-QUAL-R2、二维动态模型 CE-QUAL-W2 等
傅国伟(1987)，郭天恩(1996)	以模型维数及水质组分作用为基础划分，并考虑模型的研究对象	第一阶段(1925 ~ 1965年)	简单的 BOD ~ DO 模型，对河流河口采用了一维计算	S-P 模型、Thomas 模型、Dobbins-Camp 模型
		第二阶段(1965 ~ 1970年)	多参数的 BOD ~ DO 模型，发展为6个线性系统，计算方法由一维发展到二维，并开始研究湖泊及海湾问题	多参数 BOD ~ DO 模型、6个线性系统
		第三阶段(1970 ~ 1975年)	开发了相互作用的非线性系统，涉及营养物的循环过程、浮游动植物系统以及生物生长率同营养物质、阳光、温度的关系	QUAL-I、QUAL-II 模型
		第四阶段(1975年以后)	发展了多种相互作用系统，空间维数发展到三维，开始了形态模型的探索和研究	QUAL2E、WASP4、WASP5、MINTEQA2、EFDC 模型系统等

续表

研究者	分类依据	各阶段及时间	各阶段特点	代表模型
Jeyaseelan (2004)	以主要研究问题、污染物为基础划分为4个阶段	第一阶段(1925～1960年)	应用S-P模型	S-P模型、Thomas模型、Dobbins-Camp模型
		第二阶段(1960～1970年)	使用计算机模拟	多参数BOD～DO模型
		第三阶段(1970～1977年)	生态研究	QUAL-I、QUAL-II模型
		第四阶段(1977年至今)	有毒物质研究	QUAL2E、WASP4、WASP5、MINTEQA2等
谢永明(1996)，廖招权(2005)	以水质组分及被纳入模型的相关因素为基础划分为5个阶段	第一阶段(1925～1960年)	以斯特里特-菲尔普斯（Streeter-Phelps）模型为代表，发展了BOD～DO耦合模型	Streeter-Phelps模型、BOD～DO耦合模型
		第二阶段(1960～1965年)	引进了空间变量、物理的、动力学系数、温度作为状态变量，考虑了空气和水表面的热交换	6个线性系统
		第三阶段(1965～1970年)	计算机的成功应用，不连续的一维模型扩展到其他输入源和漏源(氮化合物好氧、光合作用、藻类的呼吸以及沉降、再悬浮等)	多参数BOD～DO模型、6个线性系统
		第四阶段(1970～1975年)	计算机的成功应用，不连续的一维模型扩展到其他输入源和漏源(氮化合物好氧、光合作用、藻类的呼吸以及沉降、再悬浮等)	QUAL-I、QUAL-II等
		第五阶段(1975年至今)	改善模型的可靠性和评价能力，GIS成为水质模型的平台，实时监测被纳入模型系统	QUAL2E、WASP4、WASP5、MINTEQA2等

（三）典型水质模型简介

1. Streeter-Phelps（S-P）模型体系

斯特里特（Streeter）和菲尔普斯（Phelps）于1925年提出了描述一维河流中BOD和DO消长变化规律的模型（S-P模型）。建立S-P模型有以下基本假设：①DO浓度仅取决于BOD反应与复氧过程，并认为有厌氧微生物参与的BOD衰变反应符合一级反应动力学；②水中DO的减少是由于含碳有机物在BOD反应中的细菌分解引起的，与BOD降解速率相同；③水体中DO的来源是大气复氧，复氧速率与氧亏成正比。后来很多学者对S-P模型进行了修正：Thomas修正形式、Dobbins-Camp修正形式。

2. QUAL模型体系

美国环保局于1970年推出QUAL-Ⅰ水质综合模型，1973年开发出QUALⅡ模型，其后经过多次修订和增强，推出了QUAL2E、QUAL2E-UNCAS、QUAL2K版本。QUAL模型（river and stream water quality model）可按用户所希望的任意组合方式模拟15种水质成分，包括：BOD、DO、温度、藻类、叶绿素a、有机氮、氨氮亚硝、酸盐氮、硝酸盐氮、有机磷、溶解磷、大肠杆菌任意一种非保守物质和3种保守物质。

QUAL模型体系的基本方程是一个平移—弥散质量迁移方程，同时考虑了水质组分间的互相作用以及组分外部源和汇对组分浓度的影响。QUAL模型既可以作为静态模型使用，也可以用于动态模拟。用于动态模拟时，QUAL模型可以计算因天气条件的昼夜变化造成的DO与温度的变化对水质的影响，模拟藻类的生长呼吸所造成的DO的变化，还可以计算为达到某一特定的DO水平所需要的稀释流量。

3. WASP模型体系

WASP（water quality analysis simulation program）是美国环保局开发的水质模拟计算软件，采用动态多箱式模型，被称为万能水质模型。通过EUTRO和TOXI两个模块，可模拟各种水质状态变量：水温、盐度、BOD、DO、氮、磷、细菌、藻类、底泥等，WASP模型先后发展为WASP4、WASP5、WASP6、WASP7。WASP模型具有良好的灵活性，方便二次开发和与其他模型进行耦合。

WASP模型可用于对河流、湖泊、河口、水库、海岸的水质进行模拟。WASP包括两个独立的计算程序：水动力学程序DYNHYD和水质程序WASP，既可和DYNHYD联合运行，也可以和其他水动力计算程序联合运行。用户也可直接输入水利参数，使水质程序WASP独立运行。

4. SMS模型体系

SMS（surface water modeling system）水动力学软件是美国杨百翰大学

(Brigham Young University) 环境模型研究实验室和美国陆军水道试验站共同开发的，该软件既可用于模拟和分析地表水水质的运动规律，可以进行水动力学模拟，并且具有可视化程度高、界面友好、软件价格相对便宜等特点。SMS 包含：一维河流模型、二维河流（河口）循环模型、三维河流（河口）循环模型、海洋循环模型、定相分解波模型、非定相分解波模型、运输传送模型。该模型通过质量守恒方程和动量守恒方程（圣维南方程组），求解出计算时间内整个研究区域的水力学参数（水位、流量及二维 X、Y 方向的水流速度），通过质量守恒方程（对流—扩散方程）可建立水质模型。模型采用隐式差分式，具有计算稳定性好、精度高的特点。SMS 模型软件具有较强的前后处理功能，SMS 模型软件前处理功能主要表现在它的地形网格生成技术，它的后处理功能主要表现在能方便地展示计算结果（流带、水位、水深），软件能进行流场动态演示及动画制作、断面流量计算、不同方案的比较等。

5. BASINS 模型体系

BASINS（batter assessment science integrating point & non-point source）是由美国环保局发布的多目标环境分析系统，基于 GIS 环境，可对水系和水质进行模拟。它最初用 HSPF 作为水动力和水质模型，后来集成了河流水质模拟 QUAL2E 和一些别的模型，同时使用了土壤水质评价工具 WEAT 和 ARCVIEW 界面，可使用 GIS 从数据库提取数据。该系统由 6 个相互关联的能对水系和河流进行水质分析、评价的组件组成，分别是国家环境数据库、评价模块、工具、水系特性报表、河流水质模型、非点源模型和后处理模块。BASINS 模型体系中的 HSPF 即水文模拟 FORTRAN 程序，是当今最常用的水系模型之一。它能模拟标准的富营养化过程，也能模拟其他水质组分如杀虫剂的传播。它现在由 USGS 和 USEPA 联合支持。

6. EFDC 模型体系

EFDC 模型即环境流体动力学模型（environmental fluid dynamic code），是由美国弗吉尼亚州海洋研究所（Virgina Institute of Marine Science，VIMS）John Hamrick 根据多个数学模型集成开发的综合模型，可用于模拟湖泊、水库、海湾、湿地和河口等地表水的有限差分模型，可以模拟包括 COD、氨氮、总磷、藻类等 22 种水质组分的浓度变化。

EFDC 模型集水动力模块、泥沙输移模块、污染物输移模块和水质预测模块于一体，可以用于包括河流、湖泊、水库、湿地和近岸海域一维、二维和三维物理、化学过程（包括温度、盐度、非黏性和黏性泥沙输送、生态过程及淡水入流）的模拟。其中，水动力模块的模拟精度已达到相当高的水平。它的主要特点为能够灵活地处理变化边界条件，通过文件输入能够快速耦合水动力、泥沙和水质模块，省略了不同模型接口程序的研发过程，同时拥有完整的前处理和后处理软件 EFDC-Explorer，采用可视化的界面操作，能快速生成网格数据和处理图像文件，具备较高的计算效率。EFDC 除本身可以进行水质模拟外，还可以将水动力模块与 WASP 模型进行耦合，模拟不同水质组分在水体中的迁移转化过程。

EFDC 模型中水动力模块源代码开放，可以根据研究需要对其进行二次开发及同 GIS 联合应用。可以同时考虑风、浪、潮、径流的影响，并可同步布设水工建筑物。

7. MIKE 模型体系

MIKE 模型是由丹麦水动力研究所（Danish Hydraulic Institute）开发的，适用于河流、湖库、河口、海湾等动态模拟，可进行复杂条件下的水动力水质计算，包括水动力模块、水质运移模块、富营养模块、重金属模块、泥沙模块等。模型包括一维 MIKE11、二维 MIKE21 和三维 MIKE31。

8. Delft3D 模型体系

Delft3D 软件是由荷兰水力学研究所开发的，是集水流、泥沙、环境于一体的程序软件包，可以进行二维、三维水流计算，可精确地进行水流、潮流、泥沙输移、台风风暴潮、温排水、水质、溢油扩散、质点跟踪等模拟计算，有强大的数值计算前后处理功能。

9. SPARROW 模型体系

SPARROW（spatially referenced regressions on watershed attributes）基于空间的流域属性回归模型，是一项可以将流域内各监测站点水质数据与流域空间属性特征关联起来的模型技术。它的核心是由一组非线性回归方程构成，这个回归方程描述了污染物通过河网从点源及非点源最终向河流进行的非保守型输移。该模型被用来预测污染物负荷、浓度甚至是流量，并曾被用于评价控制着大空间尺度上污染传输的有关重点污染源和流域特性的两种假设。

10. SWAT 模型体系

SWAT（soil and water assessment tools）是一个流域尺度的分布式水文模型，1994 年由 Arnold 博士为美国农业部（USDA）农业研究服务署（ARS）开发。模型以 GIS 为基础，利用遥感 RS 和 DEM 等空间信息，结合研究区域的特点，建立包括地形、土壤、土地利用、气象、水文、营养物质等信息的数据库，模拟和预测不同流域或者区域的径流、泥沙，以及非点源污染负荷。

SWAT 模型可激活河道水质模型 QUAL2E 进行河道水质计算。美国多个项目均采用 SWAT 模型进行了研究。SWAT 于 20 世纪 90 年代中期正式推出，迄今为止，此模型的有效性已经得到了多项研究项目的证明。SWAT 模型反映了当前非点源污染建模技术的进步，不足之处是模型的使用需要多方面的学习，需要使用者具有水文学知识和 GIS 处理的训练。由于模型需要大量的数据输入和众多的结果输出分析，其使用需花费大量的人力和时间。

11. 其他模型体系

随着数学的发展，通过数理统计或其他数学方法建立水质模型的方法是一种黑箱式方法，但其模拟预测效果较好。常用的方法有：马尔科夫法、灰色模型法、时间序列法、人工神经网络法。

目前在国内外得到了广泛应用的水质模型还有 CE-QUAL、POM、ECOMSED、QUASAR、OTIS、BLTM 等。

CE-QUAL-RIV1 模型由美国陆军工程兵团开发，用于模拟河网水量与水质变化，研究的水质状态变量包括水温、细菌、氮、磷、DO、BOD、藻类、金属等 17 个参数，但没有考虑底泥的影响。QUASAR 模型是由英国 Whitehead 建立的贝德福乌斯河水质模型发展起来的一维动态水质模型，可同时模拟 BOD、DO、硝氮、氨氮、pH、温度和一种守恒物质的任意组合，但此模型忽略了弥散作用对水质的影响，在河流水环境规划、水质评价、治理等方面得到广泛的应用。OTIS 模型用于河流溶解物质的一维水质模拟，可用于模拟水质组分和示踪剂，它带有内部调蓄节点，能够模拟河流的调蓄作用。BLTM 模型由美国地质调查局开发的水质输移变化模型，但它不进行水动力模拟，水动力条件由其他模型提供。

（四）水质模型的应用

近年来，水环境污染的问题越来越受到人们的普遍重视，如何合理地、有效地和经济地保护水环境，是环境工作的主要研究课题。为了达到净化的目的，研究污染物在水体中的扩散现象以及浓度值的变化，进而加以控制，就成为其中重要内容之一。对于水质变化趋势的了解有助于合理地采取各种措施，开展水环境的规划管理、污染控制等方面的工作。

水质模拟的目的主要包括以下几个方面：掌握水环境内部因子变化规律、对水环境的变化进行定性和定量描述、提高规划管理工作的效率。水质模拟的应用主要表现在以下几个方面：污染物在水环境中行为的模拟和预测、水质规划管理与评价、水环境容量计算、水质预警预报。

总体来说，通过水质模拟，采用科学的规划手段对水环境进行优化配置、污染控制和分配，使其组成的质量处于最佳状态，从而使社会效益、环境效益均达到立项的状态。

1. 污染物在水环境中行为的模拟和预测

水质模型最基本的功能是模拟和预测污染物在水环境中的行为。污染物在迁移的过程中行为非常复杂。用模型的方法有助于了解污染物的运动规律，而且省时、经济。国内外的学者在这方面做了很多工作，研究也较为成熟，目前较为通用的思路为：首先求解连续性方程和动量方程，得到流速场；然后求解水质方程，得到污染物浓度场。对于求解水质方程，传统方法采用有限差分和有限元法，差分法对于曲线边界拟合不够理想，而有限元求解对流扩散方程会产生数值振荡。有限体积法结合了差分法和有限元的优点，是目前较为理想的数值求解方法。

国外学者对水质模型的研究较早，也较为成熟。Chau 等（2003）建立了三维污染物传输数学模型和水流模型方程耦合求解，水平方向采用正交曲线坐标，竖向采用 R 坐标，考虑侧向边界的影响，模拟了 Pearl 河的 COD 水质变化。Salterain 等（2003）用四点隐格式差分法求解圣维南水流方程，采用最近的 IWA 水质模型，试验校正水流水质模型参数，模拟了西班牙 Ebro 河长 75km 的河段。

由于我国本身的环境污染问题，国内学者也做了大量的工作，近年来在数值模拟方面的研究工作也开展较多。赵棣华等（2003）根据长江江苏感潮河段水流水质及地形特点，应用有限体积法及黎曼近似解建立了平面二维水流水质模型。他们应用浓度输移精确解验证模型算法的正确性，利用长江江苏感潮河段的水流、水质监测资料，进行模型率定、检验，并通过对卫星遥感资料的分析检验模型计算污染带的合理性。其模型在长江江苏段主要地区区域供水规划及实施决策支持系统中得到应用，为该江段水质规划提供了依据。

2. 水质管理规划与评价

河流水质规划的基本课题是根据河流预定的基本功能所要求的水质及河流的自净能力来确定允许排入河流的污染物量。对于已经污染的河流来说，则是如何削减各污染源的污染物排入量，以最低费用且在规定时间内使河流水质达到预定目标。它是水质模型与系统工程结合，寻求最优解的过程。

20 世纪 70 年代，由于非点源污染问题突出，水质管理模型由单一的水质数学模型发展为一个包含流域水文模型、非点源模型和水质模型的复合模型系统。20 世纪 80 年代后期，地理信息系统开始与上述的数学模型有机耦合在一起，构成一个比较完整的流域水质管理系统。实践表明，利用系统方法进行水质规划，可以节省 10% 以上的基本建设投资和运行费用。

水质评价是水质规划的基本程序。根据不同的目标水质模型可用来对河流、湖泊（水库）、河口、海洋和地下水等水环境的质量进行评价。现在的水质评价不仅给出水体对各种不同使用功能的质量，而且还会给出水环境对污染物的同化能力以及污染物在水环境浓度和总量的时空分布。水污染评价已由传统的点源污染转向非点源污染，这就需要用农业非点源污染评价模型来评价水环境中营养物质和沉积物以及其他污染物。如利用贝叶斯概念（bayesian concepts）和组合神经网络来预测集水流域的径流量。研究的对象也由过去的污染物扩展到现在的有害物质在水环境的积累、迁移和归宿。

在水质评价中，水质模型多用于温排水对水体环境富营养化的环境评价。温排水多为火、核电厂的冷却水。温排水进入水体后，促使排水口附近局部区域水温提高，加快了有机物的氮、磷分解速度，促使藻类繁殖生长，产生富营养化，因此温排水是一种特殊形式的污染。根据目前的研究情况，温排水对于水体富营养化的评价主要分为两个阶段：首先根据动量方程、连续方程和温度方程求解流场和温度场，其次通过物质输运方程及各生化反应函数，计算出叶绿素 a、总磷、总氮的浓度分布。李平衡等（2001）利用二维守恒型浅水环流方程和能量方程求解陡河水库的流场和温度场，在此基础上利用生态动力学模型求解叶绿素 a 的分布，模拟了温排水对陡河水库的富营养化影响。

3. 水环境容量计算

水环境容量为一定水体在规定的水环境目标下所能容纳的污染物最大负荷或纳污能力，研究对象是水体的自净能力。在实践中，环境容量是环境目标管理的基本依据，是环境规划的主要环境约束条件，也是污染物总量控制的关键参数。河流的污染物总量控制，也是以河流的水环境容量为依据，把动态水质模型和线性规划结合进行水环境容量计算，具有自动化程度高、精度高等特点。其主要思路是：在水动力模型和动态水质模型的基础上，建立所有河段污染物排放量和控制断面水质标准浓度之间的动态响应关系，以河流总排放污染负荷最大为目标函数。约束集为：各河段都满足规定水质目标；各河段容量约束，即每个河段都要有一个最小容量约束，以满足进入河道的面污染源总量要求。运用最优化方法，求解每一时刻河流水质浓度满足给定水质目标的最大污染负荷。

4. 水质预警预报

水质预警是指在一定范围内，对一定时期的水质状况进行分析、评价，对水环境发生的影响变化进行监测、分析，并对其容量进行评价，通过生态环境状况和人为行为的分析，对其发生及其未来发展状况进行预测。确定水质的状况和水质变化的趋势、速度以及达到某一变化限度的时间等，预报不正常状况的时空范围和危害程度，按需要适时地给出变化或恶化的各种警戒信息及相应的综合性对策，即对已出现的问题提出解决措施，对未出现或即将出现的问题给出防范措施及相应级别的警戒信息。

水质预警的技术方法主要是运用计算机技术、环境科学和系统科学等理论，主要是 GIS 和 EIS 的耦合技术，尤其是利用 GIS 的空间数据管理功能和模型分析能力，将水环境质量、水质数学模型、水污染状况及地理信息等集合在一起，用先进的技术手段，对其进行综合分析、计算、评价，解决了传统的数据库结构缺乏空间性、不能实现空间管理和空间分析的问题，使水质信息从单一的表格、数据中走出来，以生动的图形、图像方式呈现给决策者、管理人员及研究人员。同时，利用 GIS 技术建立的预警信息图形库，实现数据和图形的交互表现，增加系统的可视性，提高分析决策能力。

5. 污染物对水环境及人体的暴露分析（exposure analysis）

由于许多复杂的物理、化学和生物归趋以及迁移过程在多介质环境中运动的污染物会对人体或其他受体产生潜在的毒性暴露，因此出现了用水质模型进行污染物对水环境及人体的暴露分析。学者们对水生物有机体在有氨和无氨存在的条件下，连续或间断暴露于氯和溴下的相对准确的毒性进行了研究，并就苯并三唑和苯并三唑衍生物对三种水生生物的毒性进行了研究，且通过实验室河流系统来研究水生附着生物层中 PCBs（多氯联苯）暴露的生态学影响。此外，污染物对人体或生物的暴露分析的文献报道还有很多，但许多研究都是在实验室条件下的模拟，研究对象也比较单一，范围也不广泛。如何才能够建立经济有效的对多种生物体的综合的暴露分析模型，还有待于环境科学工作者们去探索。

6. 水质监测网络的设计

水质监测数据是进行水环境研究和科学管理的基础，对于一条河流或一个水系，准确的监测网站设置的原则应当是：在最低限量监测断面和采样点的前提下获得最大限量的具有代表性的水环境质量信息，既经济又合理、省时。对于河流或水系的取样点的最新研究采用地理信息系统（GIS）和模拟的退火算法等来优化选择河流采样点，有学者曾经使用修正的经典容量技术来优化水质监测网络，通过引入修正的梯度搜索算法来实现。结果表明，该方法能够适用于多种实际情况，并且比由 Sharp 发表的河流取水点规划的拓扑优化方法更优。

（五）国内外研究进展

1. 水质模型新方法研究

由于对环境的定量化研究起步较早，目前欧美等发达国家建立了多种水质模型并已经广泛地在水质规划及环境治理中应用。将其制定为应用程序通过各种网络或者其他商业途径进行发布，提高了模型的通用性。而目前我国与其所存在的差距并非是在建立模型的方法上，而主要是在于模型开发的通用性、全面性以及模型建立所需的资料等方面。国内外比较主流的数值模型新方法研究有以下几方面。

1）基于模糊数学的水质模型

水体质量受多方面因素影响，在水质评价中，污染程度、水质类型和分级标准等都存在一定的模糊、不确定性。模糊数学模型就是用数学的方法研究处理实际中的随机复杂变化的问题，对其进行定量化处理，以反映水质状况的不确定性。李如忠等（2007）将河流水体支撑能力和污染负荷水平表示三角模糊数，将一维稳态水质模糊参数模糊化，建立了模糊水质模拟模型，应用到控制断面的水质状况风险分析中，具有很好的适用性。王丹宁等（2007）应用模糊数学模型将给水管网内定量的水质监测数据转化为定性的结论，确定各项指标的数值与评价标准的关系，将管网的水质归类。

2）基于人工神经网络的水质模型

运用神经网络模型对水质评价和水体富营养化的预测，可省略大量复杂的监测数据预处理过程，评价结果客观、准确、可靠。任黎等（2004）研制了一种能自动对湖泊富营养化程度进行评价的 BP 人工神经网络模型，只需提供观测数据，借助计算机就能得到客观反映水质富营养化状况的评价结果，该模型被应用到太湖富营养化评价中。有学者采用初期终止方法训练和校正人工神经网络模型，预测水库中主要藻类植物的浓度。邓大鹏等（2007）建立了用于湖泊、水库富营养化综合评价的神经网络简单集成模型，将该模型应用于巢湖富营养化评价，对比分析发现该模型结果客观、可靠。

3）基于3S 技术的水质模型

3S 技术是 RS 遥感、GIS 地理信息系统和 GPS 全球定位系统的统称，是对空间信息进行采集、处理、管理、分析、表达、传播和应用的现代信息技术。GIS 的主要作用是进行空间分析，其分析的区域信息及空间数据主要来源于 RS 和 GPS。从 20 世纪 80 年代开始，研究人员逐渐在水资源监测和保护中应用 3S 技术，建立了不同的水质基础信息平台、不同功能的水质模型及其相应的管理系统，为区域的环境风险管理提供数据支持。将 3S 技术与水质模型相结合，精确、快速地提供具有整体性的动态资料，并对资料进行分析与处理。张艳等（2010）构建了基于 3S 技术的地下水水质调查评价模型，进行了系统设计和系统实践，并应用到地下水水质调查与评价中，通过与传统方法对比得出该方法工作量小、精度高、结果可靠、数据管理可持续性强，提高了地下水水质调查与评价的工作效率。刘亮等（2009）利用 3S 技术监测信息及实地监测数据，建立了湖泊水质参数预测模型，并应用到湖泊水质污染及湖泊富营养化状况及动态变化趋势的评价及预测中，提出了相应的措施与政策。

4）我国自主研发

随着我国对环境治理的定量化要求越来越高，国内的研究者在水质模型方面也开展了大量的工作。例如河网水量水质模型 Hwqnow 是由河海大学开发的，并在感潮河网中进行了数值模拟验证；王惠中和薛鸿超（2001）在 Koutitas 等建立的准三维数学模型基础上，又增加对垂向涡黏系数沿深度变化的考虑，针对太湖的水质问题建立了三维水质模型，对水体的主要污染指标进行模拟，提出了水污染的防治政策。

2. 成熟模型应用

其他大部分研究主要是引用或者改进国外先进的流域水质模型。这些模型的建立，基本上是在国际上已有的成熟模型框架的基础上做出的一定改进。

1）WASP 模型应用

在 WASP 模型应用研究方面，2001 年，贾海峰和程声通（2001）运用 WASP5 的 DOS 版对密云水库的水体水质进行了模拟，取得了良好的结果；2003 年，在苏州河的综合整治中，上海市科技委员会组织对 WASP 模型进行了二次研发，开发了水环境综合整治的决策支持系统，此系统耦合了感潮水动力水质模型和 GIS 技术，并将此系统用于改善水环境；2005 年，杨家宽等运用 WASP6 水质模型对汉江襄樊段水体水质进行模拟；2006 年，张荔等运用水文水资源 WASP6 水质模型计算了渭河流域的水环境容量；王建平等将 WASP 模型和 EFDC 模型进行良好的耦合研究，开发出了三维的生态动力学模型，并将此模型对密云水库进行了模拟研究；2010 年，刘兰岚等应用 WASP 模型进行了辽河干流污染减排的模拟。

2）SWAT 模型应用

在 SWAT 模型应用研究方面，2006 年，苏保林等对 SWAT 模型进行了改进，建立了密云水库的面源模型系统，利用实测数据对模型进行率定和验证，结果表明模拟效果良好；同年，郝芳华总结了非点源污染模型的理论方法，构建了基于 SWAT 模型的入河系数法求解入河污染物量的体系；2008 年，李丹等耦合研究了 QUAL2E 和 SWAT 模型，进行了水质模型对流域面源污染模型模拟分析；同时，SWAT 水质模型在我国的海河流域、潘家口水库流域、图们江、新丰江流域等地区均有应用。

3）模型耦合

在模型耦合研究方面，1999 年，钱会等应用地表水地下水相结合的三维模型研究了傍河取水越河的渗流问题；2000 年，蒋业放利用恒定流的研究理论进行了地下水地表水的耦合研究；2005 年，张代钧等运用 Matlab 方法建立了 BP（back propagation）神经网络模型，此模型可以用来预测三峡水库水体的富营养化态势；2006 年，王晓玲、李松敏等利用遗传算法对 BP 神经网络进行优化，并将优化的 BP 神经网络用于河流水体水质的评价；2007 年，徐祖信、廖振良等开发了 DSS 系统，此模型系统是针对苏州河的水环境治理工作开发的，其结合了 SOL 数据库、MIKE11 水质模型和 GIS 技术等；2007 年，郭磊、高学平等开发了水动力水污染的数值模型，此模型考虑了底泥污染物的迁移和输运等。

（六）发展趋势与展望

水质模型发展至今已取得了丰硕的成果，但还有一些局限性，主要体现在：水质污染机理还有许多不清楚之处，很多过程难以用数学方法表达、模拟，建模时必须经过一定程度的概化，失真在所难免；建模的基础是大量的水质资料，资料数据的真实性、系统性、完整性直接影响模型精度，海量数据的收集分析、计算、查询与显示功能欠缺，模拟结果的可视性差；现有研究多是针对某一研究对象特点建立模型，模型拓展性差；模型比较复杂，导致许多参数难以较准确地度量和估值，参数的随机性也会引起结果的不确定性。随着人们对水质变化机理的不断深入认识和研究范围的不断扩大，水质模型研究的参数和状态变量必然越来越多，精确程度越来越高，但是也必然因此增加模型的复杂度，水质模拟过程也随之变得更艰难。

综观水质模型的研究历史和应用前景以及水环境科学今后的发展，水质模型研究的发展趋势的主流可能有以下几方面。

1. 利用神经网络的建模技术研究

人工神经网络是一种模仿生物神经系统而发展起来的，是用来描述和刻画一组非线性因果关系的强有力的工具，具有通过学习获取知识来解决问题的能力，将其嵌入到水质模型模拟中，会使模型参数更准确，使水质模型更接近于实际，对水质的分析和模拟过程更趋于合理化、智能化，同时增强处理非线性问题的能力。

2. 利用专家系统的建模技术研究

在地表水环境分析和应用中，有经验的工人和技术人员往往可根据监测的实时环境数据进行污染物的扩散预测，通过对这些专家知识的学习，设计地表水污染专家系统，并利用专家系统的有关理论进行地表水模型研究，这也是一个重要的研究方向。

3. 结合 GIS 的应用

GIS 在水质模拟与管理规划方面发挥了重要作用。GIS 一个最显著的功能就是对海量空间数据的存储和管理，此外还能对水质计算结果进行空间分析和动态显示，模拟结果一目了然，使对复杂模型的理解变得容易，并得到很多有价值的信息，从而辅助决策。将 GIS 技术结合于水环境污染模拟控制和决策，也是水质模型今后重要的研究课题。

4. 模型不确定性的分析

由于水环境的复杂性，在利用非线性规划方法来建立水质模型过程中，不可能把所有影响因素都考虑进去，一般只把那些主要因素考虑进去而忽略那些次要因素。因此，不可避免地会给模型的结果产生不确定性，模型不确定性有模型参数的不确定性和模型解析的不确定性。克服这些不确定性对模型预测精度和可靠性的负面影响的研究，是今后相当长时期内水质模型研究的重点。

5. 机理模型和随机模型结合

机理性水质模型是水质模型发展的主要方向，但水环境系统是不确定性的复杂系统，需要随机性模型在水质预测中发挥重要作用。因此，建立机理性和随机性的耦合模型是具有一定的必要性的，这不是两种水质模型的简易耦合，而是要综合考虑地表径流、地下渗流、水生生态系统的水动力、水质模型与随机水质模型的耦合。

6. 地表水与地下水耦合模型

地表水与地下水在一定地形、地质、气候条件下是相互作用、具有内在联系的有机整体，时刻进行着水量和水质的交换。长期以来，地表水与地下水的水质模型研究中，由于技术及数据资料的欠缺，模型构建不完整，可能导致系统偏差。模拟地下水水流状况和污染物的迁移转化过程较复杂，涉及许多物理、化学及生物过程。之前有关地表水与地下水的水质模型基本上是独立的，没有作为一个相互影响的综合系统来考虑。但在今后的发展过程中，为了使模拟过程更加接近实际情况，要逐渐建立地下水、地表水相互耦合的模拟系统。

7. 更多的流域管理模型研究

以水质为中心的流域管理模型主要出现在20世纪90年代后期，伴随河湖库地表水质模型、地下水质模型、非点源污染模型以及计算机技术、3S技术应用等研究逐渐成熟，构建以水质为中心的大型流域管理模型成为发展的必然。

随着对水环境定量化研究的不断深入，水质模型得到了越来越广泛的应用：从整体趋势上看，在时间尺度层面上，从长期模拟预测向模拟突发事件（如污染物倾污、洪水）的方向发展；从维度上看，有从低维度向高维度发展的趋势；从涉及的范围上看，有从水体向流域拓展的趋势；从过程上看，有从简单到复杂的趋势。

二、空气质量模型

（一）空气质量模型概述

大气污染可以以各种方式危害人类的健康、破坏环境。空气质量模型是评估新建和改扩建项目对大气环境影响的有效方法，更是评价假定大气泄漏事故环境影响的最好方法。

描述模式大气的闭合方程组能够由气象要素场的初始状态确定其未来的状态。模式大气是在不失去大气主要特征的情况下，将非常复杂的实际大气理想化和简化后的数学模型。实际大气的复杂性，既表现为从分子的个别杂乱运动到遍及整个大气圈的大范围的有规则运动，也表现为物理过程的复杂性和多样性。对于研究大气大尺度运动的短期变化来说，在数值预报发展的早期，有一种简化方法，即允许把大气视为绝热的、无黏性的干燥空气。后来，数值预报中考虑的模式大气已从这种简单的模式发展为较复杂的非绝热大气模式了。

在空气质量模型的发展过程中，GIS 技术逐渐被大量用在空气质量模型的空间数据管理、可视化、影像分析等工作中，并且呈现出两者逐渐融合的趋势。评价大气污染对人类健康和环境的影响往往离不开 GIS 的支持，例如影响区域分析、影响人口分析、基础设施分布、各种叠加分析、三维显示等。不同大气扩散模型的输入、输出和分析的复杂程度各不相同。很多情况下，将模型的输出结构输入到 GIS 系统中，来分析大气污染的影响是非常必要的。

（二）空气质量模型发展阶段

1. 第一代空气质量模型

20 世纪 70 ~ 80 年代出现了第一代空气质量模型，这些模型又分为箱式模型、高斯扩散模型和拉格朗日轨迹模型，其中高斯扩散模型主要有 ISC、AERMOD、ADMS 等，拉格朗日模型有 OZIP/EKMA、CALPUFF 等。

第一代空气质量模型主要包括了基于质量守恒定律的箱式模型、基于湍流扩散统计理论的高斯模型和拉格朗日轨迹模式。当时的模型一般以 Pasquill 和 Gifford 等研究者得出的离散不同稳定度条件下的大气扩散参数曲线和 Pasquill 方法确定的扩散参数为基础，采用简单的、参数化的线性机制描述复杂的大气物理过程，适用于模拟惰性污染物的长期平均浓度。高斯模式（如 ISC、AERMOD、ADMS）由于其结构简单，对输入数据的要求不高以及计算简便，20 世纪 60 年代以后，在大气环境问题中得到了最为广泛的应用。但近年来城市及区域环境问题如细粒子、光化学烟雾等往往与污染物在大气中的化学反应紧密相关，而第一代模型没有或仅有简单的化学反应模块，这使它们的应用受到了很大限制。但是这些模型结构简单、运算速度快、长期浓度模拟的准确度高，至今仍在常规污染物模拟方面被广泛使用。值得注意的是，第一代空气质量模型的划分并不是非常明确，例如 ADMS、AERMOD、CALPUFF 模型应用了 20 世纪 90 年代以来大气研究的最新成果，与传统的第一代模型已有很大不同。

2. 第二代空气质量模型

20 世纪 80 ~ 90 年代的第二代空气质量模型主要包括 UAM、ROM、RADM 在内的欧拉网格模型。

20 世纪 70 年代末 80 年代初，随着对大气边界层湍流特征的研究，研究者开展了大量室内试验、数值试验和现场野外观测等工作，发现高斯模型对许多问题都无法解答，这逐渐推动了第二代空气质量模型的发展。第二代欧拉数值空气质量模型中加入了比较复杂的气象模式和非线性反应机制，并将被模拟的区域分成许多三维网格单元。模型将模拟每个单元格大气层中的化学变化过程、云雾过程，以及位于该网格周边的其他单元格内的大气状况，这包括污染源对网格区域内的影响以及所产生的干、湿沉降作用等。这类模型在 1980 ~ 1990 年被广泛应用。同一时期，一些三维城市尺度光化学污染模式（如 CIT、UAM 等模式）、区域尺度光化学模式 ROM 以及酸沉降模式（RADM、ADOM、STEM 等模式）开始得到研究。我国第二代空气质量模型主要有中国科学院基于 RADM 模型建立的高分辨率对流层化学模式 HRCM，中国科学院大气物理研究所等研发的区域空气质量模式 RAQM 和三维时变欧拉型区域酸沉降模式 RegADM 等。

3. 第三代空气质量模型

20 世纪 90 年代以后出现的第三代空气质量模型是以 CMAQ、CAMx、WRF-Chem、NAQPMS 为代表的综合空气质量模型。

第二代空气质量模式在设计上仅考虑了单一的大气污染问题，对于各污染物间的相互转化和相互影响考虑不全面，而实际大气中各种污染物之间存在着复杂的物理、化学反应过程。因此，20 世纪 90 年代末美国环保局基于“一个大气”理念，设计研发了第三代空气质量模式系统——CMAQ。它是一个多模块集成、多尺度网格嵌套的三维欧拉模型，突破了传统模式针对单一物种或单相物种的模拟，考虑了实际大气中不同物种之间的相互转换和互相影响，开创了模式发展的新理念。当前主流的第三代空气质量模式还包括 CAMx、WRF-Chem 等。特别是美国大气研究中心 NCAR（The National Center for Atmosphere Research）开发的 WRF-Chem 模式考虑了气象和大气污染的双向反馈过程，在一定程度上代表了区域大气模式未来发展的主流方向。中国的第三代空气质量模式以中国科学院大气物理研究所自主研发的嵌套网格空气质量预报模式 NAQPMS 为代表，目前已在北京、上海、深圳、郑州等城市空气质量实时预报业务中得以应用。

4. 空气质量模型分类

无论是一代、二代或三代空气质量模型，按照尺度划分，大致可以分为城市模型、区域模型和全球模型（如 GEOS-Chem）；按机理划分，可分为统计模型和数值模型，前者是以现有的大量数据为基础做统计分析建立的模型，后者则是对污染物在大气中发生的物理化学过程（如传输、扩散、化学反应等）进行数学抽象所建立；从流体力学的角度看，空气质量模型又分为拉格朗日模型和欧拉模型，前者由跟随流体移动的空气微团来描述污染物浓度的变化，后者则相对于固定坐标系研究污染物的运动，以空间内固定的微元为研究对象；从模型研究对象来看，空气质量模型又分为扩散模式、光化学氧化模式、酸沉降模式、气溶胶细粒子模式和综合性空气质量模式。

在模型的选取时，要根据不同的地形条件、气象条件、研究对象和研究目的，选取不同的空气质量模型。

（三）典型空气质量模型简介

1. ISC3 模型

ISC3（industrial source complex 3）模式属于第一代法规模式，是美国环保局开发的一个复合工业源空气质量扩散模式，其公式利用的是稳态封闭型高斯扩散方程。ISC3 模式的适用范围一般小于 50km，模拟物质一般为一次污染物。

模式可处理各种烟气抬升和扩散过程，如静风、风廓线指数、烟囱顶端尾流、城市建筑下洗、污染物转化、沉积和沉降等。可对点源、面源、线源、体源等多种污染源进行模拟；可输出多种污染物浓度以及颗粒物的沉积和干、湿沉降量等计算结果；污染物可选取 SO_2、TSP、PM_{10}、NO_x 等；可选择逐时、数小时、日、月及年等多种平均模拟时段。

ISC3 与 AERMOD、ADMS 对比，它的最大的优势是其操作简单，ISC3 需要的输入数据相对较少，而且可以利用 NWS（美国国家气象局）航空数据。当污染物质为惰性物质，气象条件单一时，除污染源排放参数以外，ISC3 要求气象数据为风向、风向角、大气稳定度、混合层高度、接受点地形高度、建筑物的维度。

ISC3 的主要劣势是大气边界层结构知识已经发展进步到新的阶段，而模型对湍流扩散过程的模拟并没有跟上时代发展。ISC3 的局限性如下：①没有考虑建筑物对周围点源扩散的影响；②没有考虑流线反射对烟羽轨迹的影响；③没有考虑烟羽抬升过程中尾流速度缺失的影响；④没有解决近处尾流截获远处尾流中物质的问题；⑤两个下洗方程的接口不连续；⑥没有考虑低矮建筑物对周围风向影响；⑦小风稳定条件下，污染浓度估计过大。

2. AERMOD 模型

AERMOD 由美国环保局联合美国气象学会组建的法规模式改善委员会开发。其目标是开发一个能完全替代 ISC3 的法规模型，新模型将采用 ISC3 的输入与输出结构、应用最新的扩散理论和计算机技术。

20 世纪 90 年代中后期，法规模式改善委员会在 ISC3 模型框架的基础上成功开发出 AERMOD 扩散模型。AERMOD 系统包括 AERMET 气象、AREMAP 地形、AERMOD 扩散三个模块，适用范围一般小于 50km。该系统以高斯统计扩散理论为出发点，假设污染物的浓度分布在一定程度上服从高斯分布。该模型可用于乡村环境和城市环境、平坦地形和复杂地形、低矮面源和高架点源等多种排放扩散情形的模拟和预测。

AERMOD 是一种稳态烟羽模型。在稳定边界层，将垂直和水平方向的浓度分布看作高斯分布。在对流边界层，将水平分布也看作是高斯分布，但是垂直分布考虑用概率密度函数来描述。另外，在对流边界层中，AERMOD 考虑“烟羽抬举”（plume lofting）现象：从浮力源出来的部分烟羽物质，先是升到边界层顶部附近并在那里停留一段时间，然后混合入对流边界层内部。AERMOD 计算穿透进入稳定层的部分烟羽，允许它在某些情况下重新返回边界层内。无论在稳定边界层还是在对流边界层中，AERMOD 均考虑了弯曲烟羽导致的水平扩散加强现象。

AERMOD 具有以下特点：①以行星边界层湍流结构及理论为基础，按照空气湍流结构和尺度概念，湍流扩散由参数化方程给出，稳定度用连续参数表示；②中等浮力通量对流条件采用非正态的 PDF 模式；③考虑了对流条件下浮力烟羽和混合层顶的相互作用；④对简单地形和复杂地形进行了一体化的处理；⑤可以计算城市边界层，建筑物下洗，以及干、湿沉降等清除过程。

3. ADMS 模型

ADMS（Atmospheric Dispersion Modeling System）模型是由英国剑桥环境研究中心开发的一套先进的三维高斯型大气扩散模型，属新一代大气扩散模型，适用范围一般小于 50km。ADMS 可模拟点源、面源、线源和体源排放出的污染物在短期（小时平均、日平均）和长期（年平均）的浓度分布，还包括一个街道窄谷模型，适用于简单和复杂地形，同时也可考虑建筑物下洗、湿沉降、重力沉降和干沉降以及化学反应等功能。ADMS 模型耦合了大气边界层研究的最新进展，利用常规气象要素来定义边界层结构。

ADMS 模型与其他大气扩散模型的一个显著区别是：使用了最小莫宁-奥布霍夫（Monin-Obukhov）长度和边界结构的最新理论，精确定义边界层特征参数。另外 ADMS 模型在不稳定条件下摒弃了高斯模式体系，采用高斯概率密度函数及小风对流模式。

ADMS 利用莫宁-奥布霍夫长度表示大气稳定程度，定义用 Lo 表示。在白天，由于地表受热，大气处于不稳定状态，这时 Lo 是负值；而在夜间，由于地表辐射冷却，大气处于稳定状态，这时 Lo 是正值。如果 Lo 绝对值接近于零，表明大气非常不稳定（负值时）或非常稳定（正值时）。在城市区域，由于地表障碍物（如建筑物）产生的机械扰动，会使得边界层趋向中性。因此，在城市区域的稳定时间段（夜间），估算的莫宁长度值可能比实际情况要偏小，即偏向稳定。为了解决这个问题，在模式中稳定时间段里设置一个最小的 Lo 值。最小 Lo 值根据障碍物高度对区域流场影响的大小确定。

4. CALPUFF 模型

CALPUFF 是三维非稳态拉格朗日扩散模式系统，与传统的稳态高斯扩散模式相比，它能更好地处理长距离污染物传输（50km 以上的距离范围）。它由西格玛研究公司（sigma research corporation）开发，是 USEPA 长期支持开发的首选法规化模型。

CALPUFF 模型系统包括三部分：CALMET、CALPUFF、CALPOST，以及一系列对常规气象、地理数据进行预处理的程序。CALMET 气象模型用于在三维网格模型区域上生成小时风场和温度场。CALPUFF 非稳态三维拉格朗日烟团输送模型利用 CALMET 生成的风场和温度场文件，输送污染源排放的污染物烟团，模拟扩散和转化过程。CALPOST 通过处理 CALPUFF 输出文件，生成所需浓度文件用于后处理及可视化。

CALPUFF 具有以下优势和特点：①能用于模拟从几十到几百公里中等尺度的环境问题；②能模拟一些非稳态的情况（静小风、熏烟、环流、地形和海岸效应）；③气象模型包括了陆上和水上边界层模型，可以利用 MM5 或 WRF 中尺度气象模式输出的网格风场作为观测数据，或者作为初始猜测风场；④采用地形动力学、坡面流参数方法对初始猜测风场进行分析，适合于粗糙、复杂地形条件下的模拟；⑤加入了处理针对面源浮力抬升和扩散的功能模块。

5. NAQPMS 模型

嵌套网格空气质量预报系统（the nested air quality prediction model system，NAQPMS）由中国科学院大气物理研究所自主开发研制。该模式系统经历了近 20 年的发展，通过集成自主开发的一系列城市、区域尺度空气质量模式发展而成。NAQPMS 为三维欧拉输送模式，垂直坐标采用地形追随坐标，垂直方向不等距分为 18 层；水平结构为多重嵌套网格，采用单向和双向嵌套技术，水平分辨率一般为 3 ~ 81km。NAQPMS 由 4 个子系统组成，分别为基础数据系统、中尺度天气预报系统、空气污染预报系统和预报结果分析系统。

NAQPMS 可用于多尺度污染问题的研究，不但可以研究区域尺度的空气污染问题（如臭氧、细颗粒物、酸雨、沙尘等污染物的跨界跨国输送等），还可以研究城市尺度空气污染的发生机理及其变化规律，以及不同尺度之间的相互影响过程。NAQPMS 模式目前主要应用于空气质量预报领域，已在北京、上海、深圳、郑州等城市的空气质量预报业务中得到大量应用。

6. WRF-Chem 模型

WRF-Chem 模式是美国最新发展的区域大气动力-化学耦合模式，是在 NCAR 开发的中尺度数值预报气象模式（the weather research & forecasting system，WRF）中加入大气化学模块集成而成。中尺度数值预报模式（WRF）是一个完全可压非静力模式，对湍流交换、大气辐射、积云降水、云微物理及陆面等多种物理过程均有不同的参数化方案，可以为化学模式在线提供大气流场，模拟污染物输送（包括平流、扩散和对流过程）、干湿沉降、气相化学、气溶胶形成、辐射和光分解率、生物所产生的放射、气溶胶参数化和光解频率等过程。WRF-Chem 的最大优点是气象模式与化学传输模式在时间和空间分辨率上完全耦合，实现真正的在线反馈。该模式在我国尚处于探索研究阶段，应用案例相对较少。

7. CAMx 模型

CAMx 模式是美国 ENVIRON 公司在 UAM-V 模式基础上开发的综合空气质量模式，它将“科学级”的空气质量模型所需要的所有技术特征合成为单一系统，可用来对气态和颗粒物态的大气污染物在城市和区域的多种尺度上进行综合性评估。CAMx 除具有第三代空气质量模型的典型特征之外，其最著名的特点包括：双向嵌套及弹性嵌套、网格烟羽模块、臭氧源分配技术、颗粒物源分配技术等。

CAMx 可以在三种笛卡儿地图投影体系中进行模拟：通用的横截墨卡托圆柱投影（universal transverse mercator）、旋转的极地立体投影（rotated polar stereographic）和兰伯特圆锥正形投影（lambert conic conformal）。CAMx 也提供在弯曲的线性测量经纬度网格体系中运算的选项。此外，垂直分层结构是从外部定义的，所以各层高度可以定义为任意的空间或时间的函数。这种在定义水平和垂直网格结构方面的灵活性，使 CAMx 能适应任何用来为环境模型提供输入场的气象模型。

8. Models-3/CMAQ 模型

CMAQ 模型是我国应用最广泛、最为成熟的第三代空气质量模型，由美国环保局于 1998 年第一次正式发布。CMAQ 最初设计的目的在于将复杂的空气污染问题如对流层的臭氧、PM、毒化物、酸沉降及能见度等问题进行综合处理，为此 Models-3/CMAQ 模式最大的特色即采用了“One-Atmosphere”的设计理念，能对多种尺度、各种复杂的大气环境污染问题进行系统模拟。CMAQ 模型目前已成为美国环保局应用于环境规划、管理及决策的准法规化模型。该模型的特点在于：①可以同时模拟多种大气污染物，包括臭氧、PM、酸沉降以及能见度等各种环境污染问题在不同空间尺度范围内的行为；②充分利用了最新的计算机硬件和软件技术，如高性能计算、模块化设计、可视化技术等，使空气质量模拟技术更高效、更精确，且应用领域趋于多元化。

Models-3/CMAQ 系统由排放清单处理模型（sparse matrix operator kernel emission，SMOKE）、中尺度气象模型（MM5 模型或 WRF 模型等）和通用多尺度空气质量模型（CMAQ）三部分组成，其中 CMAQ 是整个系统的核心。CMAQ 模型主要由边界条件模块 BCON、初始条件模块 ICON、光解速率模块 JPROC、气象-化学预处理模块 MCIP 和化学输送模块 CCTM 构成。CMAQ 模型的关键部分是化学输送模块 CCTM，污染物在大气中的扩散和输送过程、气相化学过程、气溶胶化学过程、液相化学过程、云化学过程以及动力学过程都由该模块模拟完成。其他模块的主要功能主要是为 CCTM 提供输入数据和相关参数。CCTM 模块提供了多种气相化学机制和气溶胶化学机制供使用者选择，输出结果包括各种气态污染物和气溶胶组分在内的污染物逐时浓度，以及逐时的能见度和干湿沉降。CMAQ 模式需要 MM5 或 WRF 气象模式提供模拟所需的气象资料。最新发布的 CMAQ5.0 版本已实现气象模式与化学传输模式在线耦合，吸收了 WRF-Chem 模型优点。

（四）空气质量模型的应用

下面以 Models-3/CMAQ 为例，进行空气质量模型的应用介绍。

CMAQ 由美国环保局于 1998 年 6 月首次发布，经过十几年的研究发展，已经更新到 5.0.1 版本。CMAQ 在模拟过程中能将大气系统中、小尺度气象过程对污染物的输送、扩散、转化和迁移过程的影响融为一体考虑，同时兼顾了区域与城市尺度之间大气污染物的相互影响以及污染物在大气中的气相各种化学过程，包括液相化学过程、非均相化学过程、气溶胶过程和干湿沉积过程对浓度分布的影响。CMAQ 模型由 5 个主要模块组成，其核心是化学传输模块 CCTM（CMAQ chemical-transport model processor），可以模拟污染物的传输过程、化学过程和沉降过程；初始值模块 ICON（initial conditions processor）和边界值模块 BCON（boundary conditions processor）为 CCTM 提供污染物初始场和边界场；光化学分解率模块 JPROC（photolysis rate processor）计算光化学分解率；气象-化学接口模块 MCIP（meteorology-chemistry interface processor）是气象模型和 CCTM 的接口，可以把气象数据转化为 CCTM 可识别的数据格式。其中 CCTM 模块具有可扩充性，例如加入云过程模块、扩散与传输模块和气溶胶模块等，操作者可以选择在 CMAQ 中加入这些模块以便于模型在不同区域的模拟。CMAQ 的数值计算所需的气象场由气象模型提供，如中尺度气象模型 MM5（fifth-generation NCAR/PennState mesoscale model）和 WRF；所需的源清单由排放处理模型提供，如 SMOKE 等。CMAQ 模型可用于日常的空气质量预报，如区域与城市尺度对流层臭氧、大气气溶胶、能见度和其他空气污染物的预报，还可以用来评估污染物减排效果，预测环境控制策略对空气质量的影响，从而制定最佳的可行性方案。

目前国内外对 CMAQ 的应用研究主要分为 3 个方面：一是通过污染物的模拟值与观测值的对比来评价模型的模拟性能，探索误差的形成原因以及寻求提高模拟精确度的方法；二是通过对空气中各种污染物质的浓度的模拟来评价空气的污染程度，预测未来的空气状况或者评估污染物减排措施带来的空气质量改善；三是研究空气中各污染物的来源和产生机理以及传输和扩散过程，揭示大气污染物的跨地区传输性，为有效治理大气污染提供科学依据。CMAQ 最多可模拟预测 80 多种污染物，研究最多的常规污染物有臭氧、氮氧化物和硫氧化物以及大气颗粒物等。

1. 在臭氧研究中的应用

在臭氧的来源和生成机理方面，Francis 等（2011）应用 CMAQ 模型模拟了 2003 年 8 月英国东南部地区的臭氧浓度，发现高压天气系统以及近地面的西风和东风的汇和是导致臭氧浓度过高的气象因素。Mai Khiem 等（2011）应用 CMAQ 模型对 2005 年夏季日本关东地区在不同天气条件下的臭氧的形成进行了分析，发现臭氧的浓度是由大气的水平传输、垂直扩散、干沉降和化学过程共同影响的；大气的传输和扩散过程能增加该地区臭氧的浓度，而干沉降和化学过程则主要消耗臭氧。他们认为：风向和风速能决定臭氧以及形成臭氧前体物的传输过程，是决定日本关东地区臭氧浓度的重要的气象因素。高怡等（2010）应用 CMAQ 模型探讨了奥运会期间北京及周边地区在不同的污染控制措施下臭氧浓度的变化，发现奥运会期间的污染控制政策能明显降低空气中臭氧的浓度，但在太阳辐射较强、气温较高或受南风天气影响时，臭氧仍易达到较高浓度，这一方面是由于自然因素使臭氧更容易生成，另一方面周边地区高浓度的臭氧更容易传输到北京地区。

在模型模拟性能的评价方面，Steve 等（2006）用 CMAQ 模拟了加拿大温哥华地区的 O_3 浓度并与观测数据进行了对比研究，发现 CMAQ 模型能较好地模拟出 O_3 的日变化规律和空间分布规律，特别是对于 O_3 峰值浓度以及峰值出现时间的模拟，与观测数据极为接近，表明 CMAQ 模型对 O_3 的模拟具有较高的准确度。沈劲等（2011）在应用 CMAQ 模型模拟珠江三角洲 2004 年 10 月的臭氧浓度时发现，总体上 CMAQ 的臭氧模拟浓度比观测值低，但能够较好地模拟出珠江三角洲研究期间大多数检测站点的臭氧浓度水平和变化趋势。他们还发现 CMAQ 模型设定的臭氧的光解速率常数偏低，这会增大模拟的误差，建议新版本的 CMAQ 应加强相关的研究以提高其对臭氧模拟的准确性。

2. 在氮氧化物和硫氧化物研究中的应用

在模拟氮氧化物和硫氧化物浓度以及探索氮氧化物和硫氧化物的来源和生成机理方面，朱凌云等（2010）用 CMAQ 模型模拟了 2005 年东亚地区硝酸盐湿沉降的时空分布，从模拟结果可以看出，东亚地区硝酸盐湿沉降呈现明显的季节变化特征，夏季的沉降量最高。Wang 等（2010）用 CMAQ 模型模拟了 2010 年中国东部地区的 SO_2 和 NO_x 的浓度，并以此为指标来评估了中国由于实施污染物减排政策带来的空气质量的改善，模拟结果显示，采取了减排政策后的 SO_2 和 NO_x 的浓度将比没有实施减排政策时减少 30% ~60%，这表明实施排放控制政策会取得明显的减排效果。王书肖等用 CMAQ 模型模拟了 2005 年北京地区空气中 SO_2 的浓度，并由此研究了北京地区的燃煤对空气质量的影响，研究发现，1 月份北京市主要的燃煤源是采暖锅炉，对各监测站 SO_2 的浓度的贡献在 70% 以上，7 月份北京市主要的燃煤源是电厂，对 SO_2 的贡献在 40% ~50% 左右，结果表明燃煤的排放是城区 SO_2 的主要来源。张艳等（2010）采用 CMAQ 模型模拟了 2004 年上海地区空气中 SO_2 的浓度及来源，研究结果表明外地排放源对上海地区的 SO_2 有一定的贡献率，要想治理地区性污染，必须实施区域大气的联合控制。

在模型模拟性能的评价方面，Rafael Borge 等（2010）研究了改变氮氧化物和硫氧化物的边界条件对 CMAQ 模型模拟结果的影响，研究发现使用由模型生成的动态的边界值能提高 CMAQ 模拟的准确性。Han 等（2011）应用 CMAQ 模型模拟了 2003 年朝鲜半岛对流层中的氮氧化物排放情况并与观测数据进行了对比，研究发现模拟结果比观测数据要高出 1.38 ~1.87 倍，认为这可能是由于关于朝鲜的经济活动和能源消耗的资料不足而导致的氮氧化物的排放通量的不确定性造成的。

3. 在颗粒物 $PM_{2.5}$ 和 PM_{10} 研究中的应用

在研究颗粒物的来源方面，陈训来等（2009）应用 CMAQ 模型研究了 2004 年 9 月珠江三角洲的一次灰霾天气中 PM_{10} 的来源，结果表明，在这次灰霾过程中，点源对近地面 PM_{10} 浓度的贡献主要集中在珠江口西岸的城市群区域，机动车移动源污染物的排放则在珠江三角洲地区形成了 3 个 PM_{10} 浓度的高值中心，与珠江三角洲地区机动车的地理分布特征和广东省高速公路的分布比较一致。在研究颗粒物的传输方面，朱凌云等（2007）用 CMAQ 模型研究了山西省排放的大气颗粒物的传输情况，结果表明，山西省排放的颗粒物可以进入北京地区，对北京市近地面 PM_{10} 的浓度产生一定影响。胡晓宇等（2011）用 CMAQ 模型模拟了珠江三角洲地区大气中 PM_{10} 的传输过程，研究发现珠三角地区已形成 PM_{10} 区域性污染的特点，外来源对珠江三角洲地区的 PM_{10} 的浓度有一定贡献，污染物的城市间输送已成为影响珠江三角洲地区空气质量的重要因素，只有实施城市间的联防联控才能有效防治地区性大气污染。在研究颗粒物的沉降过程方面，马芳（2011）在用 CMAQ 模型模拟 2005 年河北南部空气中 PM_{10} 的传输和沉降过程时发现，夏季非采暖期 PM_{10} 的浓度明显小于冬季采暖期，主要原因有两点：一是化石燃料的燃烧减少，颗粒物的排放减少；二是夏季降雨丰富，使得部分 PM_{10} 能随着雨水一起沉降到地面，因此污染程度明显好转。

在评价模型的模拟性能方面，Ulas Im 等（2010）在用 CMAQ 模型模拟 2008

年冬季伊斯坦布尔的颗粒物排放时发现，相比于改变二次颗粒物的排放，改变模型输入数据中一次颗粒物的源排放对输出的气溶胶浓度有更大的改变，表明一次源颗粒物的排放对当地的气溶胶浓度有较大的影响。

4. 在其他大气污染物研究中的应用

除了对臭氧、氮氧化物、硫氧化物和颗粒物等常规污染物的应用研究外，CMAQ 模型在二噁英和放射性物质方面也有较广泛的应用研究。这些研究都有助于了解大气污染的严重情况和污染的来源及机理以及制定合理有效的污染物减排措施。

王鹏飞等（2011）应用 CMAQ 模型模拟了日本福岛核电站泄露的放射性物质 ^{137}Cs 的传输扩散情况。研究发现，^{137}Cs 在近地面层基本上从福岛地区向东北、偏东和东南 3 个方向扩散传输。张钰（2011）应用 CMAQ 模型研究了 2006 年长江三角洲地区二噁英在大气中的输送、转化和沉降等演变过程。研究发现，长江三角洲地区的二噁英类污染物存在着明显的长距离输送特征和区域影响；同时研究还发现二噁英类物质浓度分布四季分明，冬季大气中的浓度明显高于夏季，原因是冬季污染源的排放量比较多而且由于气象原因不容易扩散，同时夏季比较多的降雨能有效去除二噁英。

（五）发展趋势与展望

尽管空气质量模拟技术发展迅速，空气质量模型已在各领域得到广泛使用，但空气质量模型在使用过程中仍存在较多问题。

1. 空气质量模型在应用中存在的问题

（1）不能准确把握模型的适用条件，盲目使用模型。

（2）空气质量模型愈来愈复杂，专业门槛不断提高。

（3）排放清单多样化，导致模拟结果无可比性。

（4）空气质量观测手段单一、观测指标少，关键性参数难以率定。

2. 规范空气质量模型使用的相关建议

（1）建立适用于环境规划与决策的法规化模型。

（2）法规化模型建设的核心在于制定空气质量模型使用规范。

（3）排放清单编制技术的标准化是建立第三代法规化模型的前提。

（4）建立国家环境基础信息数据库系统，夯实模型的应用基础。

（5）在法规化模型的基础之上推进空气质量模型的工程化建设。

第四章　智慧环保物联网感知和传输体系建设

物联网技术的发展，为环境监测提供有效的监测手段。运用物联网技术检测对人类和环境有影响的各种物质含量、排放量、环境状态参数和跟踪环境质量的变化，为环境管理、污染治理、防灾减灾等工作提供基础信息，为环境监督、执法提供可靠、有力证据。在企业排污口或对环境分析有重要意义的位置布置监测点，通过网络将监测点采集的数据信息传输到监测中心，然后监测中心对数据汇总、分析和处理，最后以不同形式呈现给监测人员，实现对环境信息自动化、智能化管理，提高对环境污染事件监测、报警、预警能力。无疑，基于物联网研究环境监测，将具有重大的应用价值。

第一节　环保物联网概念

环保物联网是物联网技术在环保领域的智能应用。通过综合应用传感器、全球定位系统、视频监控、卫星遥感、红外探测、射频识别等装置与技术，实时采集污染源、环境质量、生态等信息，构建全方位、多层次、全覆盖的生态环境监测网络，推动环境信息资源高效、精准的传递。通过构建海量数据资源中心和统一的服务支撑平台，支持污染源监控、环境质量监测、监督执法及管理决策等环保业务的全程智能，从而达到促进污染减排与环境风险防范，培育环保战略性新型产业，促进生态文明建设和环保事业科学发展的目的。

环保物联网应用的总体架构包括用户层、应用层、支撑层、传输层和感知层。其中，用户层是环保物联网应用面向的最终用户，包括环保管理、监测、研究等相关部门，污染物排放、污染治理等企业和社会机构，以及社会公众。应用层包括环保物联网应用门户和业务应用系统，门户为环保物联网各类用户提供所需服务和资源的入口和交互界面，应用系统涉及环境质量监测、污染源监控、环境风险应急处理、综合管理和服务等。支撑层包括 IT 基础设施和环保物联网应用统一支撑平台，依托基础设施和软件服务，实现共性应用功能的构造。传输层有环保政务专网、电信网、互联网、广播电视网等构成，支持环境信息在环保部门间的传递。感知层主要通过多种环境监测设备实现环境质量和污染源等相关监测信息的采集。

第二节　环保物联网感知与传输层建设内容

一、智慧环保物联网感知层建设

物联网的感知作用是指通过无线网络技术、视频识别技术、传感技术和嵌入设备技术等技术的运用，同时借助互联网、电信网和广电网等，将人与物置于一个相互感知的范网络之中，这样处在这一泛网络之中的人与人、人与物、物与物就会相互感知。它与互联网中的虚拟感知不同，社会节点更多更广，社会形态也更加复杂，具有网络终端泛在化水平更高、实时性更强、可视化水平更高、网络受体范围更广等特点。物联网的感知作用是显而易见的，然而在环境监测方面这种作用更显突出和常见。在环境监测中，它主要是通过综合应用传感器、全球定位系统、视频监控、红外探测、视频识别、卫星遥感等高科技技术，实时对污染源、环境质量、生态等信息进行捕捉和采集，从而构建全方位、多层次、全覆盖的生态环境监测网络。这一环境监测网络的建立，从短期来看，将会推动环境信息资源的高效精准传递，从长期来说，将会在很大程度上实现促进污染减排和环境风险防范，培育和发展环保战略性新型产业，促进生态文明建设和环保事业科学健康发展的目标。

我国现已初步建成了覆盖全国的国家环境监测网，包括由覆盖全国主要水体的759个地表水监测断面（点位）、150个水质自动监测站点组成的地表水环境质量监测网；由113个环保重点城市共661个空气自动监测站点、440个酸雨监测点位和82个沙尘暴监测站组成的环境空气质量监测网；由301个监测点位组成近岸海域环境监测网的同时，已基本建成14个国家空气背景站、31个农村区域站、31个温室气体监测站和3个温室气体区域监测站等。目前，已基本形成了国控、省控、市控三级为主的环境质量监测网。

（一）设计原则

1）全面覆盖

通过设计多手段、多维度的感知系统，利用多种传输方式，尽量在最有效利用资源的基础上全面覆盖欲监测的环境要素。

2）标准化原则

（1）采用标准的设备。确保各类监测仪器、控制器、采集模块等设备性能稳定、成熟可靠，设备接口统一，互换性强，便于系统维护和升级改造；

（2）采用标准的协议。参考已有通信规范制定方面成熟、先进的经验，满足更大范围内推广的要求；

(3) 采用通用操作系统和标准的软件开发环境，便于第三方在此基础上进行后续设计开发。

3) 可扩展性原则

硬件可扩展。硬件设备预留足够的数字量与模拟量输出接口，当原有系统增加仪器设备时，不需要采购新的模块或更换硬件。

4) 多样性原则

物联网体系结构必须依据物联网传感节点类型的不同，分成不同类型的体系结构。

5) 时空性原则

物联网体系结构必须能够达到物联网设计对空间、时间和耗能等方面的需求。

6) 安全性原则

物联网体系结构必须能够抵御大规模的黑客破坏攻击。

7) 坚固性原则

物联网体系结构必须确保强壮性和稳固性。

(二) 环保物联网的构成

环保物联网的感知对象包括水环境、大气环境、生态环境、土壤环境、辐射环境、光污染、声环境，以及废气污染源、废水污染源、固体废物、放射源等。传统的环保物联网主要用环境自动监测设备来感知和识别环保监控数据信息。目前，典型的环保物联网的前端感知模式总结见表4-1。

表4-1　典型环保物联网的前端感知模式

应用领域	水环境	大气环境	固体废弃物	声环境	辐射管理	生态环境
感知形式	水质监测站 水质传感器 水文监测信息 卫星遥感 无人机航空遥感	大气监测站 大气监测探头 RFID 卫星遥感 无人机航空遥感	RFID 视频摄像 GPS 卫星遥感	噪声环境监测站	放射源监测站 移动探测器	无人机航空遥感 卫星遥感 视频监控
感知对象	地表水 地下水 工业废水	企业大气污染源 汽车尾气 大气环境质量	危险化学品 危险废弃物 固体废弃物	城市环境噪声	固定放射源 移动放射源 放射性流出物	NDVI LAI ……

续表

应用领域	水环境	大气环境	固体废弃物	声环境	辐射管理	生态环境
感知参数	DO、温度、浊度、叶绿素、有机物等	NO_x、SO_2、CO、O_3、BC、颗粒物等	位置、状态信息	噪声分贝	放射性物质强度	

按原理来分，常见的环境传感器可分为物理传感器、化学传感器、生物传感器等类型。同时，前端监测设备还需要一些辅助设备才能接入环保物联网，如数据采集仪等。

1. 物理传感器

物理传感器指采用物理学原理、对环境对象的物理学参数进行监测与感知的设备，如对气温、湿度、风速、风向等参数进行测量的气象参数传感器，对河流流量、流速、水深进行测量的水文传感器，对污水流量、流速、水位等进行测量的流量传感器，对电流电压进行测量的电力传感器，对噪声进行测量的噪声传感器等等。常见物理传感器举例如下。

1）气象传感器（自动气象站）

自动气象站用于对大气温度、相对湿度、风向、风速、雨量、气压、太阳辐射、土壤温度、土壤湿度、能见度等众多气象要素进行全天候现场监测。它具有手机气象短信服务功能，可以通过多种通信方法与气象中心计算机进行通信，将气象数据传输到气象中心计算机气象数据库中，用于对气象数据统计分析和处理。

自动气象站由气象传感器、微电脑气象数据采集仪、电源系统、防辐射通风罩、全天候防护箱和气象观测支架、通信模块等部分构成。温湿度、风速风向等传感器为室外气象专用传感器，具有高精度高可靠性的特点。

自动气象站常用的传感器见表4-2。

表4-2　自动气象站常用的传感器

测量参数	传感器
气压	振筒式气压传感器、膜盒式电容气压传感器
气温	铂电阻温度传感器
湿度	湿敏电容湿度传感器
风向	单翼风向传感器
风速	风杯风速传感器
雨量	翻斗式雨量传感器
蒸发	超声测距蒸发量传感器

续表

测量参数	传感器
辐射	热电堆式辐射传感器
地温	铂电阻地温传感器　风向传感器
日照	直接辐射表、双金属片日照传感器

2）流量传感器

在很多经济领域里，流量的准确测量已经变得非常的重要。如今用来测量流量的多少基本上都用上了传感器。传感器感受流体流量并转换成可用输出信号，装上传感器能使操作更为简单便捷。流动的物体在单位时间内通过的数量叫做流量，而用于不同的物体有不同的流量传感器，往往是通过测量的介质和测量的方式去区分流量传感器类型。

流量传感器一般用于工业管道内介质流体的流量，一般情况下有气体液体和蒸气等多种介质，而用于这些多种类型的介质有几种流量传感器是可以通用的。第一种是涡街流量传感器。

还有一种是超声波流量传感器，随着超声波技术的发展，一般情况下利用超声波流量传感器可以测量大部分流动物体的流量。超声波流量传感器还有多种测量方法，每一种方法都有各自的特点，应根据被测流体性质、流速分布情况、管路安装地点以及对测量准确度的要求等因素进行选择。

超声波在流动的流体中传播时就载上流体流速的信息，因此通过接收到的超声波就可以检测出流体的流速，从而换算成流量。根据检测的方式，可分为传播速度差法、多普勒法、波束偏移法、噪声法及相关法等不同类型的超声波流量计。超声波流量计是近十几年来随着集成电路技术迅速发展才开始应用的一种非接触式仪表，适于测量不易接触和观察的流体以及大管径流量。它与水位计联动可进行敞开水流的流量测量。使用超声波流量比不用在流体中安装测量元件，故不会改变流体的流动状态，不产生附加阻力，仪表的安装及检修均可不影响生产管线运行因而是一种理想的节能型流量计。

工业流量测量普遍存在着大管径、大流量测量困难的问题，这是因为一般流量计随着测量管径的增大会带来制造和运输上的困难，造价提高、能损加大、安装不便这些缺点，超声波流量计均可避免。因为各类超声波流量计均可管外安装、非接触测流，仪表造价基本上与被测管道口径大小无关，而其他类型的流量计随着口径增加，造价大幅度增加，故口径越大超声波流量计比相同功能其他类型流量计的功能价格比越优越，被认为是较好的大管径流量测量仪表。多普勒法超声波流量计可测双相介质的流量，故可用于下水道及排污水等脏污流的测量。

2. 化学传感器

在环境领域中，化学传感器是应用最广泛的。化学传感器利用各种化学反应和化学变化来反映被监测的环境要素的状态。如水环境监测中对 COD、NH_3-N、pH、重金属等的监测，大气环境监测中对 SO_2，NO_x，O_3，CO 等有毒有害气体的监测，均是采用化学传感器。常用化学传感器举例如下。

1）水质在线自动监测系统

水质在线自动监测系统（on-line water quality monitoring system）是一个以在线分析仪表和实验室研究需求为服务目标，以提供具有代表性、及时性和可靠性的样品信息为核心任务，运用自动控制技术、计算机技术并配以专业软件，组成一个从取样、预处理、分析到数据处理及存贮的完整系统，从而实现对样品的在线自动监测。自动监测系统一般包括取样系统、预处理系统、数据采集与控制系统、在线监测分析仪表、数据处理与传输系统及远程数据管理中心。这些分系统既各成体系，又相互协作，以完成整个在线自动监测系统的连续可靠地运行。

水质在线分析仪器按测量方式通常分为电极法和光度法两种，应根据使用环境的不同进行相应的选择。某公司的水质在线监测系统所采用的监测原理如表4-3所示。

表 4-3　典型水质在线监测系统的监测原理

序号	中文名称	英文名称	电极法	光度法
1	温度	Temperature	√	
2	pH	pH	√	
3	溶解氧	Dissolved Oxygen（DO）	√	
4	电导率	Conductivity	√	
5	浊度	Turbidity	√	
6	叶绿素	Chlorophyl	√	
7	蓝藻	blue algae	√	
8	高锰酸盐指数	Permanganate Index		√
9	化学需氧量	Chemical Oxygen Demand（COD）	√	√
9	生物需氧量	Biological Oxygen Demand（BOD）	√	
10	氨氮	Ammonium	√	√
11	硝酸盐氮	Nitrates	√	√
12	亚硝酸盐氮	Nitrites	√	√
13	总磷	Total Phosphorus		√
14	磷酸盐	Phosphates		√

续表

序号	中文名称	英文名称	电极法	光度法
15	总氮	Total Nitrogen		√
16	总有机碳	Total Organic Carbon	√	√
17	水中油	Hydrocarbons		√
18	余氯	Free Chlorine		√
19	氯离子	Chlorides	√	
20	总氯	Total Chlorine		√
21	硬度	Hardness	√	√
22	氟化物	Fluorides	√	
23	氰化物	Cyanide	√	
24	总酚	Phenols		√
25	大肠杆菌	Coliform Bacteria		√
26	硅酸盐	Silica		√
27	硫酸盐	Sulfates		√
28	硫化物	Sulfides	√	
29	臭氧	Ozone	√	
30	重金属	Heavy Metals		
30. 01	铜离子	Copper		√
30. 02	铝离子	Aluminium		√
30. 03	六价铬	Chromium VI		√
30. 04	铁离子	Iron		√
30. 05	总铁	Total Iron		√
30. 06	铅离子	Lead		√
30. 07	锰离子	Manganese		√
30. 08	镍离子	Nickel		√
30. 09	锌离子	Zinc		√
30. 10	钠离子	Sodium		√
30. 11	镉离子	Cadmium		√
30. 12	铀化物	Uranium		√

2）空气质量监测系统

空气质量监测系统可实现区域空气质量的在线自动监测，能全天候、连续、自动地监测环境空气中的 SO_2、NO_2、O_3 和可吸入颗粒物的实时变化情况，迅速、准确地收集、处理监测数据，能及时、准确地反映区域环境空气质量状况及变化规律，为环保部门的环境决策、环境管理、污染防治提供翔实的数据资料和科学依据。

监测系统主要包括以下监测因子：SO_2、H_2S、O_3、CO、PM_{10}、$PM_{2.5}$、碳氢化合物等。系统组成及原理如下。

（1）SO_2 监测仪。SO_2 监测仪采用紫外荧光法，其原理是 SO_2 分子在紫外线照射下变为激发状态的 SO_2，当其恢复到稳定状态时发光，此时产生的光通过滤光片被选择性的接收检测。

（2）NO_x（NO、NO_2）监测仪。NO_x 监测仪采用化学发光法，利用样气中的 NO 和 O_3 反应，生成 NO_2，同时产生的化学发光强度与 NO 浓度具有比例关系，以此来连续测量大气中的 NO_x 浓度。

（3）CO 监测仪。CO 监测仪采用非分散红外线吸收法，其依据是 CO 对特征波长的吸收强度与其浓度之间的关系符合朗伯-比尔定律。

（4）O_3 监测仪。O_3 监测仪采用紫外吸光法，O_3 分子对 254nm 波长的紫外光具有特征吸收，且 O_3 对紫外光的吸收程度与 O_3 浓度之间的关系符合朗伯-比尔定律。

（5）颗粒物监测仪（PM_{10}，$PM_{2.5}$，TSP，用户可选）。颗粒物监测仪采用 β 射线（β-ray）衰减法来测量颗粒物浓度。其原理是 β 粒子通过某种介质时的削弱程度是根据物质的质量密度指数函数而变化。

（6）多元气体校准仪。多元气体校准仪具有稀释系统及多种气体标准气源，动态配置多种不同浓度的标准气源，实现对各种气态分析仪的单点或多点校准的功能。它接受控制指令进行自动零/跨（单点或多点）校准，也能以手动方式进行校准。

（7）零气发生器。零气发生器是为多元气体校准仪提供零点空气设计，系统包含一个架式安装的压缩空气气源和一系列的可选涤除器，可产生既干净又干燥的稀释器所需的“零点空气”。

3）工况监测设备

工况监控设备在现场布置数据采集装置，通过采集火力发电厂的主机 DCS 数据，脱硫设施 DCS 数据，CEMS 数据，并将相关数据传送至环保部门。工况监测设备，电厂侧两台机组为一个采集单元。电厂侧采集单元主要负责采集各类控制系统中的环保相关参数，并通过隔离器、采集交换机存储到工况过程数据服务器中。监控中心主要设备为两台服务器，工况过程数据库服务器及 WEB 应用服务器，并接入目前监控中心既有网络中。

3. 生物传感器

生物传感器（biosensor）是对生物物质敏感并将其浓度转换为电信号进行检

测的仪器。它是由固定化的生物敏感材料为识别元件（包括酶、抗体、抗原、微生物、细胞、组织、核酸等生物活性物质）与适当的理化换能器（如氧电极、光敏管、场效应管、压电晶体等等）及信号放大装置构成的分析工具或系统。生物传感器具有接受器与转换器的功能。对生物物质敏感并将其浓度转换为电信号进行检测的仪器，可以实现对污染物指标的检测。

生物传感器主要有下面三种分类命名方式。

根据生物传感器中分子识别元件即敏感元件可分为5类：酶传感器（enzymesensor），微生物传感器（microbialsensor），细胞传感器（organallsensor），组织传感器（tissuesensor）和免疫传感器（immunolsensor）。显而易见，所应用的敏感材料依次为酶、微生物个体、细胞器、动植物组织、抗原和抗体。

根据生物传感器的换能器即信号转换器分类有：生物电极（bioelectrode）传感器，半导体生物传感器（semiconductbiosensor），光生物传感器（opticalbiosensor），热生物传感器（calorimetricbiosensor），压电晶体生物传感器（piezoelectricbiosensor）等，换能器依次为电化学电极、半导体、光电转换器、热敏电阻、压电晶体等。

以被测目标与分子识别元件的相互作用方式进行分类有生物亲和型生物传感器（affinitybiosensor）、代谢型或催化型生物传感器。

生物传感器是新型的传感器类型，举例如下。

1）水环境监测

生化需氧量（BOD）是一种广泛采用的表征有机污染程度的综合性指标。在水体监测和污水处理厂的运行控制中，BOD也是最常用、最重要的指标之一。常规的BOD测定需要5d的培养期，而且操作复杂，重复性差，耗时耗力，干扰性大，不适合现场监测。有学者利用一种毛孢子菌（trichosporoncutaneum）和芽孢杆菌（bacilluslicheniformis）制作了一种微生物BOD传感器，能同时精确测量葡萄糖和谷氨酸的浓度。其测量范围为0.5～40mg/L，灵敏度为5.84nA/（mg·L）。该生物传感器稳定性好，在58次实验中，标准偏差仅为0.0362，所需反应时间为5～10min。

NO_3^- 是主要的水污染物之一，如果添加到食品中，对人体的健康极其有害。有学者提出了一种整体化酶功能场效应管装置检测 NO_3^- 的方法。该装置对 NO_3^- 的检测极限为 7×10^{-5}mol，响应时间不到50s，系统操作时间约为85s。

此外，有学者发明了一种新型微生物传感器，可用于测定三氯乙烯。该传感器将假单细胞菌JI104固定在聚四氟乙烯薄膜（直径25 mm，孔径0.45μm）上，再将薄膜固定在氯离子电极上。带有AgCl/Ag2S薄膜（7024L，DKK，日本）的氯离子电极和Ag/AgCI参比电极连接到离子计（IOL-50，DKK，日本）上，记录电压的变化，与标准曲线对照，测出三氯乙烯的浓度。该传感器线性浓度范围为0.1～4mg/L，适于检测工业废水。在最优化条件下，其响应时间不到10min。

2）大气环境监测

SO_2是酸雨酸雾形成的主要原因，传统的检测方法很复杂。科研人员将亚细胞类脂类（含亚硫酸盐氧化酶的肝微粒体）固定在醋酸纤维膜上，和氧电极制成安培型生物传感器，对SO_2形成的酸雨酸雾样品溶液进行检测，10min可以得到稳定的测试结果。

NO_x不仅是造成酸雨酸雾的原因之一，同时也是光化学烟雾的罪魁祸首。用多孔渗透膜、固定硝化细菌和氧电极组成的微生物传感器来测定样品中亚硝酸盐含量，从而推知空气中NO_x的浓度。其检测极限为0.01×10^{-6}mol/L。

4. 辅助设备

辅助设备可以辅助前端感知系统接入环保物联网，或是对现场的视频等进行监测，它们属于环保物联网的前端感知层，但又与环境传感器有所区别，例如数据采集仪、视频监控设备等。

1）数据采集仪

数据采集设备包括数据采集终端以及其他需要的辅助控制的线路和防护设备等。将数据采集终端与在线监测仪器连接，采集监测设备原始数据、完成数据的本地存储，并通过传输网络与监控中心上位机进行数据通信传输，数据最终存储在监控中心。

2）视频监控设备

视频监控在现场部署了摄像机和视频编码器，通过环保专网将现场图像信息传送至宽视界平台进行存储，各个监控中心根据实际需求再从宽视界平台调用现场图像。视频监控系统是由摄像、传输、控制、显示、记录登记五大部分组成。摄像机通过同轴视频电缆将视频图像传输到控制主机，通过控制主机，操作人员可对云台的上、下、左、右的动作进行控制及对镜头进行调焦变倍的操作，并可通过控制主机实现在多路摄像机及云台之间的切换。

3）RFID设备

一套完整的RFID系统，是由阅读器（reader）与电子标签（TAG）也就是所谓的应答器（transponder）及应用软件系统三个部分所组成，其工作原理是Reader发射一特定频率的无线电波能量给Transponder，用以驱动Transponder电路将内部的数据送出，此时Reader便依序接收解读数据，送给应用程序做相应的处理。

RFID技术中所衍生的产品大概有三大类：无源RFID产品、有源RFID产品及半有源RFID产品。

无源 RFID 产品发展最早，也是发展最成熟、市场应用最广的产品。比如，公交卡、食堂餐卡、银行卡、宾馆门禁卡、二代身份证等，这个在我们的日常生活中随处可见，属于近距离接触式识别类。其产品的主要工作频率有低频 125kHz、高频 13.56MHz、超高频 433MHz，超高频 915MHz。

有源 RFID 产品是最近几年慢慢发展起来的，其远距离自动识别的特性决定了巨大的应用空间和市场潜质。在远距离自动识别领域，如智能监狱，智能医院、智能停车场、智能交通、智慧城市、智慧地球及物联网等领域有重大应用。有源 RFID 在这个领域异军突起，属于远距离自动识别类。其产品主要工作频率有超高频 433MHz，微波 2.45GHz 和 5.8GMHz。

半有源 RFID 产品，结合有源 RFID 产品及无源 RFID 产品的优势，在低频 125kHz 频率的触发下，让微波 2.45GHz 发挥优势。半有源 RFID 技术，也可以叫作低频激活触发技术，利用低频近距离精确定位，微波远距离识别和上传数据，来解决单纯的有源 RFID 和无源 RFID 没有办法实现的功能。简单地说，就是近距离激活定位，远距离识别及上传数据。

（三）环保物联网的发展趋势

随着技术的不断发展，“天空地”一体化的监测体系构建已成为环保物联网发展的重要趋势，见图 4-1。

二、智慧环保物联网传输层建设

（一）传输层主要组成部分

1. 传输层网络类型

物联网传输网络是物联网数据传输的通道，它通过有线、无线的数据路径，将传感器和终端检测到的数据上传到管理平台，并接收管理平台的数据到各个扩展功能节点。物联网传输网络是内部数据与互联网平台数据的交换通道，是物联网数据与互联网数据交换的中间载体，属于互联网中的局域网和城域网部分。

物联网传输网络是互联网的末端接入部分，根据物联网的传输介质不同，可以分为以下几部分。

1）以太网/宽带

以太网和宽带网是互联网的主要接入形式，也是物联网传输的主要通信载体。在物联网网络中，有以太网或宽带接入条件的固定终端应用时，可以通过终端上的以太网接口接入到网络。这种网络继承了以太网和宽带的大数据量和低延迟的特点，可以用于传输大数据量的文件信息和流媒体信息。但这种接入形式受

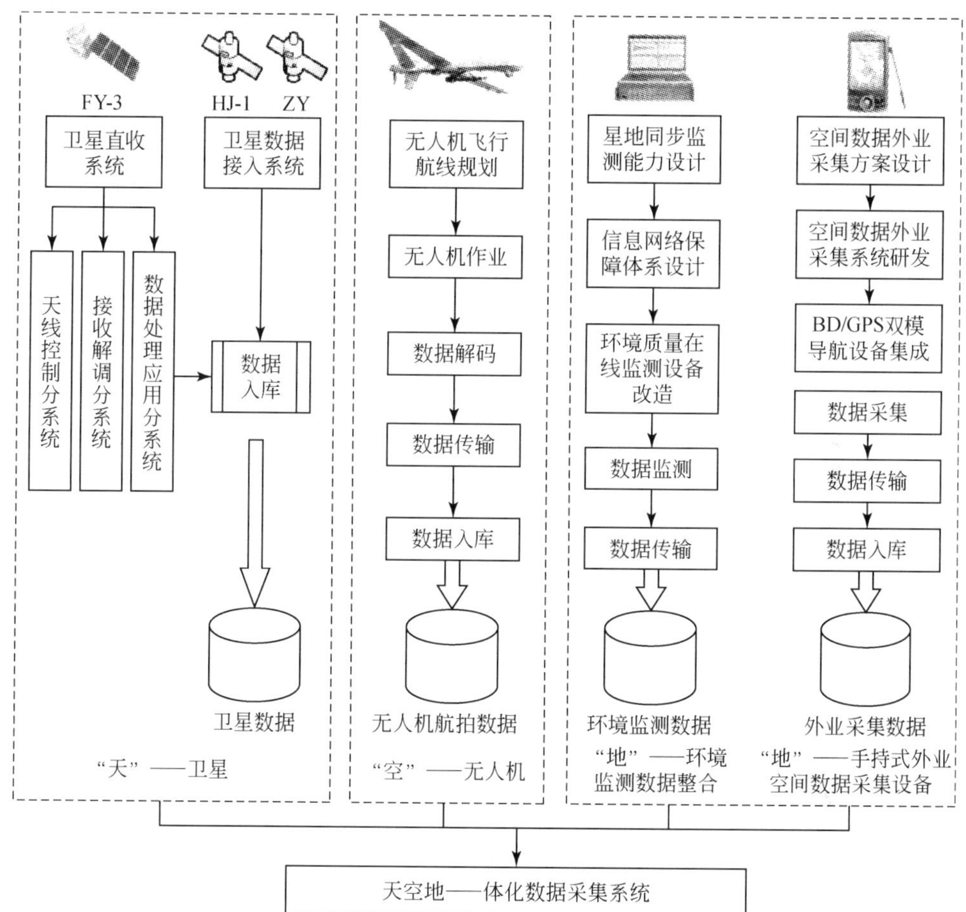

图 4-1　天空地一体化环保物联网感知体系

限于应用网络，在不便布置以太网和宽带的地方，其使用受到限制。

2）GPRS/CDMA/3G 无线网络

作为移动无线网络，GPRS/CDMA/TD 等将成为未来物联网中主要的移动通信载体，因其具有无布线、易布置、可流动情况下工作的特点，将被大量应用在需要移动传输数据和不利于布线布网的野外场合。但这种网络由于无线交换的特点，具有一定的时延，且带宽有限，一般用于实时性要求不高和数据量不大的场合。

3）WLAN 无线网络

WLAN 无线网络是以太网、宽带网的末端延伸，属于区域内的无线网络，兼有以太网、宽带网的优点，又具备 GPRS/CDMA/TD 等网络的部分无线功能，在无线联网中发挥重要作用。但 WLAN 无线网络应用的范围既受限于无线路由的信号范围，又受限于以太网、宽带网的接入，因此，一般应用在宽带接入的末端，不适宜布线的场合，并可作为以太网、宽带网的重要补充。

4）ADSL/MODEM

ADSL 网络是 MODEM 网络的升级形式，在家庭和小型办公区被广泛采用，这种网络的主要特点是实时性稍好，可为终端分配有效的外部 IP（可以是动态，也可以是静态），也可以通过路由器或交换机供多终端使用。但该网络速度受限，可以用来传输数据量中等的语音数据和其他数据量小的环境参数数据，使用费用随数据量大小而不同。

以上几种网络类型优缺点对比分析及数据流量如表 4-4。

表 4-4　几种网络类型优缺点对比分析及数据流量

网络类型	优点	缺点	数据流量
以太网/宽带	速度快，可传输大数据量信息，接入简单，可多终端共享网络，整体分摊设用成本低	只适用于固定场合，网络条件受限于其接入的运营服务商	10/100/1000M 接入，实际使用可以达到 10M
GPRS/CDMA 无线	布网简单、网络范围广，适用于野外布点，也可与终端一同移动工作	终端需要增加通信模块，需要申请数据流量业务，使用时，流量费用较高，有长期费用存在	GPRS：100K 以内 CDMA：100～300K TD：1M 以内
WLAN 无线网络	兼有以太网/宽带网和 GPRS/CDMA 无线的共同优点	需要增加无线网卡、无线 AP 或无线路由等设备，无线范围受限于 AP 或路由的发射功率，一般空旷地范围在 50～200m，多基站时切换不灵活，移动范围受限	WLAN:108M/54M/11M（前端受限与其他网络）
ADSL/MODEM	速度中等，可传输中等数据量信息，接入简单、可多终端共享网络，整体分摊设用成本低。适合家庭用户和小企业用户的应用	只适用于固定场合，网络条件受限于其接入的运营服务商。	ADSL：2M/1M/512K MODEM：512/128 K （MODEM 因速度太低，现基本被淘汰）

2. 无线传输类型

无线通信也可分为：

（1）长距离的无线广域网（WWAN）；

（2）中、短距离的无线局域网（WLAN）；

（3）超短距离的 WPAN（无线个人网，wireless personal area networks）。

传感网主要由 WLAN 或 WPAN 技术作为支撑，结合传感器。“传感器”和“传感网”二合一的 RFID 的传输部分也是属于 WPAN 或 WLAN。

下面是各个无线传输技术介绍。

1）GSM

GSM（全球移动通信系统）是一种广泛应用于欧洲及世界其他地方的数字移动电话系统。GSM 使用的是时分多址的变体，并且它是目前三种数字无线电话技术（TDMA、GSM 和 CDMA）中使用最为广泛的一种。GSM 将资料数字化，并将数据进行压缩，然后与其他的两个用户数据流一起从信道发送出去，另外的两个用户数据流都有各自的时隙。GSM 实际上是欧洲的无线电话标准，据 GSM MoU 联合委员会报道，GSM 在全球有 12 亿的用户，并且用户遍布 120 多个国家。

2）GPRS

GPRS（general packet radio service）是一种以全球移动通信系统（GSM）为基础的数据传输技术，可说是 GSM 的延续。和以往连续在频道传输的方式不同，GPRS 是以封包（packet）式来传输，因此使用者所负担的费用是以其传输资料单位计算，并非使用其整个频道，理论上较为便宜。GPRS 的传输速率可提升至 56kbps 甚至 114kbps。而且，因为不再需要现行无线应用所需要的中介转换器，所以连接及传输都会更方便容易。

3）CDMA

CDMA 是码分多址（code division multiple access）的英文缩写，它是在数字技术的分支——扩频通信技术上发展起来的一种崭新而成熟的无线通信技术。CDMA 技术的原理是基于扩频技术，即将需传送的具有一定信号带宽信息数据，用一个带宽远大于信号带宽的高速伪随机码进行调制，使原数据信号的带宽被扩展，再经载波调制并发送出去。接收端使用完全相同的伪随机码，与接收的带宽信号进行相关处理，把宽带信号换成原信息数据的窄带信号即解扩，以实现信息通信。

4）WCDMA

即 wideband CDMA，意为宽频分码多重存取，是由 GSM 网发展出来的 3G 技术规范，其支持者主要是以 GSM 系统为主的欧洲厂商，包括欧美的爱立信、诺基亚、朗讯、北方电信以及日本的 NTT、富士通、夏普等厂商。这套系统能够架设在现有的 GSM 网络上，对于系统提供商而言可以较方便地过渡，而 GSM 系统相当普及的亚洲对这套新技术的接受度会比较高。

5）蓝牙

蓝牙是一种支持设备短距离通信（一般是 10m 之内）的无线电技术，能在包括移动电话、平板电脑、无线耳机、笔记本电脑、相关外设等众多设备之间进行无线信息交换。蓝牙的标准是 IEEE 802. 15，工作在 2. 4GHz 频带，带宽为 1Mb/s。

6）Wi-Fi

Wi-Fi 俗称无线宽带，IEEE 802. 11b 的别称，是由一个名为“无线以太网相容联盟”（wireless ethernet compatibility alliance，WECA）的组织所发布的业界术语，中文译为“无线相容认证”。它是一种短程无线传输技术，能够在数百米范围内支持互联网接入的无线电信号。

7）ZigBee

ZigBee 技术主要用于无线个域网（WPAN），是基于 IEEE 802. 15. 4 无线标准研制开发的。IEEE 802. 15. 4 定义了两个底层，即物理层和媒体接入控制（media access control，MAC）层。ZigBee 联盟则在 IEEE 802. 15. 4 的基础上定义了网络层和应用层。ZigBee 联盟成立于 2001 年 8 月，该联盟由 Invensys、三菱、摩托罗拉、飞利浦等公司组成，如今已经吸引了上百家芯片公司、无线设备公司和开发商的加入，其目标市场是工业、家庭以及医学等需要低功耗、低成本、对数据速率和 QoS（quality of service，服务质量）要求不高的无线通信应用场合。

各无线技术比较如表 4-5。

表 4-5　几种网络类型优缺点对比分析及数据流量

网络类型	网络特点	传输距离（m）	工作时长	应用重点
Zigbee 网络	近距离、低复杂度、自组织、低功耗、低数据速率、低成本，属于 IEEE 802. 15. 4 标准	10～100	6～24 个月	监测、控制
蓝牙网络	低功耗、小体积、低成本，属于 IEEE 802. 15. 1 标准	10～30	数周	电缆替代品
Wi-Fi 网络	传输速率高、传输距离较长、可靠性高属于 IEEE 802. 11 标准	76～122	数小时	Web、E-mail、图像
3G 网络	传输数据量大、传输距离长，覆盖面广包括 CDMA2000、WCDMA、TD-SCDMA 等标准	1000 以上	数小时	广阔范围声音及数据

（二）前端设备接入方式

前端监控点源数量多、分布比较分散，因此在前端设备接入方案中，采用两种接入方式：有线网络接入和 3G 无线网络接入。对于有线网络资源可达区域的前端点位，优先采用光纤敷设到企业端或数据采集现场的方式。对于位于具备一定网络接入能力厂区的前端点位，将采用适合该厂区的有线网络方式。在有线网络敷设存在难度的区域，充分利用3G无线网络的覆盖面积广、部署成本低、带宽优势大的特点，在前端点位数据采集设备上安装无线网络模块，使前端设备采集到的数据通过无线网络发送到监控中心。前端设备监测数据通过环保专网、城域网/宽视界视频监控传输网络和3G网络接入监控中心网络。

第三节　环保物联网应用特点

一、建设和应用的高复杂性与高难度

环保物联网需要感知水体、大气、土壤等环境的质量和多种污染物的多种信息，需要综合应用声、光、电、化学、生物、位置等多种传感设备。同时，环保物联网要使用来自不同来源，包括卫星、摄像头、传感器等，升值人工的数据，这些数据类型不一、结构各异。此外，环保物联网要融合传感器、射频识别、激光扫描、卫星遥感等多种技术，实现丰富多样的数据采集、安全快捷的数据传输、稳定的数据存储、完善的分析处理、及时的报告预警等功能，最后形成全天候、多区域、多层次的监控体系，因而导致环保物联网建设复杂性高、难度大。

二、对信息资源整合共享提出高要求

相对于城市管理、交通、卫生等领域，环保物联网采集的数据除在行政地域方位内应用外，还会在如水流域等跨行业行政区域的范围内应用。相应的根据环境保护和污染治理的系统性管理需要，信息资源的整合需要打破地域的限制。这就要求环保物联网全国联网，信息服务范围可根据环保工作需要在特定区域范围内灵活应用，可以覆盖不同省、市、区、县，并且环保数据可供污染治理、排污交易、环境监管等不同系统使用。此外，通过与交通、安全等领域的系统对接，环保物联网的数据和系统可以为交通运输、城市管理、风险防范等服务，更具综合性。

三、对传感器设备与技术提出挑战

环保物联网中的前端采集设备是环境自动监控的基础和数据源，同时更是污染防治的重要组成部分，前端采集设备的准确与否不仅关系到分析处理结果的正确性，更牵涉到多方的利益。由于很多情况下前端采集设备运行环境恶劣、复杂多变，对采集设备的可靠性、稳定性等提出很高的要求。同时，环保的专业性需要综合应用生物、化学、电子分析设备的结合对技术提出高要求。此外，环保无

联网发展中仍面临一些关键技术挑战，如复杂环境下传感器组网技术、能耗问题、传感器部署模式及策略、安全隐私问题等，这些关键技术的解决是环保物联网大规模推广应用的必要条件。目前，国内相关技术还不成熟，和实际需要有较大差距。

四、需要政企共同投入、社会各方共同参与

环保物联网需要监控的要素多、范围广、投资规模大，仅仅依靠环保部门投资是远远不够的，需要有效激发企业的积极性，鼓励企业积极参与，通过自我投入控制和改善污染排放。此外，环保物联网建设后的持续应用需要全社会参与，通过政府、企业和社会公众的共同努力，形成全面、多方位的监督体系，才能更好地促进污染治理和环境质量改善。

第五章　智慧环保数据资源中心工程建设

正如我们在前面提到的，云计算技术正在引导 IT 产业进入一个全新的世界，随着云计算技术和“大数据”越来越深入的影响，业务系统间的核心交换和控制的地位也日益重要，“数据资源中心”在智慧环保体系起着至关重要的作用。

数据中心发展经历了单独的独立系统时代、集中分布式时代、集中优化式时代，正向着云数据中心时代迈进。

第一节　环保数据资源中心概述

20 世纪 80 年代以来，环保部门开展了多种环境质量的监测工作和生态环境调查工作，积累了大量数据。整理、规范环境数据，不仅是社会经济发展和科学创新工作的需要，也是我国环境保护工作的一项重要工作。环保资源数据库建设和共享研究一直没有系统地开展，数据分散于各部门，大多以文档、原始数据的方式存在，没有统一的元数据标准，也缺乏应有的处理和加工，难以进行共享和应用。另一方面，环境管理业务涉及环境质量、环境统计、污染源管理、生态环境保护、城市考核等多个方面，有些不同的业务所管理的对象存在不同程度的重叠，但对应的信息系统却相互独立，造成系统内数出多门，相互矛盾的事情也时有发生。

环境数据资源是国家基础信息资源的重要组成部分，随着全社会对环境问题的日益关注，社会各部门和公众对环境数据共享与服务的需求也越来越迫切，要求也越来越高。环境数据资源的共享和应用也是国家环境信息化工作的重要内容，也是国家环境信息化工作的奋斗目标，所以，环保数据资源中心的建设是当务之急。

一、环境数据中心的定义

环境数据中心是依据各类数据标准与规范，通过数据交换、整合、导入、录入等手段，全方位收集环境监测、监督、管理中使用的各种基础类、背景类、业务类的数据资料，并对这些资料进行规范化、标准化的处理和加工，形成体系完整、时间跨度长、专业覆盖全面、科学系统的环境信息资源体系，为环境监管、治理、规划、决策等提供最强大的数据服务和信息共享支撑。

二、环境数据资源中心发展现状

21世纪是信息资源整合的世纪，这是国际上IT届的公认的一个观点。20世纪是计算机发明、普及数据处理应用、数据海量堆积的时代，21世纪是整合无序数据，深度开发利用信息资源的时代。信息孤岛是信息化建设需要立刻解决的瓶颈问题。

我国的环保信息化建设已经取得长足进步，规划了数字环保整体解决方案，并在全国各省市、区县开始建设并投入使用。同时，由于系统分散开发，数据标准混乱，矛盾、冗余的数据继续堆积，信息孤岛丛生，管理层和决策层应用开发滞后，如在环保信息政府机关的信息系统是在不同时期、由不同的建设承建单位、利用不同的工具、在不同的开发平台之下完成的，并且运行在不同的操作系统和不同的数据库平台之上。因此数据资源整合已经成为未来环境保护部门进一步发展的必经之路，环保信息化设计需要进一步发展和提高，就需要进行数据整合。

在数据集成解决方案中，最早的是推翻老系统，重新建设新系统，在新系统中重新开发老系统所包含的功能，并且增加新需要的功能，以便回避数据集成的问题。这种方法导致重复开发，重复投资，并且新系统的稳定性也无法保障。

目前应用最普遍的数据集成解决方案是在现有系统之间建立点对点链接。这种方案由于每个节点之间都要有链接，随着应用的增加，链接以积数增长，因此，集成的工作量非常庞大，系统难以维护，网络负载随之增大，错误率也随之增加，更重要的是节点间缺乏必要的协同能力。

正是基于上述原因，才产生了当前最先进的数据资源整合平台解决方案，它以数据整合平台为中心，分布的节点与服务器之间建立星型链接，节点各自完成局部功能，中间的数据资源整合平台进行统一调度，控制节点间信息传递，实现数据资源高效集成。经过抽取、转换、清洗、加载，形成整合资源库，为环境保护管理提供决策支持。

目前，在国家、省环境信息化部门的领导下，环保信息化工作取得了很大的发展，下大力度进行了环境信息基础网络系统建设，已建成国家重点污染源在线监测数据传输网络系统和国家重点流域水质自动监测数据传输网络系统，要加强网络系统资源的整合和网络安全的管理，坚持建设与整合并举，建立体系先进、宽带高速、互联互通、安全可靠的全国环境信息网络系统。各种运行于网络的软件系统，已初步形成，发挥了较大的作用，信息化工作取得了初步成效。大部分信息中心在环保政府部门的职责是环境信息化工作和电子政务建设的技术支持和技术管理单位，具有技术中心和数据中心的作用，主要为环境管理和决策提供环境信息技术支持和服务。

到目前为止，环境信息中心的数据中心作用还没有得到充分的重视，资源收集、存储、分析、发布等作用还没有得到充分的发挥，各自业务部门仍然需要管理自己的数据，各自建设独立的平台，信息中心的数据核心作用没有得到较好的发挥。

第二节 数据资源中心建设目标和内容

一、建设目标

建设数据高度整合的“云”端的“大数据中心”，以数据管理的规范化，传递的标准化为目的。达到环境数据一数一源、一源多用，避免数据的重复采集和资源浪费。建设综合环境数据中心，在原有的数据管理的基础上增加了通过数据仓库、数据挖掘等技术，每个用户由原来通过业务软件平台直接对数据库进行操作，改为通过数据中心统一调度，根据业务需求，综合各方面的因素进行统一管理、使用。同时，对污染源数据等实现动态管理，及时提供数据的更新，并提供统计、分析、挖掘工具，为领导决策提供数据支持。

（1）集中统一管理和使用环保部门用户的信息资产，有效支持业务发展需要，确保相关数据的高质量和一致性，为统计分析提供有效保障；

（2）以业务需求驱动数据架构的发展，数据架构具备可扩展性，能够适应业务未来发展对数据的需求；

（3）提供对环保部门用户数据的标准化维护管理，提高对数据的维护管理水平，提供数据的安全管理，提高抵御各类安全隐患的能力；

（4）数据架构和应用系统技术无关，数据架构可以适应未来技术的发展；

（5）通过信息资源规划，制定行业数据标准，设计环保全域的数据模型，实现数据环境的统一规划、统一设计与统一管控；

（6）通过主题数据库的建设，提供准实时、标准化的数据资源，支撑各类生产业务系统的数据应用，实现全环保范围的数据集成，消除数据孤岛，初步构建环境数据云平台；

（7）通过数据仓库的建设，实现准实时指标监控、多维分析、业务报表、GIS 等数据表现形式的整合，面向业务部门与领导提供综合分析应用；

（8）通过元数据管理系统、数据质量管理系统的建设，并配套相关的制度，实现数据管控体系的建设；

（9）以实时变化数据捕获技术为基础，为各类业务系统建立数据级容灾，确保灾难情况下的数据恢复。

二、建设内容

环境数据中心的建设流程大体分为以下五个步骤。

（一）环境资源信息标准规范建设

具体包括但不限于以下标准规范。

（1）环境监测信息资源共建共享管理办法；

（2）环境监测信息资源共建共享技术规范，包括数据交换、整合、共享、发布、应用、安全等规范；

（3）污染源统一编码规则；

（4）环境质量基础信息编码规则与编码方法，其中包括测站编码、大气测点编码、噪声测点编码、河流编码、湖库编码、河流断面编码、湖库垂线编码等；

（5）元数据库数据字典；

（6）环境数据中心基础数据库数据字典；

（7）环境数据转换与清洗规则；

（8）其他相关的管理办法和技术规范。

（二）环境资源目录建设

清点梳理数据业务过程中涉及的环境信息，科学编码，分类分级，划分资源责任单位，建立资源与业务的有机关联。资源目录的作用如同穿珍珠的线，渔网的纲，线过珠连，纲举目张。

环境信息资源通过污染排放企业、环境监察部门、环境监测部门、管理和技术支持部门等不同渠道进行数据获取，经过业务应用系统的处理、分析，为国务院、相关部委、各级环保部门和社会公众提供环保信息服务。环境信息资源体系需要对三类业务数据进行整合与优化，包括环保综合业务数据，环保综合办公数据和政务公开数据。

环保综合业务数据包括污染防治、总量控制、环境应急、环境监测、核与辐射、生态环境等业务数据，以及地理空间数据等基础数据。

环保综合办公数据主要包括各类环保项目的审批管理数据、公文与档案管理数据、环境监管数据及其他内部办公数据等。

政务公开数据包括通知公告数据、环保新闻数据、工作动态数据、法律法规数据等。

应对各类数据进行综合分析与统筹规划，进行信息存储方式、存储结构、数据访问、数据集成等方面的合理设计，保证环境信息资源的完整性与统一性，实现对信息资源共享的有效支撑，同时达到降低数据管理成本、提高管理效率、最大限度发挥数据自身价值的目的。

环保信息资源目录体系是对环保信息主体结构的科学描述，应用于环境信息资源的采集、加工、存储、保护和使用等过程。通过目录体系与环境信息资源体系的有机结合，实现对环境信息资源的识别、导航和定位，以支持环境保护各业务部门之间信息资源的交换与共享。

（三）环境基础数据平台建设

设计创建环境基础数据平台，收集整理环境元数据、标准基础数据并入库。各部门或单位在下边的工作中，要按照要求整合并提交数据，梳理整合数据，为交换共享平台提供数据资源（图5-1）。

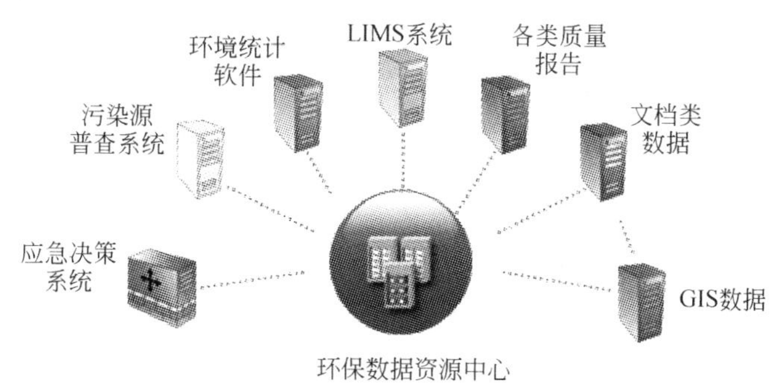

图5-1 环保数据资源中心数据集成导入

（四）交换共享平台建设

建设环境信息传输、交换、处理、共享和监管的统一平台。应按照统一的标准和规范对数据交换服务体系进行设计，支持跨部门、跨地域、跨层级的信息共享及业务协同。一方面满足环境保护部各部门间在线实时信息的横向交换和业务协同，另一方面还要满足环境保护部各部门和地方环境保护部门信息的纵向汇聚和传递，实现政务信息和基础数据的远程交换与共享，为跨部门异构系统之间进行数据交换提供保障。

（五）环境资源信息应用建设

基于整合处理后的环境数据进行分析和展示，为环境管理提供科学的辅助决策。依托环境信息资源管理共享中心，在环境信息资源优化整合的基础上，建立环境信息资源对内和对外的服务平台，形成面向环境保护部各业务司局的内部信息服务门户，以及面向政府部门、企业事业单位、社会公众的公共信息服务门户。

1）内部信息服务平台

建立内部信息服务平台，利用环境信息资源优化整合的优势，形成环境保护部内部的综合信息门户，使环境保护部领导和各级业务部门及时了解环境保护的工作进展，方便获取各项业务数据，为环境管理和决策工作提供辅助信息支持。

2）公共信息服务平台

面向各级政府部门、企事业单位、社会公众，建设环境信息资源的公共服务平台，提供各类环境信息、工作动态以及相关法律法规的发布，实现环境管理业务网上受理、网上办理、网上审批和网上监管，推进行政权力网上公开透明运行。

第三节　关键技术与发展展望

一、技术要求

环境数据资源管理是基础信息资源的重要组成部分，随着环境业务系统相继建成，环境监管工作和环境数据积累也不断加大，环境数据管理工作越来越复杂，所以，建设环保数据资源中心对技术层面的要求就越来越高，具体要完成的核心技术要求如下。

（1）制定在网络上污染源环境信息的公开、存储、处理、访问的技术标准和格式规范。

（2）利用大数据来实现对智慧环保中污染源多源、多格式非结构化数据的管理，建立适合于污染源数据特征的污染源大数据管理模型。

（3）利用大数据技术实时流式数据处理技术进行智慧环保中的污染源数据的数据质量控制和挖掘，对数据进行实时的清洗和质量控制。

（4）提升系统的并行处理能力，以满足智慧环保中数据公开过程的高并发的查询请求。

（5）建立污染源大数据的分析模型，进行污染源数据挖掘。

（6）建设基于云计算的污染源大数据门户网站及在智慧环保中的应用，聚企业、环保机构、公众、媒体于一个平台，实现对污染源企业的全方位监管，改进对污染源企业环保的管理方式和手段。

二、关键技术

（一）数据转换技术

信息交换技术，是数据交换平台的应用集成中间件的核心关键技术之一，解决跨多系统根据相互关系和访问需求建立有序的信息交换流程的问题。

集成技术在不同系统之间就可以构筑一个相互进行数据汇集的环境，但来自不同系统和不同数据源的信息具有完全不同的属性。集成实现了数据间的转换和格式处理，但实际的信息需要在不同系统中进行有序、受控的流动，实现真正意义的交换。

交换过程可以实现不同的交换策略，在数据交换平台中任意系统之间可以实现主动发送、请求/应答、订阅/发布交换模式，并通过路由控制对实现交换网络中的节点相互提供对方所需要的数据信息。

（二）消息数据传输技术

可靠通信技术是数据交换平台中消息中间件的数据可靠保障的核心技术。为交换节点之间的数据传输提供通信通道，平台提供当前主流的消息队列的可靠通信技术。该技术能够实现：

（1）基于可靠队列的通信机制；

（2）提供传输可靠性保障：不错、不漏、不重的传输机制；

（3）支持可靠队列，队列持久性保障；

（4）支持断点续传、网络容错，在系统运行故障前提下保障数据可靠；

（5）支持消息点对点模式和发布/订阅模式消息传输，JMS 接口和消息传输扩展能力；

（6）支持应用的实时、定时、主动、被动模式，实现同步/异步消息通信手段，实现数据交换平台多种交换模式的通信支持；

（7）支持数据高效率传输，保障综合平台通信性能，适应网络传输速率，提供透明压缩传输功能，提供通信服务端集群与均衡负载能力，有效应对多客户端大量并发需求，屏蔽性能瓶颈；

（8）支持复杂消息传输模式，可以直接对文件进行传输，支持数据交换平台对文档系统的专业化处理。

通信作为数据交换平台运行核心，具有细粒度的管理监控能力，需要提供网络适应性部署、事件机制部署以及本地和远程的通信状态实时监控能力。完善的管理监控手段同时支持对系统的性能调优和运行瓶颈定位，保障系统健康运行。

（三）XML 技术

XML（extensible markup language，扩展标记语言）是国家电子政务交换标准的数据元语言。

XML 可以用来创建其他语言，这些语言可以描述数据结构——以围绕它们的标记符及其属性描述的数据元素的层次结构。因为XML数据有这种“自描述”的特性，它比传统的以行和列为格式的数据容易理解，因而比较容易开发、维护和共享。

XML还提供在应用程序和系统之间传输结构化数据的方法，像客户信息、信息查询这类数据能够转换成XML并在应用程序间共享，而无须改变原来遗留下来的系统。这个优点非常适合系统信息共享和综合利用的需求。

数据交换平台上的各项服务涉及各个应用系统的相关数据，而在各个应用系统中信息存储的方式和平台各不相同，因此可以在数据交换平台中采用XML作为标准数据表达元语言。

SOA架构（service-orented architecture）中业务请求和应答的描述标准均支持采用XML的格式，如在Web服务体系中的Web服务描述语言（WSDL）、简单对象访问协议（SOAP）等协议标准，均是基于XML数据格式的。XML每个数据项的信息无需都映射到关系型表的字段上，业务数据不与数据交换本身的数据内容发生紧密耦合关系，通过相对通用的数据交换模式，方便地适应数据标准的调整和变化。

总之，XML是数据交换平台中的数据格式标准。

（四）海量数据报表缓存技术

海量数据是信息化数据应用的发展趋势，对数据分析和挖掘也越来越重要，从海量数据中提取有用信息重要而紧迫，这便要求处理要准确，精度要高，而且处理时间要短，得到有价值信息要快。

数据报表缓存技术是利用缓存器保存网页中数据的技术，其基本思想是利用用户访问的时间局部性原理，将客户访问过的内容在缓冲器中存放一个副本，当该内容下次被访问时，不必立即连接到网站，而是由缓存器中保留的副本提供。缓存器是存取数据库查询结果或任何临时对象的内部快速存储器。

海量数据报表缓存技术可以处理报表的副本，并在用户打开此报表时返回该副本。对于用户来说，可指示报表为缓存副本的唯一证据是报表的运行日期和时间。如果日期或时间不是当前的日期或时间，并且报表不是快照形式，可以说明该报表是从缓存器中检索而来的。在报表很大或需要频繁访问的情况下，缓存报表可以缩短检索该报表所需的时间，报表缓存保存在关系型数据库中，具有不易失性。

报表缓存会根据原始数据抽取的变化有选择地清除缓存内容，保证原始数据发生变化。

（五）面向支持决策的数据仓库技术

数据仓库主要功能是将组织透过资讯系统的联机交易处理（on-line transaction processing，OLTP）经年累月所累积的大量资料，透过数据仓库理论所特有的资料储存架构，进行系统地分析整理，以利各种分析方法如线上分析处理（on-line analytical processing，OLAP）、数据挖掘（data mining）的进行，并进而支持如决策支持系统（decision support system，DSS）的创建，帮助决策者能快速有效地自大量资料中分析出有价值的资讯，以利决策拟定及快速回应外在环境变动，帮助建构商业智能（business intelligence，BI）。

数据仓库（data warehouse）是一个面向主题的（subject oriented）、集成的（integrated）、相对稳定的（non-volatile）、反映历史变化的（time variant）数据集合，用于支持管理决策（decision making support）。数据仓库是在数据库已经大量存在的情况下，为了进一步挖掘数据资源、为了决策需要而产生的，它并不是所谓的“大型数据库”。

1. 面向主题

操作型数据库的数据组织面向事务处理任务，各个业务系统之间各自分离，而数据仓库中的数据是按照一定的主题域进行组织的。主题是与传统数据库的面向应用相对应的，是一个抽象概念，是在较高层次上将信息系统中的数据综合、归类并进行分析利用的抽象。每一个主题对应一个宏观的分析领域。数据仓库排除对于决策无用的数据，提供特定主题的简明视图。

2. 集成

数据仓库中的数据是在对原有分散的数据库数据抽取、清理的基础上，经过系统加工、汇总和整理得到的，必须消除源数据中的不一致性，以保证数据仓库内的信息是关于整个环保业务一致的全系统信息。

3. 相对稳定

数据仓库的数据主要供决策分析之用，所涉及的数据操作主要是数据查询。一旦某个数据进入数据仓库以后，一般情况下将被长期保留，也就是数据仓库中一般有大量的查询操作，但修改和删除操作很少，通常只需要定期地加载、刷新。

4. 反映历史变化

数据仓库中的数据通常包含历史信息，系统记录了从过去某一时点（如开始应用数据仓库的时点）到目前的各个阶段的信息。通过这些信息，可以对单位的发展历程和未来趋势做出定量分析和预测。

环境资源信息数据仓库系统的开发和建立不仅便于从众多复杂的数据中及

时、方便地获取有价值的信息，同时也便于专业分析人员快速、准确地进行信息处理和预测分析，对于促进我国国民经济信息的持续、快速、健康发展具有重要的战略意义。

第四节　发展展望

当前，我国环境保护信息化建设进入了新的发展阶段，党中央、国务院高度重视环境保护工作，明确提出“要实现数字环保，实现信息资源的共享机制”。经过“十一五”期间的建设，我国在环保信息化方面取得了一定的成绩，基础网络与信息系统软硬件基础环境得到了一定程度的提高，环境保护部根据自身业务需要建立了一系列环境保护业务系统和相关数据库，实现了对环保基础数据与业务数据资源的初步开发利用，形成了对环保业务的基础保障与支撑。

虽然国家环境信息能力建设取得了一定的成绩，但与当前社会经济发展的需求以及“十二五”污染减排总体要求相比，还有很大差距，主要体现在环境信息资源缺乏统一的整合，信息共享水平较低，系统建设缺乏有效的集成，应用系统运行效率较低，没有形成整体的信息服务能力，无法实现环境信息的全面资源化。在信息化建设过程中，由于没有考虑到建设的整体性，缺乏统一的数据接口，各部门各自为政的建设方式导致形成了诸多“信息孤岛”。

因此，目前亟待对环保信息资源进行科学合理的规划，通过信息资源的系统性优化与共享，保证环境信息资源的一致性、正确性和唯一性，有效避免信息资源的分散性、重复性建设所导致的资源浪费。随着国家环境保护“十二五”污染减排等各项工作的不断深入，环境信息资源建设方面的矛盾愈发突出，环境保护各项业务对环境信息资源的整合与优化提出了迫切的要求。

与此同时，在环境保护领域应用大数据技术可以视作是建立创意与实用兼具的环境治理模式的崭新开始。借助大数据采集技术，我们将收集到大量关于各项环境质量指标的信息，通过传输到中心数据库进行数据分析，直接指导下一步环境治理方案的制订，并实时监测环境治理效果，动态更新治理方案。通过数据开放，将实用的环境治理数据和案例以极富创意的方式传播给公众，通过一种鼓励社会参与的模式提升环境保护的效果与效率。未来基于“大数据”理念，开展环境数据资源中心建设将成为重要的发展趋势。

第六章 智慧环保空间信息共享服务平台

目前，GIS 已成为信息基础设施建设的支柱产业之一。到目前为止，我国基础空间数据库建设与应用已取得了长足的发展，相当多的地区已经完成了不同比例尺的地形图、影像、三维、地名等数据建库工作。然而受到技术和其他因素的影响，GIS 系统之间彼此孤立和隔离，大量投入生产的海量数据得不到充分应用。不同系统采用不同的数据源和不同的数据格式，各数据生产单位之间互相保密，使得各个 GIS 系统的数据成为“信息孤岛”，数据难以共享和利用。同时，地理信息数据量不断膨胀，海量空间信息对数据管理、数据处理等都提出了更高要求。因此，实现空间数据共享，充分有效地利用已有的数据资源，对国民经济和社会发展具有重要的意义。

本章围绕环境空间信息共享服务平台构建，重点对相关术语、框架体系、关键问题、研究进展进行阐述，并提出未来发展方向。同时，地图作为环境空间数据直观表达的载体，对推动环境空间信息共享、提升环境信息服务具有重要作用，也是地理信息产业发展的重要方向，受到各界人士的关注，因此也将对智慧地图发展做启示性介绍。

第一节 空间信息共享服务平台概述

空间信息共享的含义极为丰富，它包含了许多方面。从实现技术上讲，GIS 空间数据共享存在下列技术途径：第一，数据转换，包括有语义约束的数据格式转换和没有语义约束的数据格式转换；第二，基于元数据的 GIS 网络查询和应用，指在网络环境下在元数据的支持下对地理数据的查询、下载和应用；第三，GIS 互操作，以消息机制为实现基础的数据共享行为，共享的不但是数据，还包括处理资源。

空间数据共享的核心模块是空间数据管理。最初 GIS 数据管理是以文件管理的方式，所有的数据都存储在自行定义的数据结构与操纵工具的文件中。这种方式不利于空间数据管理和共享，已经被初步淘汰。

现在的 GIS 软件采用空间和属性数据分开管理的方式（或称混合型数据管理方式），即空间数据以专门的文件方式存储，并由专门的空间数据管理软件处理，属性数据则由关系数据库管理系统（relational database management system，RDBMS）来管理。这种分离管理方式不利于空间数据的整体管理，容易破坏数据的一致性，查询速度慢，限制了 GIS 的开放性和互操作性，不能保证数据的共享和并行处理，不支持 CS 结构。但这种数据管理方式是一种目前比较成熟的对空间数据进行管理的方式，是绝大多数商用 GIS 软件管理空间数据所采用的方式，已经得到广泛的应用。

随着大型关系型数据库技术的发展和日益完善，其应用也日渐普及，如何充分利用大型关系型数据库管理系统已有的技术优势和强大的数据管理工具去管理复杂的 GIS 系统数据，已经成为 GIS 界关注的焦点。Oracle 公司在 Oracle 9i 以上的版本中提供了空间数据选件（oracle spatial data option）。ESRI 公司的空间数据引擎（spatial database engine，SDE）是一套完整的空间数据库解决方案，SDE 在 GIS 用户和有组织的空间数据之间提供一个开放的界面，空间数据可以存储在关系型数据库中或一系列文件中。随着面向对象的技术的发展，产生了面向对象数据库（object-oriented database，OODB）以及面向对象的数据模型。结合关系型和面向对象型，开发对象—关系模型管理是研究 GIS 数据管理方式的必然趋势。

但是海量的空间和非空间数据存储于大型的空间数据库中，在一定程度上已经超过了人们处理数据的能力。随着分布式数据库管理系统的商品化，分布式数据库系统的应用会越来越广泛。在这种情况下，空间数据管理正在由集中式存储管理向分布式存储管理转变。国内学者提出了分布式空间数据管理存储和管理的思想，并对分布式空间数据管理的一系列技术问题进行了探讨。另外，新的需求推动了 GIS 从操作型信息系统向分析型信息系统过渡。空间数据仓库技术为 GIS 组织、海量数据存储提供了新的思路。20 世纪 90 年代以来，许多发达国家积极开展数据仓库技术、数据挖掘技术和空间信息处理技术的基础理论研究和应用研究。进入 20 世纪 90 年代中期以后，更进一步强调了空间数据仓库、空间数据联机分析和空间数据挖掘的研究。目前，空间数据仓库已成为国外 GIS 界研究的热点，并已经被应用到多个项目，如美国的 EOSDIS、澳大利亚的土地管理系统等。国内众多学者从技术、构建策略等领域对空间数据仓库进行了探讨，并建立了相应的应用系统。

总之，GIS 是集图形、图像、属性等多种数据源于一体的空间信息管理系统。虽然国内外众多学者和科研机构对空间数据管理的新方法和新技术进行了大量、深入的研究，但是绝大多数还处于实验阶段，离实际应用还有相当大的差距，有待于进一步研究。目前应用最广泛的仍然是混合型的空间数据管理方式。

（一）相关术语与定义

1. 地理信息系统

地理信息系统（geographic information system，GIS）是以地理空间数据库为基础，在计算机软件的支持下，对空间相关数据进行采集、管理、操作、分析、模拟和显示，并采用地理模型分析方法，适时提供多种空间和动态的地理信息，为地理研究和地理决策服务而建立起来的计算机技术系统。

2. 空间共享服务平台

空间共享服务平台是指通过计算机网络系统将所有与地理空间位置有关的、经济社会发展所需的信息资源按统一标准进行信息数据集成、整合，并在政策、法规的框架下进行信息数据交换、共享和提供公共服务。

3. 智慧地图

“智慧地图”是以多维时空 GIS 平台为基础，以多源、多尺度、多时空、多结构的要素图层数据整合为灵魂，融合了云计算、物联网、实时数据采集、模型技术、数据分析、三维仿真等前沿技术，实现对空间数据应用的深层次挖掘，为国情监测、农业估产、森林防火、环境保护、防汛抗旱、城市规划、电信/电力设施建设、城市管理等行业应用和公众信息提供可视化的决策支持和信息服务。“智慧地图”一方面关注地图本身的实时更新和行业应用，另一方面关注挖掘空间信息的生命价值，从而为行业和公众提供更加智慧的解决方案和服务。

（二）目标定位

环境空间共享服务平台以资源共享和方便应用为建设目标，通过建立环境空

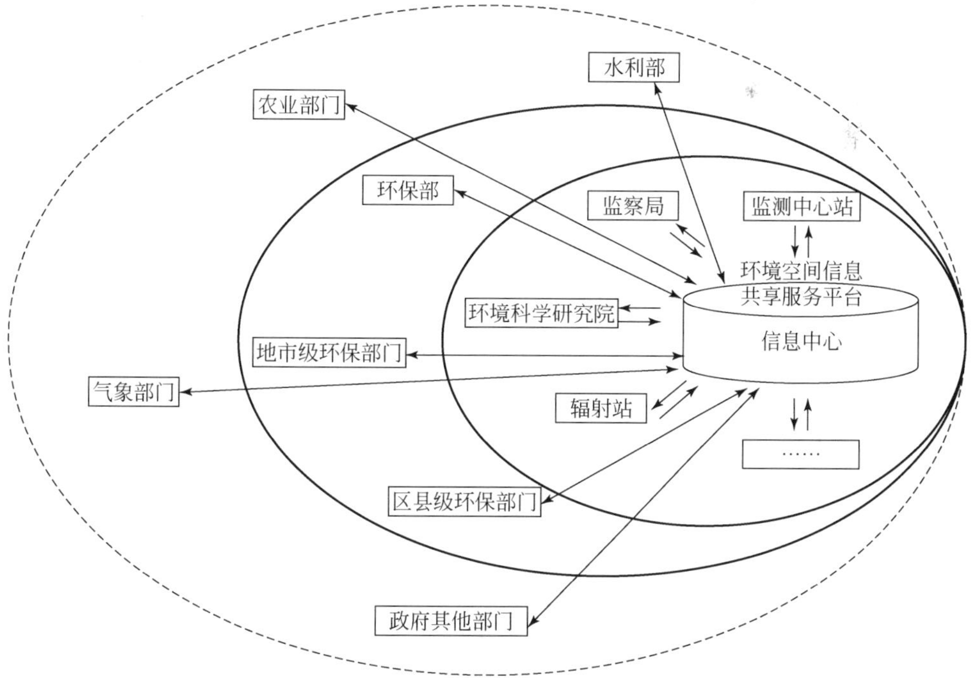

图 6-1　环境空间信息服务目标示意图

间信息数据采集分工和交换机制，充分挖掘和开发利用空间信息资源，形成标准统一、内容丰富、形式多样的环境空间信息数据和数据库群，在保证安全的前提下，导航、连接、访问、交换、集成、整合、共享相关部门、单位和行业的环境空间信息资源，促进环境空间信息资源的互联互通、交换共享和开发利用，为政府部门、企事业单位、社会公众提供环境空间信息服务。

（三）平台构成与总体框架

空间信息共享服务平台构建主要由以下几部分组成。

1. 软硬件基础设施

软硬件基础设施包括基础网络建设、基础硬件和基础软件平台建设、存储备份系统建设、安全保障系统建设等的内容（图6-2）。

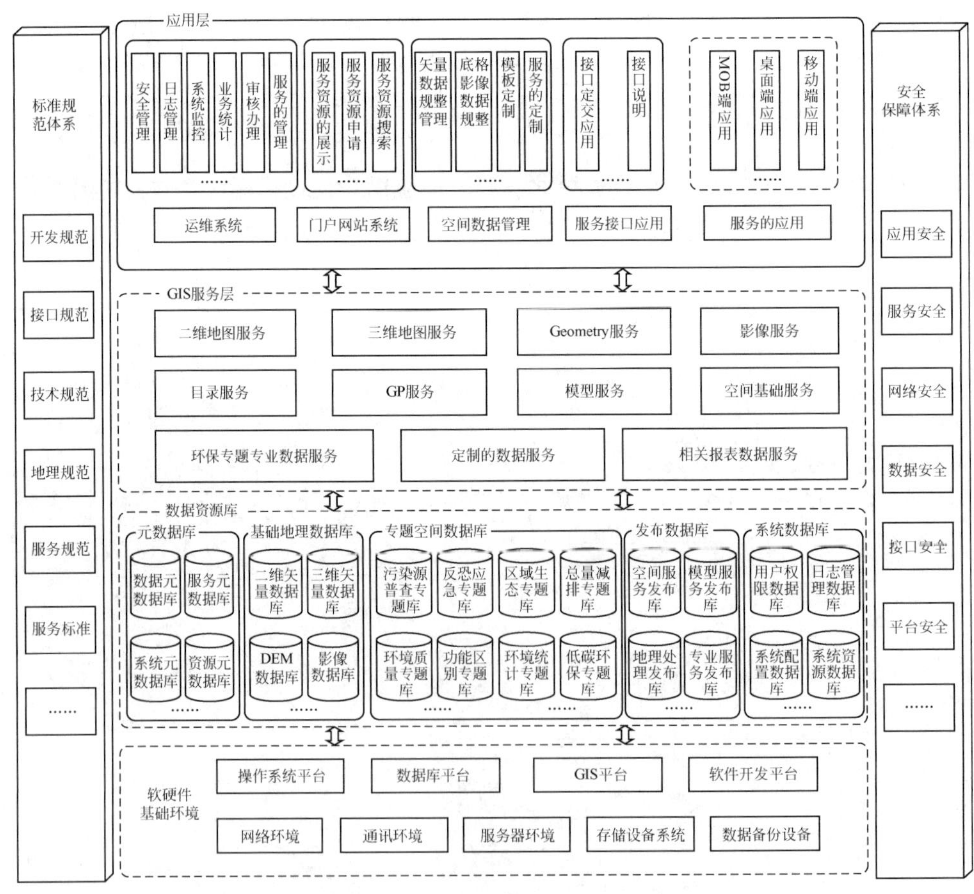

图6-2 环境空间信息服务平台总体架构

2. 地理空间信息资源数据库

地理空间信息资源数据库包括元数据库、基础地理数据库、专题空间数据库、发布数据库和系统数据库。

3. 地理空间信息资源应用服务系统

地理空间信息资源应用服务系统包括运维系统、门户网站系统、空间数据管理、服务接口应用以及桌面端、移动端与 WEB 端的应用系统。

4. 地理空间信息资源交换共享和开发应用支撑体系

地理空间信息资源交换共享和开发应用支撑体系包括运维管理体系、安全支撑体系和标准规范体系三个方面。

第二节　关键技术问题

（一）多源空间数据交换问题

当前环保部门的空间数据来源丰富，包括遥感影像、测绘、规划图集、地面监测等，存在多类型多版本的数据问题，如常用格式的 *. dwg、*. shp、*. mif、*. vct、*. gml 等，如何保证数据无损、实时、快速地进行转换、数据质量是否符合标准规范以及数据抽取、清洗、交换规则、任务的有效性控制等是环境空间数据共享与服务的关键问题之一。

（二）地理空间信息的安全问题

地理空间信息共享平台面向的用户不仅是政府工作人员，服务的对象还包括企业、公众，虽然对发布的数据都已经经过加工处理，但是针对高精度的控制信息、重要单位的定位和属性信息等，在公众其进行标注时，如何审核、如何自动过滤、如何对其进行保密也是需要解决的问题。

（三）环境空间数据更新问题

环境空间信息共享服务平台涉及环保各个职能部门，数据建设的原则是“共建共享”，但是如何调动各参与单位的积极性，保证数据能够及时有效地得到更新，保证数据更新的质量，也是推动数据共享的一大难题。

第三节　未来展望

随着互联网信息服务的发展和我国信息化、现代化、城镇化进程的加快，地理信息服务越来越成为重要发展领域，既催生出规模可望达万亿元的新兴产业，也将对经济社会各行业领域的发展起到重要支撑作用。然而随着“智慧地球”概念的提出和“智慧城市”的发展，传统的空间信息显示与简单的数据存储和管理已不能满足我们对空间认知的需求，地图服务模式如何从传统地图的静态表达转为终端用户“按需索取”，从静态地图转为动态地图，如何使得地图更加智慧化为人类服务，成为当前地图行业特别是电子地图行业需求热点。而物联网、云计算等技术的兴起所引爆的第三代信息革命为现代地图学的发展带来了新的契机，“智慧地图”的概念应运而生，为现代地图学和数字地图的发展提供了一种崭新的视角。“智慧地图”是环境空间信息共享服务平台的未来发展方向。

（一）基础信息精细化

“智慧地图”需要以高度精细化、丰富化的数据作为基础支撑，对多源、多尺度、多时空、多结构的空间要素图层数据和行业数据进行梳理和整合，因此注重大量基础行业要素图层从宏观到微观，分行业、分层次、分类别的采集与更新，高度精细化的数据分类等。以水利行业为例，面向在全国水利普查的需求，进行要素图层的成果整理，水利普查办公室共梳理出与水利普查相关的要素图层500多个，这些图层将为未来水利行业智慧地图产品的生产奠定基础。

（二）分析专业化

“智慧地图”以行业应用为导向，依托先进的模型技术和智能化数据挖掘工具，将空间信息与行业应用需求相结合，进行空间数据分析应用。重视面向行业应用的专业化分析是其区别于基础地图和一般性电子地图产品的重要特征。其中，专业的模型技术和面向行业应用的海量数据挖掘技术是确保分析专业化重要技术支撑。

（三）决策综合化

一方面智慧地图的应用具有精于行业的分析专业化特征；另一方面，由于智慧地图具有丰富的基础要素图层数据基础，这些要素图层涵盖了多个行业，可实现多领域数据的综合性分析，为跨行业的综合性决策提供支撑。例如，对经济、社会的要素信息与环境信息综合分析，将有助于解释环境问题与社会经济发展之间的关系；全球气候变化与生态格局演变信息的综合分析，将有助于理解气候变化的深刻影响。

第七章　智慧环保业务应用平台工程建设

第一节　环境管理业务应用概述

一、环境管理部门职责概述

（一）环境保护部职责

1）负责建立健全环境保护基本制度

拟订并组织实施国家环境保护政策、规划，起草法律法规草案，制定部门规章。组织编制环境功能区划，组织制定各类环境保护标准、基准和技术规范，组织拟订并监督实施重点区域、流域污染防治规划和饮用水水源地环境保护规划，按国家要求会同有关部门拟订重点海域污染防治规划，参与制订国家主体功能区划。

2）负责重大环境问题的统筹协调和监督管理

牵头协调重特大环境污染事故和生态破坏事件的调查处理，指导协调地方政府重特大突发环境事件的应急、预警工作，协调解决有关跨区域环境污染纠纷，统筹协调国家重点流域、区域、海域污染防治工作，指导、协调和监督海洋环境保护工作。

3）承担落实国家减排目标的责任

组织制定主要污染物排放总量控制和排污许可证制度并监督实施，提出实施总量控制的污染物名称和控制指标，督查、督办、核查各地污染物减排任务完成情况，实施环境保护目标责任制、总量减排考核并公布考核结果。

4）负责提出环境保护领域固定资产投资规模和方向、国家财政性资金安排的意见

按国务院规定权限，审批、核准国家规划内和年度计划规模内固定资产投资项目，并配合有关部门做好组织实施和监督工作。参与指导和推动循环经济和环保产业发展，参与应对气候变化工作。

5）承担从源头上预防、控制环境污染和环境破坏的责任

受国务院委托对重大经济和技术政策、发展规划以及重大经济开发计划进行

环境影响评价，对涉及环境保护的法律法规草案提出有关环境影响方面的意见，按国家规定审批重大开发建设区域、项目环境影响评价文件。

6）负责环境污染防治的监督管理

制定水体、大气、土壤、噪声、光、恶臭、固体废物、化学品、机动车等的污染防治管理制度并组织实施，会同有关部门监督管理饮用水水源地环境保护工作，组织指导城镇和农村的环境综合整治工作。

7）指导、协调、监督生态保护工作

拟订生态保护规划，组织评估生态环境质量状况，监督对生态环境有影响的自然资源开发利用活动、重要生态环境建设和生态破坏恢复工作。指导、协调、监督各种类型的自然保护区、风景名胜区、森林公园的环境保护工作，协调和监督野生动植物保护、湿地环境保护、荒漠化防治工作。协调指导农村生态环境保护，监督生物技术环境安全，牵头生物物种（含遗传资源）工作，组织协调生物多样性保护。

8）负责核安全和辐射安全的监督管理

拟订有关政策、规划、标准，参与核事故应急处理，负责辐射环境事故应急处理工作。监督管理核设施安全、放射源安全，监督管理核设施、核技术应用、电磁辐射、伴有放射性矿产资源开发利用中的污染防治。对核材料的管制和民用核安全设备的设计、制造、安装和无损检验活动实施监督管理。

9）负责环境监测和信息发布

制定环境监测制度和规范，组织实施环境质量监测和污染源监督性监测。组织对环境质量状况进行调查评估、预测预警，组织建设和管理国家环境监测网和全国环境信息网，建立和实行环境质量公告制度，统一发布国家环境综合性报告和重大环境信息。

10）开展环境保护科技工作

组织环境保护重大科学研究和技术工程示范，推动环境技术管理体系建设。

11）开展环境保护国际合作交流

研究提出国际环境合作中有关问题的建议，组织协调有关环境保护国际条约的履约工作，参与处理涉外环境保护事务。

12）组织、指导和协调环境保护宣传教育工作

制定并组织实施环境保护宣传教育纲要，开展生态文明建设和环境友好型社会建设的有关宣传教育工作，推动社会公众和社会组织参与环境保护。

（二）省级环境保护厅职责

根据法律的有关规定，省政府确定环保厅主要职责如下。

1）总体职责

贯彻执行国家和省有关环境保护的方针政策和法律法规，起草环境保护地方性法规、规章草案，拟订并监督实施本省环境保护标准，组织编制环境功能区划，拟订全省环境保护规划，组织拟订并监督实施重点区域、流域污染防治规划和饮用水水源地环境保护规划，会同有关部门拟订重点海域污染防治规划，参与制订省主体功能区划。

2）负责重大环境问题的统筹协调和监督管理

牵头协调重大环境污染事故、生态破坏事件的调查处理和重点区域、流域、海域环境污染防治工作，指导协调全省重大突发环境事件的应急、预警工作，协调解决跨区域环境污染纠纷，指导、协调和监督海洋环境保护工作。

3）承担落实全省污染减排目标的责任

组织制定主要污染物排放总量控制制度并监督实施，提出实施总量控制的指标，督查、督办、核查各地污染物减排任务的完成情况，牵头实施环境保护目标责任制、总量减排考核并公布考核结果。

4）承担从源头上预防、控制环境污染和环境破坏的责任

受省人民政府委托对重大经济和技术政策、发展规划以及重大经济开发计划进行环境影响评价，对涉及环境保护的法规草案提出有关环境影响方面的建议，按管理权限审批开发建设区域、项目环境影响评价文件，负责建设项目竣工环境保护验收。

5）负责环境污染防治的监督管理

制定水体、大气、土壤、噪声、光、恶臭、固体废物、化学品、机动车等的污染防治管理制度并组织实施，会同有关部门监督管理饮用水水源地环境保护工作，组织指导城镇和农村的环境综合整治工作，牵头组织强制性清洁生产审核工作，负责环境监察和环境保护行政稽查，组织实施排污申报登记、排污许可证、重点污染源环境保护信用管理等各项环境管理制度。

6）指导、协调、监督生态保护工作

拟订生态保护规划，组织评估生态环境质量状况，监督对生态环境有影响的自然资源开发利用活动、重要生态环境建设和生态破坏恢复工作，指导、协调、监督各种类型的自然保护区、风景名胜区、森林公园的环境保护工作，协调和监督野生动植物保护、湿地环境保护工作，负责全省自然保护区的综合管理，指导、协调全省农村生态环境保护和生态示范区建设，监督生物技术环境安全，牵头组织生物物种（含遗传资源）资源保护工作，组织协调生物多样性保护。

7）负责民用核与辐射环境安全的监督管理

协助国家监督管理核设施安全，参与民用核事故应急处理，负责辐射环境事

故应急处理，监督管理民用核设施、核技术应用、电磁辐射、伴有放射性矿产资源开发利用中的污染防治，参与反生化、反核和辐射恐怖袭击工作。

8）负责环境监测和发布环境状况公报、重大环境信息

组织对全省环境质量监测和污染源监督性监测，组织对环境质量状况进行调查评估、预测预警，组织建设和管理本省环境监测网和环境信息网。

9）开展环境保护科技工作

组织环境保护重大科学研究和技术工程示范，参与指导和推动环境保护产业发展。

10）开展国际交流合作

开展与港澳台地区及其他国家（地区）环境保护方面的交流与合作，协调本省有关环境保护对外合作项目。

11）组织、指导和协调环境保护宣传教育工作

制定并组织实施环境保护宣传教育纲要，开展生态文明建设和环境友好型社会建设的有关宣传教育工作，推动社会公众和社会组织参与环境保护。

（三）环境保护局职责

1）总体职责

贯彻执行国家、省、市有关环境保护的方针政策、法律、法规和标准；起草有关地方性法规、规章草案；负责编制环境功能区划，拟订全市环境保护规划并组织实施。

2）负责环境污染防治的监督管理

监督管理水体、土壤、大气、噪声、固体废物、机动车等环境污染防治工作；负责协调组织重大环境突发污染事件应急工作，调查处理重大环境污染和生态破坏事故，协调和监督海洋环境保护工作。

3）承担落实全市污染减排目标的责任

制定并组织实施污染物排放总量控制计划；统筹管理全市污染物排放总量控制指标；核发重点企业污染物排放许可证；监督各区、县级市和有关单位落实减排任务。组织、指导并协调排污费的征收、管理和使用，会同有关部门编制环境保护专项资金预算，并组织实施。

4）承担从源头上预防、控制环境污染和环境破坏的责任

受市政府委托组织对重大经济和技术政策进行环境影响评价；按管理权限审查综合性规划和专项规划的环境影响评价文件，审批建设项目的环境影响评价文件；监督建设项目实施污染防治“三同时”制度。

5）指导、协调、监督生态环境保护工作

监督对生态环境有影响的自然资源开发利用活动、重要生态环境建设和生态破坏恢复工作；参与生物多样性保护，组织开展对生态功能保护区、自然保护区、风景名胜区、森林公园及湿地的环境保护工作；指导、协调、监督农村生态环境保护和生态示范区建设；牵头组织开展强制性清洁生产审核工作。

6）指导区、县级市环境保护工作

受市政府委托制定年度环境保护目标，并协调、指导区、县级市和有关部门组织实施。

7）负责民用核与辐射环境安全的监督管理

负责民用核技术应用与辐射环境安全的监督管理和污染防治工作，协调辐射环境事故应急处理。

8）负责环境监察、监测、统计等工作

组织建设和管理环境监测网及信息系统；组织环境质量指数预测预报，组织编制环境质量报告书，发布环境状况公报和重大环境信息。

9）组织开展环境保护科学技术研究

推广环保应用技术示范工程，组织对外环保科技与经济合作交流。

10）负责环境监察和环境保护行政稽查

组织实施排污申报登记、排污收费等各项环境管理制度。

二、环境管理信息化建设概述

（一）环境信息化建设现状

按照国家信息化工作总体部署，经过各级环保部门多年的共同努力，环境保护信息化工作取得了明显进展，形成了一定的工作能力，主要体现在以下几个方面。

1）环境信息管理体系及相关规章制度初步建立

经过多年的发展和投入，目前已经初步建立国家、省、市三级环境信息管理机构，形成了以环境保护部信息中心为网络中枢、以省级环境信息中心为网络骨干、以城市环境信息中心为网络基础的体系结构。各级环境信息中心初步具备了开展环境信息化工作的基础能力和基础设备。

各级环境信息中心制定了一系列规章制度和标准规范。原国家环保总局发布了《环境信息化“九五”规划和2010年远景目标》、《国家环境信息“十五”指导意见》、《环境信息管理方法》、《环境信息标准化手册》等一系列文件和标准规范。各省、市环境信息中心出台了《机构规范化建设实施方案》、《信息收集共享管理办法》、《局域网络管理办法》、《机房管理制度》等规章制度。自2007

年起国家陆续推出了一系列信息基础规范，如：环境污染源自动监控信息传输、交换技术规范（HJ/T 352—2007）、环境信息术语（HJ/T 416—2007）、环境信息分类与代码（HJ/T 417—2007）、环境信息系统集成技术规范（HJ/T 418—2007）和环境数据库设计与运行管理规范（HJ/T 419—2007）等。这些规章制度和标准规范促进了环境信息化工作规范化、制度化。

2）网络建设初具规模

2000 年建成了原环保总局卫星通信专用网络系统，网络覆盖原环保总局、省级环保局、重点城市环保局以及国控水质监测点，实现了电子公文远程传输和水质监测数据网络传输，成为“十五”期间环保系统重要的基础网络。

2004 年对原国家环保总局机关大楼进行了智能化综合布线，构建了千兆局域网平台，实行内外网物理隔离，从根本上改善了机关的基础网络条件。同年完成了电子政务综合平台项目建设，建立了基于机关内网平台，集办公自动化、环境业务管理、数据交换与共享、信息发布和服务于一体的电子政务平台，极大地提高了机关办公效率和质量，该平台被评为电子政务典型应用系统。

2005 年建成了原国家环保总局电子政务外网和视频会议系统，覆盖环境保护部、全国 31 个省（区、市）环保厅局、新疆舌根年产建设兵团环保局和 5 个计划单列市环保局，初步实现了环境保护部与省级环保厅局之间快速、安全的 IP 广域网络互联和视频会议。全国 31 个省（区、市）环保厅局以及大部分地市环保局以建成局域网。

3）环保业务信息化逐步推进

通过办公自动化提升业务信息化基础能力，环境保护部办公自动化系统已经运行多年，机关的公文流转、政务信息、政务督办等主要办公业务实现了信息化；25 个省级环保局建立了办公自动化系统，实现了主要办公业务的计算机网络处理；120 个环境保护重点城市建设了基于局域网络的办公自动化系统。

通过信息化转向提高业务信息化水平，“十五”期间，国家通过多种渠道加大环境信息化项目资金投入，不断提高环境业务信息化水平。2001 年完成了省级环境信息网络系统改造建设项目，覆盖天津、河北等 25 个省（区、市）环保局，建成了集环境管理 OA、MIS、GIS、多媒体等国家信息应用和辅助决策功能于一体的综合环境信息系统，满足了省级环保局环境管理和决策基本需求。2001 年完成了城市及环境信息系统建设项目，项目建设覆盖南京、赤峰等 23 个城市化保局，项目以城市环境管理 OA 和 MIS 为核心，通过 Web 应用、GIS 应用、多媒体应用和信息资源共享等，为城市环保局环境管理与决策提供多方位的环境信息技术支持与服务。

通过三级联动项目推动业务信息化能力建设，随着环境保护工作的深入开展，国家、省、市三级正在逐步建立各类环保业务应用系统。环境监察信息系统覆盖了国家、省、市三级相关的环境监察部门；环境保护建设项目管理系统将由国家级系统逐步扩展到省、市、县三级环保管理部门；排污费征收管理系统并在全国联网，将应用于排污申报登记、排污量核定、排污费征收等日常环监监管业务中；生物安全信息系统初步建成。部分省市的环境保护部门根据工作需要，建设了一批覆盖本地区的环境保护业务应用系统。

4）信息资源初成体系

环保部门针对不同业务建立了一系列环境信息数据库，初步形成环境信息资源体系。城市环境质量、生态环境质量、重点污染源、主要流域湖泊水环境质量、环境遥感等方面建立了部分国家级环境信息数据库。不同省市建设了环境质量、污染源等环境信息数据库。我国环保专项行动信息管理系统建立了全国重点环境污染问题数据库和环境违法企业数据库，建设项目竣工验收管理平台形成了全国建设项目“三同时”数据资源等。

5）基础软硬件配备得到加强

“十五”期间环保部门通过多种途径，完善基础设施建设，提高信息化软硬件水平。2002 年完成了日本政府无偿援助 100 个城市环境信息网络建设项目，建立了 100 个城市环保局信息中心，配置了计算机、网络设备和管理基础应用软件，为加强城市环保局信息基础能力奠定了基础。

6）环境信息化队伍从无到有

为适应环境信息化发展需要，环保部门在人员紧张的情况下安排开展信息化工作，环境信息中心信息化项目培养锻炼人，初步建立了一支思想水平高、业务能力强、富有活力与创造性的环境信息化人才队伍，为环境信息化工作的开展提供了必备的人员支撑。

（二）环境管理业务应用建设

按照国家环境保护的核心业务需求，业务应用系统的建设主要包括环境政务管理信息系统、环境质量监测管理、污染源管理、生态保护管理、核与辐射安全管理、环境应急管理六大业务应用系统。

环境政务管理信息系统是基于互联网技术结合环境政务办公、规划财务、政策法规、科技标准、国际合作、宣传教育等业务以及政务公开的实际需求，面向环境管理部门机关内部，其他政府机构，企业以及社会公众的信息服务和信息处理系统。

环境质量检测管理信息系统是对全国空气、地表水、近岸海域等环境质量进行检测的信息系统，通过准确的数据采集和及时传输，科学、全面、及时地反映环境质量状况和变化趋势。

污染源管理信息系统是以环境污染物减排、全国污染源普查、环境统计、污染防治、环境影响评价、环境监察与执法监督等为重点的污染源监控与管理业务信息系统，对国控重点污染源安装自动监控设备，建立国家、省、市三级监控中心，实时监控排污状况；完善环境统计的信息化手段；加强和提高规划及项目环境影响评价的业务信息化能力。

生态保护管理信息系统是对通过综合信息管理平台对重点生态功能保护区、自然保护区、生物多样性、物种资源等的保护和管理。

核与辐射安全管理信息系统是通过信息综合管理平台对国控辐射和核设施实时流出物进行自动监测的信息系统；通过动态监控、及时预警、准确计量，实施联网监控管理，实时监控国控辐射和核设施实时流出物状况。

环境应急管理信息系统是通过信息综合管理平台对水、气环境突发事件、核污染与辐射实施应急监测。

第二节　业务应用平台建设目标与内容

一、业务应用平台建设目标

业务应用系统处于应用平台之上，建设内容主要围绕几大类核心业务展开，主要是：环境质量监测管理信息系统、污染源管理信息系统、生态保护管理信息系统、核与辐射安全管理信息系统、环境应急管理信息系统、环境政务管理业务系统。业务应用平台建设的统一要求将遵循以下要求：

（1）业务应用系统依托于环境保护电子政务专网之上，并满足该网络接入的相关标准。

（2）当业务应用系统需要使用数据集成较好、用户身份认证、环境地理信息系统、工作流集成等功能时，将统一使用智慧环保应用支撑平台提供的功能，同时业务应用系统需要遵循应用支撑平台的接口调用要求。

（3）业务应用系统的数据信息将统一存储在信息资源共享平台，业务应用系统将统一从信息资源共享平台中去获取、查看数据信息，而信息资源共享平台又可以为业务应用系统提供数据共享服务，并为服务平台提供基础数据支撑。

具体建设目标如下：

（1）环境质量监测管理信息系统。根据国家环境监测工作的总体规划，结合环境监测业务管理的实际需求，重点建设以环境质量检测管理、生态监测管理、污染源监测管理、环境监测数据分析为重点的环境监测业务子系统，为环境管理和决策提供数据支持。

（2）污染源管理信息系统。污染监控管理信息系统建设的主要工作任务包括：根据国家污染控制、环境监理和环境评价工作的总体规划，结合污染源管理、环境监理、总量控制和建设项目管理等业务的实际需求，重点建设以环境污染物减排、全国污染源普查、环境统计、污染防治、环境影响评价、环境监察与执法监督等为重点的环境监控业务子系统，为环境管理和决策提供数据支持。

（3）生态保护管理信息系统。生态保护管理信息系统建设的主要工作任务包括：根据国家生态保护工作的总体规划，结合农村生态、区域生态、自然保护区、生物多样性和生物安全等业务的实际需求，重点建设以生态功能保护区、土壤污染防治、自然保护区管理、生物多样性保护和管理、生物物种资源管理、生物安全和农村环境质量评价、农业生产环境监管为重点的生态保护业务子系统，为环境管理和决策提供数据支持。

（4）核与辐射安全管理信息系统。核与辐射安全管理信息系统建设在环境信息化建设的主要工作任务包括：根据核与辐射安全工作的总体规划，结合核安全管理、辐射管理业务的实际需求，重点建设以核设施安全监管、辐射环境管理为重点的核与辐射安全管理业务子系统，为环境管理和决策提供数据支持。

（5）环境应急管理信息系统。环境应急管理信息系统建设在环境信息化建设的主要工作任务包括：根据环保部“处置化学与核恐怖袭击事件应急项目规划”总体要求，结合反恐应急管理业务的实际需求，重点建设以环境应急监控预警、环境应急决策支持、环境应急指挥调度、环境应急现场处置和环境应急后评估为重点的环境应急管理业务子系统，为环境应急管理和决策提供数据支持。

（6）环境政务管理信息系统。环境政务管理信息系统在环境信息化建设的主要工作任务包括：根据国家环境政务工作的总体要求，结合环境政务办公、规划财务、政策法规、科技标准、国际合作、宣传教育等业务以及政务公开的实际需求，重点建设以环境政务办公、规划财务、政策法规、科技标准、国际合作、宣传教育为重点的环境政务管理业务子系统，为环境管理和决策提供数据支持。

（7）环境遥感信息系统。环境遥感信息系统的主要任务是搭建环境遥感信息共享服务平台，建设环境卫星遥感监测管理信息系统。通过环境要感谢信共享服务平台建设全面提升环保部的信息化水平，为建设先进的环境监测预警体系奠定必要的基础。通过环境卫星遥感监测管理信息系统建设为环境管理和决策提供技术及数据支持。

二、业务应用平台建设内容

（一）环境监测管理信息化建设

环境监测管理系统建设内容由环境质量监测管理信息系统、污染源监测管理信息系统、生态监测管理信息系统、环境监测数据综合分析系统等业务子系统组成。

1）环境质量监测管理信息系统

环境质量监测管理信息系统的目标是：通过信息化手段，动态掌握全国环境质量状况及其变化，及时、准确、全面地控制全面、重点区域（流域、海域）环境质量和生态状况及其变化趋势，全面提升环境质量监测管理水平，为环境质量检测管理和决策提供支持。

环境质量监测管理信息系统建设主要内容是：通过对各级环境质量监测点采集到各类环境质量检测数据进行动态采集和汇总，在各级环保局建立环境质量监测数据库；建立环境质量数据的动态采集和汇总统计系统，为各级环境管理部门开展环境管理工作提供支持；建立环境质量数据分析加工系统，对环境质量监测和社会公众提供环境质量监测数据服务。

根据环境要素的分类，完善建设的环境质量监测管理信息系统，应包含大气、地表水、噪声、饮用水源、土壤、酸沉降、近岸海域、沙尘暴等监测管理子系统，以实现对上述环境要素质量数据的管理、动态查询、图形显示、分级汇总、统计分析等功能。

2）污染源监测管理信息系统

污染源监测管理信息系统的目标是：通过信息化手段，动态掌握全国污染源状况，全面地控制重点区域的污染源及其变化趋势，提升污染源监测管理水平，为污染源监测管理和决策提供支持。

污染源监测管理信息系统建设主要内容是：通过对各类污染源监测数据进行动态采集和汇总，在各级环保局建立污染源检测数据库；建立污染源监测数据的动态采集和汇总统计系统，为各级环境管理部门开展污染源管理工作提供支持；建立污染源监测数据分析加工系统，对污染源监测数据进行分析和汇总，定期发布污染源监测信息，为领导决策和社会公众提供污染源监测数据服务。

3）生态监测管理信息系统

生态监测管理信息系统的目标是：通过信息化手段，动态掌握全国生态保护状况，控制重点区域的生态环境及其变化趋势，提升生态监测管理水平，为生态监测管理和决策提供支持。

生态监测管理信息系统建设主要内容是：通过对各类生态监测数据进行动态采集和汇总，在各级环保局建立生态监测数据库；建立生态检测数据的动态采集和汇总统计系统，为各级环境管理部门开展生态环境保护管理工作提供支持；建立生态监测数据分析加工系统，对生态监测数据进行分析和汇总，定期发布生态监测信息，为领导决策和社会公众提升生态监测数据服务。

4）环境监测数据综合分析系统

环境监测数据综合分析系统的目标是：通过信息化手段，全面分析我国环境监测数据，控制我国环境状况及其变化趋势，提升环境监测管理水平，为环境监测管理和决策提供支持。

环境监测数据综合分析系统建设主要内容是：通过对各类环境监测数据进行动态汇总，建设环境监测数据动态汇总统计数据库；运用信息技术手段建立环境监测数据分析加工系统，为领导决策和社会公众提供环境监测数据服务；建设环境监测数据发布系统，为环境监测管理部门定时发布环境监测数据提供信息技术支持。

（二）污染源管理信息化建设

1）环境污染物总量控制信息系统

环境污染物总量控制工作是环境保护的一项重点工作，根据工作的相关需求，开展污染物总量控制信息系统建设，是环境信息化建设的一项重要内容，环境污染物总量控制信息系统主要包括 COD、SO_2 总量控制信息系、重点污染源自动监控系统和与减排有关的环境信息与统计系统，其中与减排有关的环境信息与统计系统统一纳入环境统计信息系统建设任务中。远期考虑将氮氧化物、氨氮及 $PM_{2.5}$等污染物纳入控制信息系统建设中。

2）污染源普查信息系统

污染源普查信息系统的目标是：通过信息化手段，动态掌握全国污染源状况，全面地控制重点区域的污染源及其变化趋势，提升污染源管理水平，为污染源普查管理和决策提供支持。

污染源普查信息系统建设主要内容是：通过对各类污染源数据进行分类采集和汇总，在各级环保局建立污染源普查数据库；建立污染源普查数据的动态采集和汇总统计系统，为各级环境管理部门开展污染源普查管理工作提供支持；建立污染源普查数据分析加工系统，对污染源普查数据进行分析和汇总，发布污染源普查信息，为领导决策和社会公众提供污染源普查数据服务。

3）环境统计信息系统

环境统计系统的建设目标是：通过信息化手段，动态掌握各项环境统计数据，了解全国环境质量、污染治理和环境管理等方面的统计数据，全国提升环境监督管理水平，强化环境统计能力，为环境管理和决策提供支持。

环境统计系统建设的主要内容是：通过对各类环境统计数据进行动态采集和汇总，在各级环保局建立环境统计数据库；建立环境统计数据的动态采集和汇总统计系统，为各级环境管理部门开展环境管理工作提供支持；环境统计信息系统建设内容中，包含了已批复的国家环境信息与统计能力建设项目中环境统计业务系统建设内容。

4）污染防治信息化建设

污染防治作为新时期环境保护工作的重中之重，其中包括以保障饮用水安全和重点流域海域治理为重点的水污染防治，以区域联防联为方向的大气污染防治、以城市环境综合整治定量考核和创建国家环保模范城为主要内容的城市环境管理和以减量化、资源化、无害化为原则的固体废物管理、有毒化学品管理。

5）环境影响评价信息系统

环境影响评价信息化建设能够为建设项目环评等工作提供信息技术支持。

建设项目环评管理信息系统的建设目标是：通过信息化手段、全面、准确地掌握建设项目环境影响评价的基本情况，提高建设项目环评工作的效率，为建设项目宏观决策和公共服务提供技术支持。

建设项目环评管理信息系统建设的主要内容是：对新建、改扩建项目管理，并同各省联网实现环评审批项目信息管理；对建设项目环评业务数据的采集和汇总，建立环境影响评价项目数据库；运用信息技术手段构建环境影响评价审批与发布系统，及时发布环评信息，实现建设项目环境影响评价管理工作信息化；建立建设项目“三同时”竣工验收管理系统，为建设项目或竣工验收管理提供技术支持。

6）环境监察与执法监督信息系统

围绕环境保护中长期重点工作，以综合评估、及时预警、快速反应、科学管理为目标，以自动化、信息化为方向，建设完备的环境执法监督体系。环境执法监督信息化建设的重点领域是环境影响评价、排污申报和排污收费、危险废物管理和污染源在线监控。

污染源管理信息系统的目标是：通过信息化手段，全面、准确地掌握污染源基本情况，控制污染源的发展变化趋势，加强对排污企业的监管力度，为污染源管理的科学决策提供技术支持。

污染源管理信息系统建设主要内容是：通过统一的环境信息基础网络进行数据传输和汇总，建立包括排污费征收、环境行政处罚条件、环境监督执法及违法案件查处、“三同时”监督检查、污染源自动监控、排污申报核定、生态环境监察、环境监察机构的基本情况和能力建设等反映监察执法情况的基础数据库；运用信息技术手段建设统一的污染源管理系统，为排污申报、排污收费和环境统计三项管理工作的协同提供信息技术支持；建设污染源管理决策支持系统，为污染源管理部门提供信息技术支持。

（三）生态保护管理信息化建设

生态环境保护工作的目标是：促进人与自然和谐发展，力争使生态环境恶化趋势得到基本遏制。今后一段时期，生态环境保护信息化建设的重点领域是土壤污染防治、自然保护区管理和生物多样性管理。

1）生态功能保护区数据库和信息发布系统

生态功能保护区数据库和信息发布系统的目标是：建立生态功能保护区数据库和信息发布系统，发布生态功能保护区相关政策法律法规，发布和更新生态功能保护区相关信息，展示生态功能保护区建设最新成果，为各级政府和部门决策提供依据，为公众了解、参与和监督生态功能保护区建设和管理提供有效的信息交流平台。

生态功能保护区数据库和信息发布系统建设的主要内容是：生态功能保护区环境质量状况、生态功能保护区政策法律法规、生态功能保护区标准、技术规范、国家重点生态功能保护区名录（名称、范围、主导生态功能、面积）、生态功能保护区建设项目及监督管理。

2）土壤污染防治信息系统

土壤污染防治信息系统的目标是：通过信息化手段，全面、系统、准确地掌握全国土壤环境质量总体状况及其变化趋势，为评估土壤污染风险，确定土壤环境安全级别，制定土壤污染防治与修复对策提供基础数据支撑。

土壤污染防治信息系统建设主要内容是：通过对土壤调查数据采集和汇总，建立全国土壤环境质量数据库及其应用系统；通过土壤调查数据加工处理和综合分析，制作全国土壤环境质量专题图集，进行土壤污染风险评估，确定土壤环境安全级别；运用信息技术手段，提升土壤环境质量动态监控能力，实现土壤环境质量动态信息发布，为土壤环境保护工作提供技术支持。

3）自然保护区管理信息系统

自然保护区管理信息系统的目标是：建立我国自然保护区信息管理系统，根据保护区管理的业务需求，开发相应的系统功能，实现基于GIS的保护区空间分析功能，能够通过系统进行保护区相关数据资源的浏览、查询、统计和管理，增强对自然保护区管理业务的信息支持能力。

自然保护区管理信息系统建设主要内容是：完善我国自然保护区的基础数据库，收集整理全国自然保护区特别是国家级自然保护区的基本情况、自然环境、保护动植物以及社会经济等属性数据，全国1：25万基础地理数据，保护区功能区划图、保护区科考报告、申报书等文档数据，保护区视频、图片等多媒体数据，初步构建基于网络的自然保护区网站。

4）生物多样性管理信息系统

生物多样性管理信息系统的目标是：构建我国生物多样性信息管理系统，全面和准确反映国际国内生物多样性总体状况和发展趋势，为我国生物多样性保护和管理、制定生物多样性保护政策提供支持。

生物多样性管理信息系统建设的主要内容是：通过对生物多样性数据的采集、汇总和整理，建立基于 Web GIS 的全国生物多样性数据库及其应用系统；通过对生物多样性数据专题图集，为进一步进行相关统计和模型分析提供基础；运用现代信息技术手段，提升我国生物多样性动态监控能力，实现全国生物多样性数据和信息的动态发布，为生物多样性保护和管理提供服务。

5）全国生物物种资源数据管理系统

全国生物物种资源数据管理系统建设的目标是：构建全国生物物种资源数据管理系统，全面和准确反映全国生物物种资源总体状况和发展趋势，为我国生物物种资源保护和管理、制定生物物种资源保护政策提供支持。

全国生物物种资源数据管理系统建设的主要内容是：收集并整理国家生物物种资源调查项目文档资料成果，完成文档资料电子化和数据库管理工作，并将相关文档资料成果在部内网生物物种资源数据库平台发布。丰富部内网生物物种资源数据库平台 Web GIS 相关的服务功能，改善软硬件运行环境，承担平台运行维护工作。在部内网生物物种资源数据库平台的基础上，初步构建基于 Internet 的生物物种资源调查成果门户网站，展示国家生物物种资源调查成果。

6）农村环境质量评价信息系统

农村环境质量评价信息系统的建设目标是：在系统收集掌握全国各地农村地区环境状况基础信息（水、土、气环境状况，第一、二、三产业及生活污染物产生量、处理情况及污染情况）的基础上，对各地区的农村环境质量做出综合评价，为制定农村环境保护法规、政策，开展农村环境保护工作提供信息支持。

农村环境质量评价信息系统建设的主要内容是：通过对农村环境质量数据的采集和汇总，建设全国农村环境基础信息手机系统、农村环境质量评价系统；通过对农村环境质量数据的加工处理和综合分析，制作农村环境质量数据专题图集，建设农村环境质量评价系统，运用信息技术手段，提升全国农村环境质量的监管能力，为农村生态环境保护工作提供技术支持。

7）生物安全管理信息系统

生物安全管理信息系统建设的目标是：通过信息化手段，全面、及时跟踪掌握国内外转基因生物安全、外来入侵物种和环保用微生物等领域的科研、管理等相关信息，加强生物安全管理，为制定生物安全管理领域的法规、政策提供信息支持，为环境管理和科学决策提供数据支撑。

生物安全管理信息系统建设的主要内容是：通过对全国转基因生物研究和应用数据的分类采集与汇总，建立转基因生物环境安全数据库和生物安全管理信息系统，对转基因生物环境释放的环境安全进行有效监管；通过对全国外来入侵物种分布数据的收集和汇总，制作基于GIS的主要外来入侵物种分布图，建立我国外来入侵物种信息管理系统，对主要外来入侵物种的生境适宜性和扩散趋势进行分析，对外来入侵物种爆发进行预警预测，加强外来入侵物种的防控能力；通过对全国环保用微生物生产企业和用户数据的采集汇总，建立环保用微生物菌剂进出口环境安全管理系统，对环保用微生物环境安全进行跟踪管理。

8）农业生产环境监管信息系统

农业生产环境监管信息系统的建设目标是：收集全国各地农业环境保护情况，并对其做出评价，为推动农业环境保护、加强农业环境监管提供支持。

农业生产环境监管信息系统的建设内容是：建立农业污染防治和生态农业发展情况收集及评价系统，收集包括秸秆、畜禽养殖废弃物、废弃农膜等农业废弃物的产生量和处理情况，农业面源污染控制工程的开展情况，生态农业发展情况以用农业环境保护法律法规的制定和实施情况，对农业环境保护工程做出评价。

（四）核与辐射安全管理信息化建设

核与辐射环境管理工作的目标是：以核电站建设和运营的安全监管为重点，加强核设施的安全监管和放射性废物处理处置，健全放射源安全监管体系，全面加强核与辐射安全管理，确保核与辐射环境安全。今后一段时期，核与辐射环境管理信息化建设的重点领域是核设施安全监管和辐射环境管理。

1）核设施安全监管信息系统

核设施安全监管信息系统的目标是：通过信息化手段，全面掌握核设施安全监管情况，保障核设施的安全运行，提高核设施安全监管水平。

核设施安全监管信息系统建设主要内容是：通过统一的环境信息基础网络，对核设施安全监管数据进行动态采集和数据汇总，建立核设施安全监管基础数据库；运用信息技术手段建立核设施安全监管信息系统，实现对核电厂、研究堆、核设备、核燃料循环设施、放射性废物处理和处置设施等的安全监管；通过对核设施安全信息的综合利用，定期开展安全评价工作，为核设施的安全管理提供信息支持，提高我国核设施安全监管能力。

2）辐射环境管理信息系统

辐射环境管理信息系统的目标是：通过信息化手段，全面摸清辐射环境质量，确保辐射环境得到有效监控，提高辐射污染防治水平。

辐射环境管理信息系统建设主要内容是：通过统一的环境信息基础网络，对辐射环境管理数据进行动态采集和数据汇总，建立辐射环境基础数据库；运用信息技术手段建立辐射环境管理信息系统，实现对放射源、射线装置和电磁辐射和铀（钍）矿及伴生放射性矿开采设施的监管；通过对信息的综合利用，定期开展安全评价工作，为辐射环境管理提供信息技术支持，提高我国辐射安全监管能力。

（五）环境应急管理信息化建设

充分利用先进技术特别是信息技术，建立全方位、立体化、多层次、多维度的环境应急管理技术支撑体系成为提升环境应急管理水平的重要手段和工具。环境应急管理信息化建设的重点内容包括环境风险源动态管理系统、环境应急预案管理系统、环境应急信息资源库系统、环境应急指挥调度系统、环境应急通信系统、环境应急辅助决策系统、环境应急处置后期监控评估系统以及环境应急综合管理系统。

1）环境应急指挥调度系统

环境应急指挥调度系统的目标是：通过信息化手段，完成环境突发事故应急响应、应急处置及善后处理等过程环节的记录、跟踪、查询和分析，以实现指挥领导指令的下达和指挥效果的及时反馈，并实现与国务院应急平台的互联互通。

环境应急指挥调度系统的主要内容是：依托统一的环境信息基础网络，通过建立 GIS 平台部分、信息管理部分、资源调用接入部分、通信集成部分、协同管理部分系统设置部分，实现突发环境事件应急响应、应急处理及善后处理等过程环节的记录、跟踪、查询和分析，以及对其他信息资源库的信息调用。建立环境应急通信接入系统，实现与国务院应急平台和其他职能部门应急平台的互联互通，以及事发现场与指挥部和专家的远程会商等，提高突发环境事件的应急处置能力。在监测总站和核监测站的环境监测数据库环境下，实现对水、大气、噪声、核辐射等环境因素的监控。

2）环境风险源动态管理与综合信息查询系统

环境风险源动态管理与综合信息查询系统的目标是：通过信息化手段，全面、准确地掌握环境风险源基本情况，提升对风险源的识别、评估与监控能力，为环境应急管理的科学决策提供技术支持。

环境风险源动态管理与综合信息查询系统的主要内容是：建立全面、稳定、动态的环境风险源信息管理系统，实现环境风险源基本情况的动态掌握和查询。建立准确、可靠的风险源分类分级及风险评价系统，实现环境风险源的风险评估及分类分级管理。建立环境风险源监控系统，实现对环境风险源的生产、存储、转移等过程的动态监控。建立风险源 GIS 基础框架、完成风险源的 GIS 定标及基本管理工作。

3）环境应急信息资源库系统

环境应急信息资源库系统的目标是：通过信息化手段，建立完善的环境应预案管理机制，提升环境应急预案的运用能力。建立完整的环境应急信息资源中心，为环境应急日常管理和突发性环境污染事故应急处置提供技术支持。

环境应急信息资源库系统的主要内容包括：建立环境应急预案结构化编制系统、评估系统和备案系统，实现国家应急预案与各级环境应急法律法规库、重点风险应急标准库、环境应急图片资料库、环境应急事件处置案例库、环境应急资源库、化学品知识库、应急处置技术库、应急专家库、应急队伍联络库、应急物资储备信息库、应急人员防护知识库等信息资源库和管理系统。建立环境应急信息资源共享系统，实现环境质量信息、环境监测信息、核与辐射环境信息、危险化学品信息、环境应急外部信息（公安、消防、水利、气象等）的共享与交换。

4）环境应急辅助决策支持系统

环境应急辅助决策支持系统的目标是：利用信息化手段，建立环境应急辅助决策支持系统，提升环境应急决策的科学化水平。

环境应急辅助决策支持系统的主要内容包括：污染扩散模型和突发环境事件备案系统。其中污染扩散模型包括水污染、大气污染扩散模型搭建和接口输出，应急事件分类分级辅助评估模型功能，环境突发事件发展态势预测功能，突发事件处置方案完善功能，环境应急处置方案评估功能，环境应急干扰防范辅助决策功能，应急终止评审功能等。突发环境事件备案系统包括各级环保部门突发环境时间的备案登记，突发环境时间处置结果备案登记及案例分析，实现对备案数据的查询、统计、分析及综合应用。

5）环境应急处置后期监控评价系统

环境应急处置后期监控评价系统的目标是：利用信息化手段，对环境应急处置能力、环境应急处置过程效率、效果及环境污染事件对生态环境后续影响三个方面进行评估的管理系统，通过系统地综合应用，提升环境污染事件处置的评估能力。

环境应急处置后期监控评价系统的主要内容是：建立环境应急处置过程评估系统，构建环境应急处置效果评价体系，实现对环境应急处置过程的效率、效果进行综合评估以及相关的查询统计与分析；建立突发性环境污染事故损失评估系统，实现对突发性环境污染事故损失的综合评估。

6）环境应急综合管理系统

环境应急综合管理系统的目标是：利用信息化手段，建立科学、合理的环境应急日常管理流程，提升环境应急管理的能力和水平。

环境应急综合管理系统建设的内容是：建立环境应急能力评估系统，构建环境应急能力评估模型，实现环境应急机构应急能力的综合评价；建立环境应急日常文档管理系统，实现环境应急日常管理文档（特别是各类应急现场资料）的综合管理；建立环境应急能力装备管理系统，实现环境应急机构能力装备的动态管理；建立环境应急远程培训网络，为全国各级环境应急队伍远程网络培训服务。

（六）环境政务管理信息化建设

1）政务办公信息系统

作为行政管理机构，各级环境管理部门的信息化工作也是电子政务工作的重要组成部分。利用信息技术手段提高政务办公和行政管理效率是环境信息化建设的重要目标之一。

公文管理系统的建设目标是：通过信息化手段，依托全国环境信息网络，实现国家、省、地市级环保公文的全面管理，提高环保公文流转的工作效率，为环保公文管理工作提供技术支持。

公文管理系统的建设内容包括：通过统一的环境信息基础网络，对各地环境管理部门的公文信息进行编辑汇总和传输，建设环保公文基础数据库；运用信息技术手段建设各级环境管理部门公文信息的动态发布系统，为电子政务管理提供技术支持；建设各级用户有效的用户身份校验和权限控制系统，确保公文传输的安全性和可靠性，为环保公文管理提供信息支持。

信访管理系统的建设目标是：通过信息化手段，准确地掌握各类环保信访情况，全面监督各类环保信访工作办理过程，改善信访管理的规范性和科学性，强化信访服务功能，为环保信访决策提供及时、准确、有效的信息支持。

信访管理系统的建设内容包括：建立全国环境信访信息系统，实现各级环保部门网上录入、转办、处理、督办、查询功能。一级环保部门录入，其他各级环保部门共同使用信息。系统建设第一阶段，用1～2年时间实现总局与各省级环保部门、各局各督察中心、核安全监督站联网。第二阶段实现与各市（地）级环保部门联网。第三阶段用5年时间，信访信息系统实现与县级环保部门联网。

值班管理系统的目标是：通过信息化手段，及时地掌握环保部门的值班管理信息，有效地实现各级环境管理部门的值班消息传递和沟通，确保值班管理工作对各类消息做出及时有效的反馈，为环境值班管理部门提供技术支持。

值班管理系统建设的主要内容是：通过对各级环境管理部门值班管理信息的采集和汇总，建立值班管理基础数据库；运用信息技术手段建设值班综合管理系统，为地方环保部门按照固定格式报送值班信息提供服务，实现值班信息按照固定格式接收、打印、签收、退回重发等功能；建设值班管理信息统计系统，为值班管理工作提供技术支持。

政务信息报送系统的建设目标是：通过信息化手段，准确地掌握各级环境管理部门政务信息的上报、汇总和发布情况，全面地控制政务信息报送的基本过程，为实现环境管理部门的政务信息管理提供技术支持。

政务信息报送系统建设的主要内容是：通过对各级环境管理部门和政务信息上报点进行政务信息采集和汇总，建立政务信息数据库；运用信息技术手段建设政务信息报送网站和发布平台，为各级环保部门进行政务信息发布和信息共享提供技术支持；建立政务信息决策支持系统，为领导利用政务信息进行管理决策提供技术支持。

档案管理系统的建设目标是：通过信息化手段，准确地掌握各类环境档案的基本情况，方便地完成分卷归档、查询检索和档案研究工作，为各级环保管理部门建立“数字环保档案馆”提供技术支持。

档案管理系统的建设内容包括：通过对纳入档案管理范围内的各类档案信息进行电子化管理，建立环保档案信息库；运用信息技术手段对档案进行分析加工和发布，建立环保档案综合管理系统；建设环保档案辅助研究系统，为环保管理部门利用档案进行管理决策提供技术支持。

会议活动管理系统的建设目标是：通过信息化手段，及时、准确地掌握各级环保部门会议活动的基本情况，全面地了解各类会议活动的过程，为提高各级环保局会议活动管理工作提供技术支持。

会议活动管理系统的建设内容包括：通过对各级环保会议活动信息的采集和汇总，建立环保会议基础数据库；运用信息技术手段建设会议活动管理系统，为会议查询、预订等相关工作提供辅助支持；建设环保会议活动统计分析系统，为环保管理部门开展工作提供技术支持。

2）规划财务信息管理

规划财务业务的信息化建设能够为环境管理人员充分利用信息技术的数据处理能力提供有效的数据加工工具。

财务监管信息系统的建设目标是：通过信息化手段，及时、准确地掌握环保财务监管基本情况，全面地监督环保财务管理的基本过程，为实现从总局到直属单位的财务监控管理、数据分析、过程控制、决策支持等提供技术支持。

财务监管信息系统的建设内容包括：通过动态编制、发布、执行各项财务预算以及有效的评估，建设财务监管项目数据库；运用信息技术手段建设环保财务综合监管系统，为实现财务预算的申报、审批等工作流程的电子化提供技术支持；建设环保财务监管统计分析系统，为环保财务预算统计分析等工作提供技术服务和支持。

专项资金管理系统的目标是：通过信息化手段，全面、准确地掌握环保专项资金项目的基本情况，提高环保专项资金申报、审批基本过程的工作效率，为环保专项资金管理、决策支持等提供技术支持。

专项资金管理系统的建设内容是：通过开展专项资金项目的申请、审批、实施监管等一系列工作，建立环保专项资金项目库；运用信息技术手段建设环保专项资金项目综合管理系统，为提高环保专项资金申报、审批工作效率提供信息技术支持；建设环保专项资金决策支持系统，为保证环保专项资金合理分配、持续监控与管理项目进展、保证项目完成质量和资金的使用质量提供技术支持。

3）政策法规信息系统

政策法规信息系统的目标是：拟定国家环境保护综合性方针、政策和国家环境保护发展战略，组织拟定环境保护综合性法律、法规、规章，负责环境保护规章的备案工作，负责组织环境行政复议和行政应诉工作。

环境政策法规信息系统的建设目标是：通过信息化手段，准确、全面地发布和共享各项环境政策法规制度，全面提高环境保护政策法规的管理水平，推动环保部门在环境经济政策工作中发挥更大的作用，为制定环境经济政策提供信息技术支持。

环境政策法规信息系统建设主要内容是：建设环境经济政策信息库，包括我国现行环境经济政策及其实施情况、国内环境经济政策相关研究情况及分领域专家信息、我国经济部门统计分析的与环境有关的经济数据以及国外环境经济政策及其实施情况等。建设环保法规信息库，包括国家颁布的法律、行政法规及规章、地方颁布的地方性法规及地方政府规章、国家及地方颁布的具有一定普遍性的法规性文件。建设数字化行政执法评议考核系统，包括执法依据、执法岗位职权与职责的查询系统、以量化的岗位职责为基础的数字化行政执法评议考核系统、包括总局及各地方环保部门行政执法案件的基本情况及执法质量综合评估数据在内的数据库。

数字化行政执法评议考核系统的建设目标是：通过信息化手段，全面、准确地掌握各级环境管理部门对行政评议和行政诉讼的业务工作管理情况，控制行政评议和行政诉讼的执行过程，为提高行政评议和行政诉讼工作效率提供技术支持。

数字化行政执法评议考核系统建设的主要内容是：通过对各级环境管理部门的行政评议和行政诉讼业务进行信息采集和汇总，建立行政评议信息库；运用信息技术手段建设行政评议业务处理工作管理系统和信息发布平台，对行政评议信息管理和发布进行业务处理和信息共享；建立行政评议决策支持系统，为领导进行管理决策提供技术支持。

4）科技标准信息系统

科技标准信息系统建设能够为环境科技管理人员充分利用信息技术实现科技标准相关管理工作提供支持。

环境质量标准和污染物排放标准备案管理系统的建设目标是：通过信息化手段，全面、准确地掌握环境质量和污染物排放标准的备案情况，方便地查询环境质量标准和污染物排放标准内容，为环境科技标准人员制定相关标准提供决策支持依据。

环境质量标准和污染物排放标准备案管理系统建设的主要内容是：通过自动导入环境质量和污染物排放相关标准，建设环境质量和污染物排放标准数据库；运用信息技术手段建设环境质量标准和污染物排放标准综合备案管理系统，为环境标准管理人员提供信息技术支持；建设环境质量标准和污染物排放标准查询统计系统，实现对标准的查询、统计等功能，为科技标准制定提供技术支持。

国家环境保护重点实验室和工程技术中心管理信息系统建设目标是：通过信息化手段，建立全国环境保护重点实验室和工程技术中心数据库和信息发布系统，组织国环境保护重点实验室和工程技术中心申报、评审与评估，制作重点实验室和工程中心工作信息简报，展示重点实验室和工程技术取得的科研成果，通过构建实验室和工程中心网络信息平台，提高审批效率，促进各实验室核工程中心之间的交流，提升科研和技术转化能力。

国家环境保护重点实验室和工程技术中心管理信息系统建设的主要内容是：整理并发布环境保护重点实验室和工程技术中心相关政策与通知通告；建立全国建立重点实验室和工程技术中心的基本信息数据库，建设网上申报系统、评审系统以及后评估系统，建立重点实验室和工程技术中心的科研成果，建立重点实验室和工程技术中心建设的动态信息发布系统。

国家环保标准征求意见系统的建设目标是：通过信息化手段，全面、准确地掌握国家环保标准征求意见稿的基本情况，实现标准的网上征求意见及公布功能，为国家环保标准编制和征求意见提供全方位的技术支持。

国家环保标准征求意见系统建设的主要内容是：通过上传国家环保标准征求意见文本，建设环保标准数据库；运用信息技术手段建设国家环保标准征求意见综合管理系统，为相关单位查看标准文本并在相应的位置填写意见提供技术支持；建设国家环保标准专家库系统，为确保选择适合的专家进行征求意见提供决策支持。

国家环保标准管理系统的建设目标是：通过信息化手段，全面、准确地掌握各类国家环保标准的管理工作进展情况，实现标准规划、制修订项目进展情况、标准行政解释、标准修改方案等的网上公布功能，为环境保护标准管理提供技术支持。

国家环保标准管理系统的主要内容是：通过上传标准规划、制修订项目进展、标准行政解释、标准修改方案、建立环保标准信息数据库；运用信息技术手段建设国家环保标准动态管理系统，为社会公众、行政机关、环保标准管理人员及编制人员提高信息技术支持。

国家生态工业示范园区管理信息系统建设目标是：建立全国国家生态工业示范园区数据库和信息发布系统，发布生态工业示范园区相关政策法律法规，发布和更新国家生态工业示范园区相关信息，展示国家生态工业示范园区建设最新发展，为各部门各地区交流，为公众了解、参与和监督国家生态工业示范园区建设和管理提供有效的信息交流平台。

国家生态工业示范园区数据库和信息发布系统建设主要内容是：整理并发布国家生态工业示范园区相关政策法律法规；完善我国国家生态工业示范园区的基础数据库，适时更新国家生态工业示范园区创建单位、命名单位名录及各园区基本情况；及时掌握国家生态工业示范园区生态工业建设和园区环境质量状况；国家生态工业示范园区建设项目及监督管理。

温室气体与气候变化信息系统的建设目标是：通过信息化手段，全面、及时跟踪掌握国内外温室气体和气候变化领域的科研、管理等相关信息，为环境管理部门掌握最新情报信息和科学决策提供支撑。

环保科技项目管理系统的建设目标是：通过科技司项目管理系统建设，改变项目申报与审批的工作模式，整合历史项目成果信息，提高科技项目审批的办事效率，实现项目信息入库并随时查询，为实现国家环保总局科技司网上管理奠定坚实的基础。

环保科技项目管理系统建设的主要内容是：一期以项目备选库、专家库、项目成果库的“三库”为核心，实现国家环保总局科技项目的申报、初审入库、审批备选登记，以及历史成果项目导入等功能。二期建设项目申报系统、项目审批系统、项目公示系统、决策支持系统，并对第一期工程的建设成果进行功能完善。

环境污染事故与纠纷相关健康损害信息管理系统的建设目标是：通过调查、收集环境污染事故与纠纷案例，整理环境污染事故与纠纷的时间、地点、主要原因、主要污染物、污染类型、相关健康损害等数据，建立数据库，为今后进行我国环境污染引起健康损害的基本情况研究积累经验，为环境与健康管理工作提供科学支持。

环境污染事故与纠纷相关健康损害信息管理系统建设的主要内容是：确立环

境污染事故与纠纷相关健康损害的数据收集标准、数据库结构，以国家环保总局系统掌握的环境污染事故与纠纷信息为主要数据源，同时收集中文期刊文献数据库、网络媒体报道等的相关数据，建立2000年至今环境污染事故与纠纷案例相关健康损害数据库。

“水体污染控制与治理”科技重大专项管理系统的建设目标是：建立水专项项目及重点课题的在线申报和管理系统，实现项目及重点课题的进展情况、研究成果统计等实现动态管理和项目管理人员查询统计。

“水体污染控制与治理”科技重大专项管理系统建设的主要内容是：水专项项目及重点课题申报系统；水专项项目及重点课题的项目受理、项目审批备案登记等动态管理及科研成果统计；水专项项目管理人员查询统计系统。

国家环保技术管理信息系统的建设目标是：通过信息化手段，全面地掌握环保技术相关信息，方便地查询环保技术内容，为环保管理部门建立环保技术管理体系提供信息技术支持。

国家环保技术管理信息系统建设的主要内容是：建立环境技术专家系统、环境技术信息系统及环境技术管理基础信息系统，技术申报和评估系统。将所筛选的环境技术评估信息、管理信息、示范、推广和环境技术验证信息、专家、支持机构信息制作成为数据库，便于查询和管理。

5）国际信息系统

国际合作信息系统的建设目标是：利用信息技术实现对区域环境合作、国际组织合作、双边合作、核安全国际合作和外事管理等业务工作进行管理，为实现国际合作业务管理提供技术支持。

国际合作信息系统建设的主要内容是：对各类国际合作和外事管理业务进行信息采集和汇总，建立国际合作信息库；运用信息技术手段，建设国际合作和外事管理业务处理工作流管理系统和信息发布平台，对国际合作信息管理和发布进行业务处理和信息共享；建立国际合作信息发布系统，及时发布有关信息，为领导进行管理决策提供技术支持。

6）宣传教育信息系统

宣传教育信息化建设能够为环保工作提供宣教支持，保证社会对环保的知情权、参与权和监督权。

全国环境宣传教育信息系统的建设目标是：通过信息化手段，全面、准确地掌握环境宣传教育信息的基本情况，加强环境宣教工作的沟通交流和信息共享，为环境管理部门提高环境宣传教育的工作效率提供技术支持。

全国环境宣传教育信息系统建设的主要内容是：①建设全民环境教育行动计划的网络平台，从调研、体系建设、各地试点等方面实现信息网络化、公开化；

②开展全国环境宣传教育信息的资料调查，建立环境宣传教育信息数据库，整合宣教资源，运用现代信息技术，逐步实现信息资源的共享。

舆情监测系统的建设目标是：通过信息化手段，全面、准确地掌握国内外与环保相关的信息，查询国际、国内最新的环保动态，为环保管理部门掌握最新的情报信息提供信息支持。

舆情监测系统建设的主要内容是：设计时间媒体分析统计模块：该模块协助对网络媒体报道进行统计分析，功能包括各类媒体报道的数量汇总与分类显示，类别包括：新闻报道、新闻跟帖、论坛发帖、评论文章等。建立国内网络新闻分析子系统：该模块扫描总局关注的国内各大新闻网站、报刊电子版，对指定新闻事件跟踪，并对每个网站的重点栏目新闻进行日常记录监控，提供新闻定向搜索功能。建立国内消息评论分析子系统：消息评论指网民对新闻的跟帖评论，该模块将指定专题的跟帖进行扫描和记录，提供日常监控功能，可对消息评论进行定向搜索等。

7）环境保护机构编制信息系统

环境保护机构编制信息系统的建设目标是：通过信息化手段，全面、准确地掌握各级环境保护行政主管部门及所属单位的机构编制和人员情况，方便地查询最新的环保机构编制情况，为环境保护机构编制部门提供信息技术支持。

环境保护机构编制信息系统建设的主要内容是：通过对各级环保部门机构编制情况进行信息采集与汇总，建设环保机构编制信息数据库；运用信息技术手段建设环保机构编制综合管理系统，方便人事机构人员查询各级环保部门的编制状态，并根据统计信息为机构编制更改提供依据；建设环保机构编制决策支持系统，实用技术手段分析环保机构编制存在的问题，为环保机构编制部门提供决策支持。

（七）环境遥感信息系统建设

1. 遥感信息共享服务平台

遥感信息共享服务平台建设的总体目标是：以为环境管理与决策提供支持和服务为目标，全面提高环境遥感信息资源利用水平，基于环境卫星等遥感数据，提供环境空间数据分析和综合应用技术支撑，为全国生态环境质量状况会商和各级环保部门的环境管理提供空间环境信息服务和技术支持。

遥感信息共享服务平台建设的主要内容有两方面。

1）遥感信息共享服务平台数据库建设

主要包括环境卫星遥感影像数据库、基础地理数据库、社会经济空间数据库、环境背景数据库、环境监测空间数据库、典型地物波谱数据库、环境空间信息标准产品数据库的建设。数据库的内容涵盖：国内外卫星遥感数据；全国多种比例尺的基础地形图数据和 DEM 数据；全国社会经济统计数据，全国自然状况、自然资源、行政区划、人口等类别的相关空间统计数据；全国多时相土地利用及其动态变化数据库、全国土壤侵蚀数据库等环境背景数据；全国地表水环境监测数据、城市空气环境监测数据、全国酸雨/酸沉降监测数据、全国沙尘暴监测等环境监测空间数据；环境地物波谱测量数据、环境波谱影像数据以及波普元数据；正射影像产品数据、专题产品数据、环境应用产品等数据。

2）遥感信息共享服务平台系统建设

构建环境遥感信息数据的浏览、检索、订购、在线下载等灵活方便的用户交互环境，为全国各级环保系统提供环境卫星数据、环境空间数据共享和空间信息数据服务；发展环境空间信息的预警、预测、应急等技术能力，构建多尺度国家基础地理空间分析环境。提供长时间序列环境监测数据、遥感信息产品、气象和社会经济统计数据趋势分析，时空演变特征、预测和预警综合分析、会商能力。集成环境动态监测、环境质量综合评价、模型和算法，具备自动生成报表，动态模拟、预测和预警、专题图制作功能，能够为全国生态环境质量状况会商、突发环境事故的应急、环境管理综合决策等提供空间技术支持，为全国环境保护系统提供准确、快捷、高效的空间信息共享服务。

2. 卫星遥感监测信息化建设

卫星遥感监测信息化建设的目标是：根据国际环境监测工作的总体规划，结合环境遥感监测业务的实际需求，基于环境卫星等数据，开展重点建设水环境质量遥感监测管理、大气环境质量遥感监测管理、生态环境遥感监测管理为重点的环境遥感监测业务系统，为环境管理和决策提供技术及数据支持。

卫星遥感监测信息化建设的主要内容是：

水环境遥感监测管理信息系统针对我国流域水体污染监测的实际需求，以环境卫星数据源为基础，进行环保系统关心的地表水体污染的信息获取、分析、处理和应用，实现主要水体污染主要指标的动态遥感监测，快速、客观、准确、全面地反映流域水体污染状况及其变化特征，提高流域水环境监测与管理的技术水平。

大气环境遥感监测管理信息系统针对我国环境空气污染监测的实际需求，以环境卫星遥感数据、地面环境监测数据及基础地理信息数据、气象数据等为辅助数据源，分别针对颗粒物污染、雾霾污染、秸秆焚烧污染进行遥感动态监测，实现基于环境卫星遥感数据的区域环境空气质量的综合评价。

生态环境遥感监测管理信息系统以环境卫星数据主要数据源，构建天地一体化生态遥感监测评价体系，基于压力–状态–相应模式，以生态系统服务功能、生态系统完整性和生态系统可持续性理念为指导，以生态系统结构、生态系统过程和生态系统驱动因子、景观生态为主要内容，进行地表生态环境质量信息的提取，开展全国生态环境质量状况、国家级自然保护区、重点城市、重大工程/区域开发、重要生态功能保护区、国家生态建设区和全球环境问题等的遥感动态监测与评价，进行土壤污染、固废环境状况监测以及对区域突发性生态与环境灾害的应急监测等，制作生态环境质量监测数据产品、生态安全风险评估与预警产品、综合评价报告、突发性生态环境事故应急措施等，为国家、地方生态环境管理提供服务。

第三节　业务应用平台建设关键问题

目前环境保护信息化建设总体上缺乏总体架构的指导，业务应用系统不能满足环境监督管理工作的需要，缺少一体化监管的统一规划和顶层设计。各部门基本上都是根据本部或某一特定业务编制了相应的软件，各相应软件的工作平台、开发工具、后台数据库不尽相同，使得各软件系统彼此之间的通用性不高、数据共享困难。目前，系统之间依赖大量的数据接口进行系统层面的整合。随着各项业务对信息化依赖程度的不断提高，各系统势必各自扩展升级，由于缺乏全系统的统一规范，今后应用系统整合、业务一体化建设、未来信息资源的共享化方面必然存在一定的风险和问题。

此外，国家-市-区（县）三级的信息化统筹缺乏系统性的考虑，尤其是上级部门环境信息化建设如何支撑下级部门环保部门的信息化，缺乏顶层设计指导。

因此“智慧环保”的业务应用平台需要解决的关键问题如下。

一、污染源监管与总量减排体系

根据“十二五”污染减排管理工作的实际需求，为确保减排污染物数据“查得清、摸得准、核得严”，应结合强化结构减排、细化工程减排、实化监管减排的具体要求，采用信息化技术，应强化污染源监控，完善污染减排信息资源，形成总量减排决策支持能力。

1. 污染源监控

废气管理方面信息化的主要需求是建立空气污染控制决策分析系统、动态排放清单、建设油气回收在线监控系统平台、锅炉改造查询系统、燃煤锅炉检查信息系统、燃煤锅炉延期排放在线监测系统、工业窑炉烟气排放在线监测系统、重点施工工地扬尘污染监控系统等。

当前废水管理信息化的具体需求主要体现为：建设污水处理厂水质自动监控系统、工业废水排放在线监测系统、重点医院污水在线监测系统，完善水污染自动监控系统，拓展重金属、总磷（TP）、总氮（TN）等自动监测项目。

固体废物管理方面的信息化具体需求为：升级国家下发固体废物管理系统，建立垃圾渗滤液在线监测系统，医疗废物处置过程电子监控系统。

机动车管理在信息化方面的需求主要是：面向行政阳光的要求，建立机动车车型目录申报管理系统、机动车尾气检测监控系统、机动车 I/M 制度管理系统；完善机动车尾气遥测网络；实行 OBD 在线监测系统；探索建立机动车污染物排放模型。

面源污染包括农业、畜禽养殖业等造成的污染，以及城市面源污染（主要是由降雨径流的淋浴和冲刷作用产生的）。面源污染同点源污染相比，具有随机性、广泛性、滞后性、模糊性和潜伏性的特点，目前对面源污染的监测和治理相对都比较困难。为实现面源污染治理工程、污染现状、综合评价、成果图件、控制对策、决策咨询等信息的有效管理，在全面摸清面源污染基础信息的基础上，需建立健全农业面源污染的属性和空间数据库，建立农业面源污染信息系统。

2. 总量减排

为支撑总量减排工作的开展，当前需要建设污染物总量控制管理系统，实现总量统计、COD、SO_2、氨氮、NO_x 排放量核算，核算参数设置，分区管理等功能，为全面掌握总量排放信息，总量减排实施进度提供信息支撑平台，为总量减排措施的采取提供决策依据。建立污染源排放清单数据平台，开发工业污染场地信息管理决策系统。

3. 环境管理综合业务

环境管理综合业务包括建设项目管理、排污许可管理、危废及固废管理、行政处罚、环境监察移动执法管理等内容。形成统计分析支撑和业务流程规范化的工作能力是环境管理综合业务体系建设的目的。应按照“从环境管理业务与环境信息化脱节分离，向环境管理业务和环境信息化有机融合转变；从各业务板块自成系统，向整体推进和业务协同转变”的要求，进一步推进核心环境管理业务的信息化和业务协同。具体需求如下：

应按照阳光行政的要求升级改造建设项目审批、环境监察内部管理系统、污染源监察动态管理系统、机动车车型目录申报管理系统、辐射价差管理系统等各类综合业务系统。

建立移动执法系统，提升环境执法监督管理能力。通过环境行政执法部门引入移动信息化手段，明确和规范执法主体、执法依据、执法程序、处罚标准、执法监督和执法责任等，使立案、登记、执行、自由裁量等各个执法环节规范化程度得到提高，实现规则统一化、工作标准化、办案流程化、重要节点可控化，从而提高办案质量和执法水平，进一步完善科学规范、客观公正、公开透明的环保行政权力运行机制。

应以污染源生命周期为主线，在行政审批、总量控制、环境监测和环境监察等系统之上，将所有业务信息与污染源基本信息进行连接、整合、比对、去重，建立起统一的污染源台账，实现污染源从产生、许可、运营、监督、治理到注销的全过程、全周期信息跟踪和动态管理机制。

二、环境质量监测与评估考核体系

1. 环境质量监测

为不断增强环境质量监测能力，在环境质量管理方面，需利用先进的信息化手段，建设以环境质量数据管理、环境监测站业务管理、自动监测系统管理等为重点的环境监测业务子系统，为环境管理和决策提供基础数据支持。实现对环境质量（包括地表水、大气、酸雨、噪声、生态等）数据的管理。实现对环境监测站业务的信息化管理，包括采样、测试、分析、质控、审核、监测报告、查询统计等监测业务的综合管理。建立空气自动监测站、水质自动监测站、声环境自动监测站等自动监测系统，加强对大气环境、水环境、声环境状况的管理。

2. 实验室管理

实验室管理的对象是与实验室有关的人、事、物、信息、经费等，因此实验室管理主要包括：实验室人力资源管理、质量管理、仪器设备与试剂管理、环境管理、安全管理、信息管理以及实验室设置模式与管理体制、管理机构与职能、建设与规划等。

3. 绩效评估

为适应环境管理从“总量控制管理”阶段向“质量管理”阶段的转变，需以环境质量为重要依据，建立环境管理评估考核体系，并通过信息系统支撑环境管理的绩效评估，为量化各级环保部门环境管理成效提供信息化支撑。

三、环境风险预警与应急体系

近年来，随着我国经济的迅猛发展，生产领域不断拓宽，社会活动强度日益增大，重大环境污染事件频繁发生。我国各级政府高度重视环境应急管理工作。各地应全面加强环境预警与应急体系建设，提升环境风险防范水平、提高环境预警水平以及提升突发环境事故处理水平。

（一）环境风险源管理

以“一企一档”为核心，建立环境风险源的监控管理系统，对风险企业的工艺流程、风险物质、人员素质、应急预案等进行信息化管理，在GIS平台上显示风险源周围的敏感点信息、环境风险场状况、交通状况等信息，为应急防范及决策支持提供依据。

（二）环境应急管理

当前环境应急管理方面的信息化需求主要是，从实用化、智能化的角度出发，全面升级环境应急管理系统。健全环境应急管理的风险防范、应急预案、应急响应和恢复评估机制；持续完善环境应急管理系统建设，为环境风险源防范、预测预警、应急响应与指挥调度、事件后评估等提供全面信息化支撑。

（三）核与辐射安全监管

新的信息化形势下，需建立建设电磁环境自动监测系统、放射源定位跟踪系统、放射性气载及液载流出物自动监测系统，升级辐射环境质量自动监测系统，完善辐射安全管理信息系统。同时，面向阳光行政的需求，需升级辐射建设项目审批系统、辐射安全许可证管理系统、辐射监察管理系统、建设辐射数据库及监测业务综合管理平台、建设辐射应急管理系统以及建设放射性废物管理系统。

第四节 业务应用平台建设展望

随着国家环境信息与统计能力建设项目的推进，各地环保部门在基础信息化建设及业务应用上都有了较大的进步，未来需要深化物联网、云计算技术在环境信息化领域的应用，建成以统筹协同、资源共享为基础的“环保云”，承载智慧环保的落地，推动各地环境数据中心、应用支撑平台向私有云的迁移，发挥云平台的优势，深化环境信息资源的在环保综合决策中的应用，全面提升环境信息化对环境管理的智能化决策支撑作用。

积极引入各类环境政策模拟工具和先进的综合型环境模型，结合各类模型技术的使用，为剖析环境承载力与经济、社会发展之间的响应机制，建立污染源与环境质量之间的关系，阐明环境风险源的等级和分布与环境安全格局之间的关系，识别区域性环境污染的成因，以及联防联控措施的制定等宏观政策层面的综合决策提供有效支撑。

第八章　智慧环保环境决策支持系统工程建设

第一节　决策支持系统概述

一、决策支持系统的概念

众所周知，决策是人类社会发展中人们在为实现某一目的而决定策略或办法时，普遍存在的一种社会现象，任何行动都是相关决策的一种结果。正是这种需求的普遍性，人们一直致力于要开发一种系统来辅助或支持人们进行决策，以便促进提高决策的效率与质量，这就是所谓的决策支持系统（decision support system，DSS）。

决策支持系统的概念最初由美国麻省理工学院的 Keen 和 Michael 于 1978 年首次提出，这也标志着决策支持系统作为一门学科的开端。对于决策支持系统，直到现在还没有严格的定义。Michael（1971）指出："DSS 为一种在线分析处理化的交谈式系统，协助决策者使用资料与模式，解决非结构化的问题"。Keen 与 Scott 认为"DSS 使用在线分析处理协助解决半结构化的问题，支援但不取代人类，目的为改善决策而不是决策效率"。

Alter（1977）则指出较为广泛的看法，认为"任何支援决策制定的系统均为 DSS，其中包括资讯的存取、模式的分析与工具支援"。

Bonczek 等（1981）认为"DSS 可能为人类资讯处理器、机械处理器或人机资讯处理系统"。

概括起来，DSS 是以运筹学、管理学、控制论及行为科学为基础，以决策主题为重心，以计算机技术、人工智能处理技术、互联网搜索技术和自然语言处理等多种技术为手段，建立决策主题相关的规则库、知识库、模型库、方法库，以人机交互方式辅助决策者解决半结构化和非结构化决策问题的信息系统。

由此可见，决策支持系统是信息系统研究新的发展阶段，是结合和利用了计算机强大的信息处理能力和人的灵活判断能力，以交互方式支持决策者求解半结构化和非结构化决策问题的一种新型的信息系统。

自 20 世纪 70 年代以来，人们对决策支持系统就进行了大量的研究，决策支持问题的研究已逐步受到管理科学、经济学、应用数学、工程技术、信息科学等领域的重视。学者们研究各种决策分析方法，通过多学科的交叉并结合新近发展的人工智能技术、网络技术、通信技术和信息处理技术，解决了一系列具有代表意义的决策支持问题。其发展已从最初的主要是以模型库系统为基础，通过定量分析进行辅助决策的传统决策支持系统发展到运算学、决策学及各种人工智能技术渗透到其中的各种实用 DSS。其应用涉及多个领域，并成为信息系统领域内的热点之一。

二、决策支持系统的结构

系统进行决策时通常分为以下 4 个步骤，如图 8-1 所示。决策往往不是一次完成，需要重复地迭代，对方案不断修改，以满足决策需求。

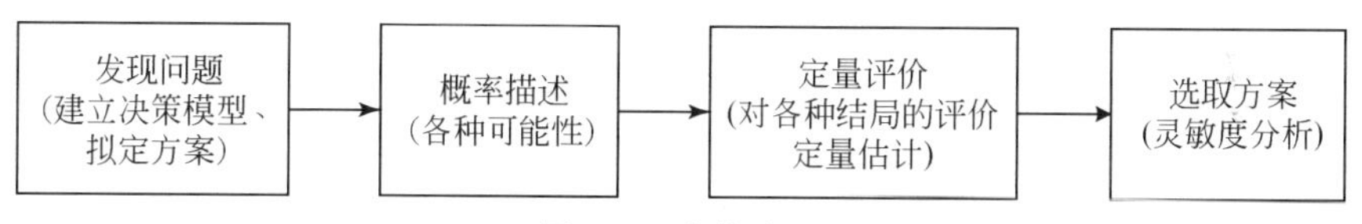

图 8-1　决策步骤

决策支持系统体系结构的研究经历了两库系统、三库系统到四库系统等过程。1980 年，Sprague 提出基于两库的决策支持系统的体系结构，两库系统指数据库系统（database management system，DBMS）和模型库系统（model base management system，MBMS）；在此基础上增加方法库系统（method base management system，MEBMS）即成为三库系统；而四库则是在三库的基础上增加了包含推理、解释等功能的知识库（knowledge base management system，KBMS）。决策支持系统是一个典型的交互系统，它需要充分的人机交互以便做出更科学、更合理的决策，所以决策支持系统的体系结构中还应该增加人机接口系统（dialogue generation management system，DGMS）。

决策支持系统的体系结构可以用图 8-2 表示。

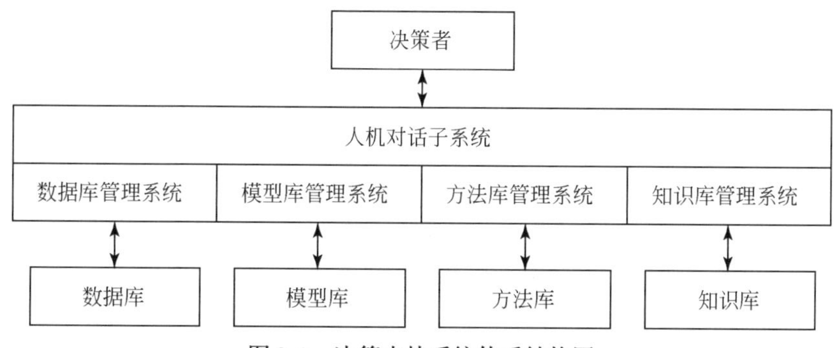

图 8-2　决策支持系统体系结构图

三、决策支持系统的类型

通常管理决策系统可以分为三种类型，即结构化决策系统、半结构化决策系统和非结构化决策系统。其中，结构化决策是指可以利用或可以建立运算和应用的模型产生决策方案，并且可以从这些方案中得到最优（或近似最优）的解。结构化决策的决策方案也可以通过建立适当的模型得到，但不可能从这些方案中得到最佳方案。非结构化的决策方案一般是不可能通过建立适当的模型而得到。

本书从决策支持系统主要技术的选择上将决策支持系统划分为以下类型。

（一）数据驱动的决策支持系统

这种 DSS 强调以时间序列访问和操纵组织的内部数据和外部数据。它通过查询和检索访问相关文件系统，提供最基本的功能，后来发展为数据仓库系统，数据仓库系统允许采用应用于特定任务或设置的特制的计算工具或者较为通用的工具和算子来对数据进行操纵；其后的发展结合了联机分析处理（OLAP）的数据驱动型 DSS 则提供更高级的功能和决策支持，并且此类决策支持系统一般都建立在大规模历史数据分析的基础之上的，地理信息系统就属于这种专用的数据驱动型 DSS。

（二）模型驱动的决策支持系统

模型驱动的 DSS 强调对于模型的访问和操纵，比如：统计模型、优化模型、仿真模型等，再通过简单的统计和分析工具提供最基本的决策支持功能。一些允许复杂的数据分析的联机分析处理系统（OLAP）就可归类为混合 DSS 系统，它能提供模型和数据的检索以及数据摘要等功能。一般来说，模型驱动的 DSS 综合运用、仿真模型、优化模型或者多规格模型来提供决策支持；模型驱动的 DSS 利用决策者提供的数据和参数来辅助决策者对于某种状况进行分析；模型驱动的 DSS 通常不是数据密集型的，也就是说，模型驱动的 DSS 通常不需要很大规模的数据库。

（三）知识驱动的决策支持系统

知识驱动的 DSS 可以就采取何种行动向管理者提出建议或推荐。这类 DSS 是具有解决问题的专门知识的人机系统。专门知识包括理解特定领域问题的知识，以及解决这些问题的技能。与之相关的一个概念是数据挖掘工具——一种在数据库中搜寻隐藏模式的用于分析的应用程序。数据挖掘通过对大量数据进行筛选，以产生数据内容之间的关联。

（四）基于 Web 的决策支持系统

基于 Web 的 DSS 通过客户端 Web 浏览器向管理者或商情分析者提供决策支持信息或者决策支持工具，运行 DSS 应用程序的服务器通过 TCP/IP 协议与用户计算机建立网络连接，基于 Web 的 DSS 可以是通信驱动、数据驱动、文件驱动、知识驱动、模型驱动或者混合类型。Web 技术可用以实现任何种类和类型的 DSS，基于 Web 意味着全部的应用均采用 Web 技术实现，Web 启动意味着应用程序的关键部分，比如数据库，保存在遗留系统中，而应用程序可以通过基于 Web 的组件进行访问并通过浏览器显示。

（五）基于仿真的决策支持系统

基于仿真的 DSS 可以提供决策支持信息和决策支持工具，以帮助管理者分析通过仿真形成的半结构化问题。这些种类的决策支持系统可以支持行动、金融管理以及战略决策等，包括优化以及仿真等许多种类的模型均可应用于此类 DSS 中。

（六）基于 GIS 的决策支持系统

1963 年，加拿大 Tomlinson 首先提出“地理信息系统”这一概念。地理信息系统技术（GIS）的发展非常之快，并深入到各个领域。GIS 的技术优势在于它的数据综合、模拟与分析评价能力，还在于对现实的虚拟表达和过程演化模拟预测。GIS 和决策支持结合形成空间决策支持系统（spatial decision support system, SDSS），它是 20 世纪 90 年代初发展起来的一个新兴科学领域。空间决策支持系统利用空间分析的各种手段对空间数据进行变换处理，提取数据之间隐藏的事实和关系，并以空间方式直观地表达，为实现各种应用提供科学、合理的决策支持。

基于 GIS 的 DSS 通过 GIS 向管理者或商情分析者提供决策支持信息或决策支持工具。通用目标 GIS 工具，如 ARC/INFO、MapInfo 以及 ArcView 等一些有特定功能的程序，可以完成许多有用的操作，但开发者必须熟悉这些专用 GIS 软件提供的功能、接口以及编程协议这需要花费较大时间，财力和和人力。特殊目标 GIS 工具是由 GIS 程序设计者编写的程序，以易用程序包的形式向用户组提供特殊功能。以前，特殊目标 GIS 工具主要采用宏语言编写，这种提供特殊目标 GIS 工具的方法要求每个用户都拥有一份主程序（如 ARC/INFO 或 ArcView）的拷贝用以运行宏语言应用程序。现在，GIS 程序设计者拥有较从前丰富得多的工具集来进行应用程序开发。程序设计库拥有交互映射以及空间分析功能的类，从而使得采用工业标准程序设计语言来开发特殊目标 GIS 工具成为可能，这类程序设计语言可以独立于主程序进行编译和运行（单机）。同时，Internet 开发工具已经走向成熟，能够开发出相当复杂的基于 GIS 的程序让用户通过 World Wide Web 进行使用。

（七）基于数据仓库、联机分析处理与数据挖掘的 DSS

一个数据仓库是一个面向主体的、集成的、随时间变化的、但信息本身相对稳定的数据集，用于对管理决策过程的支持。数据仓库的发展推动联机分析处理技术的研究和推广。基于 DW 的 DSS 的研究重点是如何利用 DW 及相关技术来发现知识并向用户解释和表达，为决策支持提供更有力的数据支持，有效地解决了传统 DSS 数据管理的诸多问题。传统数据库技术一般以单一的数据库为中心，进行联机事务处理和决策分析，很难满足数据处理多样化的要求。

联机分析处理（OLAP）的概念由数据库之父 Codd 于 1993 年提出，它是处理共享多维信息、针对特定问题的联机数据访问和分析的技术。OLAP 以数据仓库为基础，通过 OLAP 的基本功能如切片、切块、钻取与旋转、模型计算等，实现对数据的多维分析和处理。数据仓库侧重于对数据的存储和管理，OLAP 侧重于对于数据的分析，为决策提供信息。数据挖掘则是 OLAP 的高级阶段，通过知识库和数据挖掘引擎的支持，数据挖掘比汇总型分析处理具有更强的功能。从数据仓库的角度，数据挖掘可以看作是 OLAP 的高级阶段，通过知识库和数据挖掘引擎的支持，数据挖掘比汇总型分析处理具有更强的功能。数据挖掘结合了人工智能技术和机器学习方法，利用信息论、统计分析和模糊论、粗集方法等对数据进行归类、预测、评价和决策。目前数据挖掘还扩展到各类信息存储上，如研究比较集中的 Web 数据挖掘等、数据仓库解决了 DSS 中数据存储的问题，OLAP 和数据挖掘对数据仓库中的数据进行有效的分析，从而为决策提供帮助。基于数据仓库、OLAP 和数据挖掘技术的 DSS 的应用提高了决策分析支持的能力，但它仍以计算机的模型处理为主，无法成为全面解决复杂决策问题的有效途径。

（八）群体决策支持系统

群体决策支持系统是指在系统环境中，多个决策参与者共同进行思想和信息的交流以寻找一个令人满意和可行的方案，但在决策过程中只由某个特定的人做出最终决策，并对决策结果负责。它能够支持具有共同目标的决策群体求解半结构化的决策问题，有利于决策群体成员思维和能力的发挥，也可以阻止消极群体行为的产生，限制了小团体对群体决策活动的控制，有效地避免了个体决策的片面性和可能出现的独断专行等弊端。群体决策支持系统是一种混合型的 DSS，允许多个用户使用不同的软件工具在工作组内协调工作。群体支持工具的例子有：音频会议、公告板和网络会议、文件共享、电子邮件、计算机支持的面对面会议软件以及交互电视等。GDSS 主要有 4 种类型：决策室、局域决策网、传真会议和远程决策。

（九）智能决策支持系统

20 世纪 80 年代，人工智能（artificial intelligence，AI）开始向多技术多方法综合集成与多学科、多领域的综合发展，人工智能与决策支持相结合，形成智能决策支持系统（intelligent decision support system，IDSS）。智能决策支持系统最早由美国学者 Bonczek 等提出，主要功能定义为处理定量问题和定性问题。

比较之前的决策支持系统，智能决策系统在传统的三库基础上增加知识库和推理机，在人机交互系统中引用自然语言处理技术，在库与库间增加问题处理系统。IDSS 主要由智能人机接口、问题处理系统、知识库系统和推理机三部分组成，系统基于规则表达方式，用户更易掌握，同时具有很强的模块化特性，提高了模块的重用度。IDSS 可以细分为基于专家系统的决策支持系统、基于人工神经网络的 IDSS 是 DSS 和人工智能相结合的产物，是 DSS 研究的一个热点，初期综合了传统 DSS 的定量分析技术和专家系统的不确定推理的优势，较原来的 DSS 能够更加有效地处理半结构化与非结构化问题，通过专家系统的支持，能够解决决策支持中的部分定性分析问题。但是，到目前为止专家系统对定性知识处理能力依旧较弱，尚无法解决很多不确定性分析问题，并且专家系统实际运行时，存在很多不尽人意的地方：如专家系统一般采用直接操纵界面，而随着任务复杂性的增加，用户的操纵过程将越来越繁琐，直接影响问题的求解；专家系统一般不是从传感器而是从用户那里获得信息，但是现实中用户常常与专家系统的构建假设不一致，使专家系统无法正确发挥其作用；专家系统解决问题时，为了保证求解问题的有效性，提供了以符号逻辑为基础的严密推理过程，但这些限制使得系统无法处理很多例外情况，降低了系统的适应性，使基于专家系统的智能决策系统适用范围狭窄。由于专家系统的缺点，在人工智能领域 Agent 技术出现并发展后，IDSS 逐步与 Agent 技术结合。Agent 技术在一定程度上确实可以避免专家系统的很多缺点，如 Agent 通过传感器获取信息，通过传感器和用户一起讨论问题，提供解答或求解的启发性信息，用户可以通过自然 Agent 身份成为系统的一部分，参与实现系统的功能。Agent 通过提供一些建议来帮助和补充人类问题求解过程，这些建议无需精确定义，只要用户能清晰提炼即可，再由用户将建议配入问题求解。一个好的建议往往比一个正确的解答更有效，因为前者包含了更多的协作和灵活的内容，Agent 之间以协作的方式解决问题有利于系统对问题更加全面的了解。但 Agent 内部仍然采用专家系统的推理和学习机制来实现其智能性，所以对定性问题、非结构化问题和不确定性问题的支持力度依旧较弱，难以有效地实现复杂问题的决策支持。

基于神经网络、遗传算法、自然语言处理等技术的 IDSS 在目前发展阶段同样也无法实现复杂问题的有效决策支持。IDSS 的研究重点放在模型的自动选择和自动生成以及模型库和知识库的结合运行上，忽视了群体专家的作用，难以有效建立复杂决策问题模型。当然 IDSS 的研究者也意识到了 IDSS 存在的缺点，目前的研究倾向于如何提高系统的柔性，从而提高系统的易修改性、适应性和问题求解的灵活性，在一定程度上可以增强系统处理复杂问题的能力。

（十）自适应决策支持系统

自适应决策支持系统（ADSS）是针对信息时代多变、动态的决策环境而产生的，它将传统面向静态、线性和渐变市场环境的 DSS 扩展为面向动态、非线性和突变的决策环境的支持系统，用户可根据动态环境的变化按自己的需求自动或半自动地调整系统的结构、功能或接口。对 ADSS 研究主要从自适应用户接口设计、自适应模型或领域知识库的设计、在线帮助系统与 DSS 的自适应设计 4 个方面进行，其中问题领域的知识库能否建立是 ADSS 成功与否的关键，它使整个系统具有了自学习功能，可以自动获取或提炼决策所需的知识。对此，就要求问题处理模块必须配备一种学习算法或在现有 DSS 模型上再增加一个自学习构件。归纳学习策略是其中最有希望的一种学习算法，可以通过它从大量实例、模拟结果或历史事例中归纳得到所需知识。此外，神经网络、基于事例的推理等多种知识获取方法的采用也将使系统更具适应性。

综上所述，各种不同类型的决策支持系统具有不同的应用范围，针对具体应用往往需要结合考虑实际系统的特点采用其中的一种或几种方式的集成，从而满足系统的要求。

四、决策支持系统的发展趋势

决策支持系统的发展经历了数据驱动、模型驱动、知识驱动等过程，目前开发基于 Web 的 DSS、基于 GIS 的 DSS 已成为决策支持系统发展和应用的主流，一些新的有发展前途的研究领域正成为当前决策支持系统研究的热点，决策支持系统的发展趋势可归纳为以下几点。

（一）结合知识管理的 DSS 研究

不断强化知识管理的功能，提升系统的知识管理与知识综合应用能力，是决策支持系统研究新的方向之。具有知识学习能力的 IDSS 的智能主要体现在系统能利用专家知识辅助决策，并能够随着决策环境的变化改变自己的行为，要求其知识处理系统能随环境变化学习新知识，更新知识库。知识管理与应用则涉及推理知识、描述知识和过程知识，从而支持问题求解过程。另外，将知识管理理论与方法应用于 DSS 的实现中，可以实现专家经验（隐性知识）的分享，提高系统的决策支持水平与能力。

（二）结合不确定性推理的 DSS 研究

在现实世界中普遍存在许多的不确定性，为了有效地解决这类问题，专家们发展了不确定性推理方法，主要包括模糊逻辑、神经计算、概率推理、证据理论、遗传算法、混沌系统、信任网络及其他学习理论。现有的人工智能技术主要致力于以语言和符号来表达和模拟人类的智能行为，不确定性推理方法则通过与传统的符号逻辑完全不同的方式，解决那些无法精确定义的问题决策、建模和控制，这些方法已在很多领域的决策问题中得到研究和应用，如不确定信息表示及其建模方法以及结合证据理论的群体决策支持系统。

（三）空间决策支持系统的研究

地理信息系统（GIS）决策支持系统（DSS）以及融合 GIS 的空间分析技术和 DSS 的多模型组合建模技术形成的空间决策支持系统（SDSS）是一个非常有发展前景的研究方向。SDSS 是 DSS 的一个新的分支，其最主要的行为是空间决策支持，空间决策支持系统融合了 DSS 的多模型组合建模技术与 GIS 的空间分析技术，是面向空间问题领域，集成了空间数据库和数据库管理系统，模型库和模型库管理系统等，能帮助用户对复杂的半结构化和非结构化的空间问题做出决策的计算机信息系统。它强调的是空间的数据结构和对各种空间数据的分析，根据已有的结合了数据库、模型库、知识库的决策技术，并最终给出相应的决策结果。

（四）决策支持系统的应用

系统功能的日臻完善，推动了 DSS 的应用向更广领域扩展，DSS 将不再仅仅是某些特殊人使用或特殊领域使用的工具，随着其功能的扩充，应用面将越来越广泛，将成为社会发展中任何决策者都可以使用的有效工具与手段。如结合电子商务的决策支持系统，它在支持一般决策的基础上，引进和集成电子商务平台的功能，形成与电子商务的集成、融合发展的态势，向决策者提供多种分析模型和多种分析角度，在市场-客户-产品等多种条件下进行多维度分析。环境决策支持系统研究，就属于决策支持系统应用的重要领域之一。

总之，DSS 是一个融多种学科知识和技术于一体的集成系统，随着管理理论、行为科学、心理学、人工科学等相关学科的不断发展，尤其是计算机技术、网络技术等现代信息技术的不断发展，DSS 的应用研究将不断深入，逐步向着高智能化、高集成化和综合化方向发展，为社会发展做出更大的贡献。

第二节　环境决策支持系统概述

一、环境决策支持系统定义

由于环境问题的复杂性、多变性和不确定性，使环境管理决策者的工作困难重重。为了保护环境，实现社会、经济、人口、资源和环境协调发展，国内外专家学者将环境决策支持系统（environmental decision support system，EDSS）的开发作为环境管理的重要工具加以研究，EDSS 成为环境科学研究的热点之一。

环境决策支持系统目前尚无统一的定义。通常而言，EDSS 是指建立在环境管理信息系统的基础上的 DSS，它为环境保护决策者提供了一个现代化的决策辅助工具，从而提高决策的效率和科学性。EDSS 以信息科学、地理科学、系统科学、环境科学和计算机科学为基础，具有多功能、多层次、多选择、自学习的特点，是环境管理者和决策者的辅助工具。

二、环境决策支持系统结构

EDSS 的结构参见图 8-3。可分为三个层次，分别是数据获取和解释，诊断或预测，决策支持。通过这三个层次的分析可描述环境问题的复杂性，并表达不同层次间的相互作用。

EDSS 的数据需求可分为空间数据和业务数据两大类，其中业务数据从获取方式上，可包括基于物理、生物或者化学分析方法的离线数据获取，以及基于监测仪器设备感知的在线数据获取。空间数据是地理信息系统 GIS 平台得以发挥作用的基础。

EDSS 在诊断分析层面，通常采用的技术方法包括：人工智能技术、统计模型、数值模型，以及基于以上方法的模型集成或者推理。

EDSS 的最终决策过程通常应考虑经济成本的约束和环境健康影响的约束，通过人机交互与决策过程的反馈机制，最终形成最佳决策方案。

三、环境决策支持系统面临的挑战

(1) 友好的用户界面。决策支持系统需要整合复杂的技术信息和非技术信

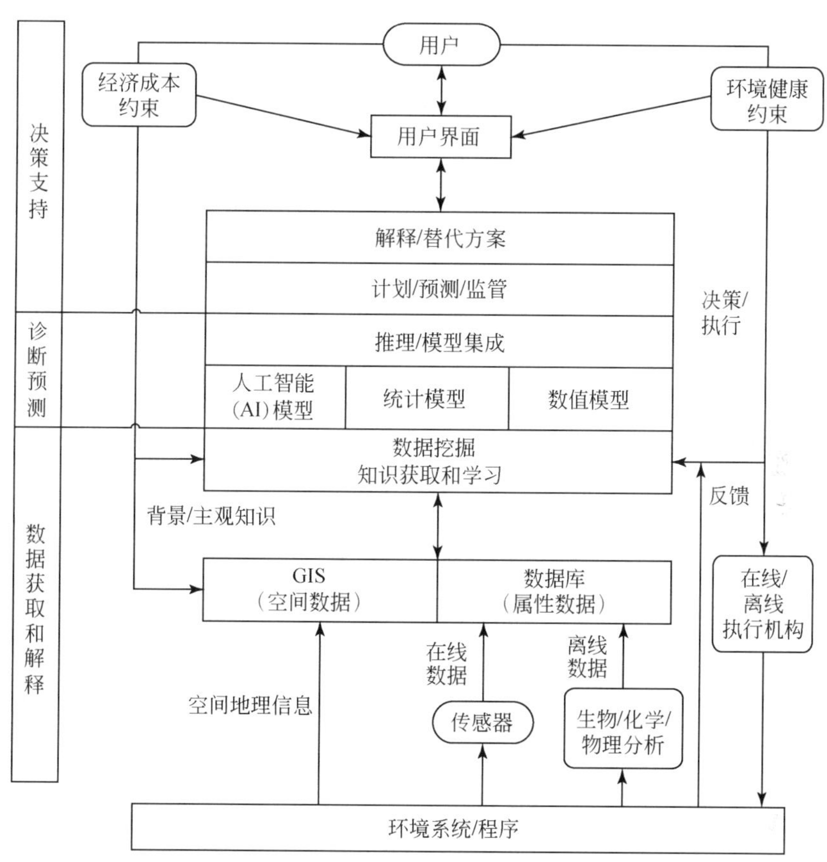

图 8-3 EDSS 结构

息，以便支持多元决策。这些信息通常是从利益相关者那里获取，所以设计一个友好的用户界面尤为重要。

（2）用户参与开发。为了更好地了解和满足用户的需求，在开发的过程中需要通过研讨会、调查访问、应用测试等方式让专家和可能的用户参与进来，从而使获得的决策系统更加实用化。

（3）群决策。在系统开发过程中需要寻找一个令多方满意和可行的方案，往往需要群策群力，让多个决策参与者共同进行思想和信息的交流，当然需要由某个特定的人做出最终决策，并对决策结果负责。

（4）安全性和稳定性。为了确保系统的可靠性，防止因概念、设计和结构等方面的不完善造成的软件系统失效。对开发者有许多要求：如对软件的更新、电源故障以及安全隐患的考虑等。

（5）数据的准确性。基础数据的建立要实行标准化，也就是说，在导入基础数据时，按固定的格式进行导入。除了在基础数据整理的时候要注意数据的质量以外，在用户输入系统的时候，系统也要能够进行一些自我的判断，在系统中实现技术层面的限制，以提高系统中数据的准确性。

（6）灵活性和适应性。软件在不同的系统约束条件下，使用户需求得到更好的满足。适应性强的软件应采用广为流行的程序设计语言编码，在流行的操作系统环境中运行，采用标准的术语和格式书写文档，这样软件就更容易得到推广使用。

第三节　环境决策支持系统研究进展

从20世纪70年代起，国际上开始研究EDSS，在30多年里，计算机、人工智能、数据采集与管理、远程通信等技术得到飞速发展，而信息高速公路和计算机网络的建设，为EDSS的研发与应用创造了良好的外部条件和广阔前景。国内外在EDSS的理论研究和实际应用上都已取得了一定的成就。

一、水环境规划与管理

1977年，美国研制了河流净化规划决策支持系统GPLAN，这是最早的EDSS之一。GPLAN实现了模型库与数据库管理系统的自动接口，并将人工智能应用于模型的排序与构造，但是其能力还相当有限。

在葡萄牙政府资助下，Camara等（1990）将苹果公司信息处理工具Hypercard用于开发西欧Tejo海湾水质管理的决策支持系统Hypetejo，成功地运用了Hypercard软件强大的用户界面设计、数据及图形式数字化地图处理功能，实现了海湾污染扩散和面源污染计算，以及污水处理系统优化等功能。

Gough和Ward（1996）为保护新西兰Ellesmere湖湿地生态环境而开发了湖泊环境管理DSS，该系统实现了对湖泊水环境的监测、评价和调节，为湖泊水环境管理提供了依据。MULINO DSS则是由Mysiak等（2005）开发的水资源管理DSS。该EDSS是一个针对复杂水环境问题的多指标决策系统，主要是为了解决日益复杂的水环境管理决策问题，同时还建立了流域可持续发展管理的框架。

另外，Davis等（1991）开发的水库水质保护DSS，Booty等（2001）开发的北美五大湖有机污染DSS，Nauta等（2003）开发的海湾水资源综合管理DSS和Adenson等（2005）开发的污水收集系统设计DSS等EDSS在用户界面设计、空间数据分析和人工智能诸方面都各有特色。

国内孟凡海和吴泉源（2001）以GIS遥感技术（remote sensor，RS）DSS为基础构建了龙口市水资源环境管理决策支持系统。系统的建立使水资源决策更加科学化和自动化，使有限的水资源得到可持续利用。

曾凡棠等（2000）采用了地理信息系统、数据库管理系统、模型库管理系统和专家系统等技术，开发了一个适用于潮汐河网区水环境管理和决策的软件系统，用于协助政府部门进行有效、科学的水环境管理，提高复杂潮汐河网地区的水环境管理和决策水平。

于长英等（2007）开发了大连城市水资源管理决策支持系统，它以数据库、模型库、知识库、方法库为基础，以 GIS 为技术支撑建立的大连城市水资源管理决策支持系统，实现了对水资源空间数据、属性数据信息的实时监测、更新，为城市水资源合理配置提供了动态化、信息化、智能化管理。

崔磊等（2008）结合地理信息系统技术，遵循系统功能层和数据层并行设计的技术路线，研究与开发了区域水环境信息管理系统，系统中集成了数据库管理系统、地理信息系统和人工神经网络水质预测模型，能够实时、直观地对区域水环境信息进行可视化表达，并根据系统对警报阈值和应对建议的值，为水资源的监测和管理提供决策支持功能。

郑铭等（2007）在 GIS 平台上集成开发了水资源管理决策系统，主要针对长江镇江段采用河流数字网络模型、水质模型与 GIS 的耦合，对时空实时处理提出了解决方法。同时，利用该系统可以对水资源进行监控和管理；对空间特性和属性信息进行查询、分类、汇总、统计分析，可以分析水质变化和未来趋势，实时监控水质情况和污染源，防止污染，并进行辅助决策分析。崔宝侠（2005）针对辽宁省水资源短缺、污染严重的现状，为了提高水环境的管理水平、促进水资源的可持续发展，在 GIS 平台上设计了水环境评价决策支持系统，其主要工作是在系统中结合了遥感图像的处理，并将处理结果用于水环境的评价。

二、大气环境质量管理

日本学者 Kainuman 和 Morta（1990）研制了预测东京湾开发计划对大气环境质量可能产生影响的 DSS。它由 8 个子系统组成，其中 3 个子系统用于与管理相关的数据和模型，2 个子系统用于识别环境问题，其余 3 个子系统用于建模和模拟。其特点在于融入了各相关领域专家的知识和判断，通过语义模糊模拟分析环境状况，把专家的知识与数据结合在一起建立计算机模型，可预测各种政策对未来大气环境可能产生的影响，为大气环境预测的智能化进行了有益的探索。

Air GIS 是由丹麦学者 Jensen 等（2001）针对城市交通面源污染与人体暴露水平预测的决策问题而开发的 EDSS；土耳其学者 Elbir（2004）也开发了土耳其大型城市空气质量 DSS，这两个 EDSS 都应用了 GIS 技术，实现了空气污染的估值、分析和可视化。

国内，赵伟等（2003）探讨了地理信息系统和大气环境质量模型在不同层次上的集成模式，提出了地理信息系统和大气质量模型集成系统的体系框架，并以这些理论研究为基础，进行了地理信息系统和大气质量模型紧密结合模式的系统软件设计与开发，为大气环境质量模型在GIS平台的应用打下基础。

王自发等（2006）开发了空气质量多模式集成预报系统。系统中区域空气质量模式包括中国科学院大气物理研究所自主开发的嵌套网格空气质量模式系统（NAQPMS）模式、美国环保局开发的Models-3/CMAQ模式及美国Environ公司开发的CAMx模式等，均使用SMOKE排放模型统一处理大气污染排放清单。此系统各模式采用统一的模拟区域和网格分辨率，采用中尺度气象模式MM5提供统一的气象场，并采用算术平均、权重集成等方法集成各空气质量模式结果，并投入北京、广州等地空气质量业务预报，有效支持了空气质量保障。目前，空气质量数值预报系统建设已经成为我国许多环保部门推动区域空气质量联防联控的决策的重要手段之一，具有良好的应用前景。

三、污染场地管理决策支持系统

目前，污染场地的风险评价与环境监管是我国环境保护领域的热点问题。污染场地管理涉及的信息与数据量庞大，从污染场地调查、人体健康风险评价、生态风险评价到修复技术可行性分析以及对场地再利用方案的社会经济效益评估等，面临的这些问题多为半结构化或非结构化问题，其决策则属于半结构化或非结构化决策。而且在许多情况下，污染场地风险评价和修复技术选择需要先进的模型管理和大量的数据分析。对于污染场地管理，决策支持系统可以在以下方面提供帮助：①场地特征数据分析，包括场地特征的可视化、污染场地数据的整合；②场地污染性质和污染程度分析；③数据价值分析；④场地修复方案分析，包括修复方案的选择、分析与优化；⑤场地环境风险评价；⑥经济成本和效益分析。

目前开发的污染场地管理决策支持系统多达三十余种，其中一些得到广泛应用。表8-1列举了来自不同国家的八个污染场地管理决策支持系统，这些系统在过去的十多年间为人们所使用，经过了大范围的验证，为解决较为复杂的场地管理问题提供了帮助。在内容结构上，虽然各决策支持系统来自不同的国家，且开发的平台也不尽相同，但可以看出，污染场地管理决策支持系统大多由几个相联系的模块组成，每个模块完成各自功能。比如，DESYRE是由6个模块组成；RAAS有两个主要的模块组成（ReOpt模块提供对技术、污染物和法律法规等信息的描述，MEPAS模块进行人体健康风险评估）。另外，对于每个系统，各个模块或工具之间的相互关联、相互支撑使得决策功能更加强大，在DESYRE，

SMARTe 和 WELCOME 等系统中，信息流从数据输入贯穿到修复方案的确定，用户可以逐步完成每个阶段的应用。不同污染场地管理决策支持系统比较见表 8-1。

表 8-1　不同污染场地管理决策支持系统比较

DSS	获取方式	使用者	主要功能	说明
DESYTE	商用	M	a，b，c，d	由意大利大学部资助，威尼斯研究联合会与威尼斯大学研究开发；采用 Windows Access 数据库
ERA-MANIA	商用	M	e	
RAAS	商用	M	d，e	美国能源部开发；适用平台：Windows
SADA	免费下载	M	b，c	美国田纳西州大学开发，适用平台：Windows
REC	商用	M	d，e	由荷兰原位生物修复研究计划（NOBIS）资助开发
DECERNS	商用	M	e，f	佛罗里达大学、剑桥环境公司开发；适用平台：Windows；开发语言：C++
SMARTe	商用	M	a，c，e，f	美国环保部开发；基于 WEB；适用平台：Windows，Linux
WELCOME IMS	商用	M	d，e	基于 WEB

注：1 使用者：M–专业场地管理人员；S–场地利益相关者；2 主要功能：a–场地特征数据分析；b–污染性质和污染程度分析；c–数据价值分析；d–修复方案分析；e–风险分析；f–成本利益分析。

总体而言，我国的污染场地管理决策支持系统的研发还处于起步阶段，成熟的应用系统或者工具还鲜有报道。

四、突发环境事件应急管理

自 20 世纪 60 年代以来，许多发达国家处于环境污染高发期，不但包括严重的常规性环境污染，而且频繁发生重大化学品、危险品的生产、运输、使用和消亡过程产生的环境污染突发事故，造成了巨大的损失。在严峻的形势下，国外各国政府，尤其发达国家制定了一系列应急管理措施，并逐步建立起相应的应急管理机制和信息化建设系统。

美国在突发事件应急管理的信息技术开发和应用方面已经取得一定的成效，提高了应急信息服务的统一性和共享性，建立了标准化的应急信息技术支撑体系，为突发环境污染事件应急管理各方面工作提供了相应的信息服务。在增强突发环境污染事件的控制能力方面，美国环保局化学突发事件防控办公室

(Chemical Emergency Preparedness and Prevention Office，CEPPO）和国家海洋大气局（NOAA）开发了突发事件应急计算机辅助管理（computer aided management of emergency operations，CAMEO）软件，包括了有害化学物质的详细信息，大气扩散模型、地图绘制、紧急计划报告等，并具有一定的计算能力，为化学性突发环境污染事件的应急管理提供了技术指导和决策支持。美国的毒物暴露监测系统(toxic exposure surveillance system，TESS）及时收集美国的毒物控制中心的报告，用于对化学污染所致疾病爆发的早期识别。TESS 数据可作为代理标识码，具有诊断和早期预测潜在事件发生的功能，该系统已成功应用于识别几起潜在爆发的重大环境卫生事件，包括一起地方教堂集会的砷中毒事件，某州发生的水和食物污染事件等，在国家的应急演练中也发挥了重大作用。

在环境卫生健康保护方面，由美国国家医学实验室开发了突发事件应急工作者无线信息系统（wireless information system for emergency responders，WISER)，为现场工作人员和公众在第一时间内提供相关的应急信息资源，该系统拥有有害物质的全面信息，包括危险物识别支持、理化性质、健康影响信息以及处理与控制的建议，极大地减少事件造成的健康危害。

此外，美国还建立了综合的应急管理信息系统——联邦紧急事件管理系统(federal emergency management information system，FEMIS)，为紧急事件应急人员提供了计划、协调、应急反应和训练支持。它是一个基于应急计划开发的整合突发事件全部阶段的自动化的决策支持系统，有其独特之处，计划中的应急行动可能在实际的应急响应中得到重现和执行，使应急人员能够预期并有计划地应对各种事件情况。该系统整合和利用外部实时数据资源，如气象信息等，以一定方式展现给应急人员。它提供了包括污染追踪、时间动态信息、危害模型、任务表、状态报告、疏散模型、联系表在内的全部信息，为事件应急提供决策支持。在突发事件发生时，FEMIS 能辅助应急人员更快地进入和执行应急计划，有效地减少事件对人的危害。

欧洲于 2001 年启动的全球环境与安全监测（global monitoring for environment and security，GMES）负责执行涉及环境与安全的信息服务，基于从地球同步卫星接收的观察数据和地面信息，对数据进行整理分析并为最终用户提供决策支持。在突发事件应急响应时，可以迅速提供事件现场的地图绘制服务以及环境监测、评估等信息服务保护公众的安全，从而有效地应对突发环境污染事件。

为减少大西洋海岸石油泄漏事故的影响，加拿大环境科学家开发了计算机绘图系统软件，不仅可以识别环境突发事件中最重要的海岸和事故中易受攻击海域资源，还可根据现场情形推荐最佳保护方法和清理技术，辅助应急人员快速有效地制定应急策略。该系统软件采集了全部溢油事件中产生的报告、地图、照片等信息，可作为预防溢油事故的计划编制和培训应急工作人员的工具。加拿大其他环境部门增设部分功能将其应用于各自的服务领域，取得了良好的应用效果，引起了国外的广泛关注。除了动态的应急管理信息支持系统，加拿大还建立了国家级化学危害响应信息系统数据库，其中有1300多种有害物质的详细信息记录，如理化性质、个体防护设备和急救建议、水污染、海运、污染物的分级和分类等，适用于包括石油泄漏事件的多种类型突发环境事件应急响应，为应急管理提供了技术和决策支持。在环境卫生领域，加拿大的全球环境卫生智能网络（global public health intelligence network，GPHIN）是基于互联网的早期预警系统，通过监视全球范围新闻、网络的媒体资源收集和散布疾病爆发和其他环境卫生事件的相关信息，经自动化的加工过滤，获取相关程度高的信息，由加拿大环境卫生机构GPHIN官员对信息进行分析做出报告，对可能发生的环境卫生事件在最初阶段及时通报有关机构和公众，为应对潜在的环境卫生威胁提供早期预警。

为应对各种灾难、事故引起的突发事件，澳大利亚多个部门合作建立了灾害信息网络（australian disaster information network），是服务于澳大利亚紧急事件应急管理团体的国家级知识和信息网络，工作人员可以通过该网络获取突发事件应急各阶段的数据、信息和知识，成为澳大利亚紧急事件管理系统的一部分，它不具备采集实时数据的功能，可以通过链接其他提供实时信息的网站，为突发事件的应急处理提供全面及时的信息技术服务。

我国在“十五”期间启动并完成了公关课题——“重大环境污染事件防范和应急技术体系研究”，取得了一系列成果，构建了危险源数据库系统，并建立了涵盖数据库管理、GIS操作和污染事件模拟三大功能模块的突发性环境污染事件决策支持系统的基本框架。

2003年12月，原国家环境保护总局制定了《处置化学与核恐怖袭击事件应急项目规划》，同时从国家财政部获得了每年5000万元（2004～2007年）的项目经费支持，随后原国家环境保护总局于2004年5月开始依据此规划进行项目的实施工作；2006年4月，原国家环境保护总局为了提高反恐应急项目的建设进度和实施效果，决定在已有的工作基础和规划的指导下，编制了《处置化学与核恐怖袭击事件应急项目总体建设方案》；2008年4月，时任环境保护部副部长周建主持专题会审议通过了《处置化学与核恐怖袭击事件应急项目总体建设方案》。方案共包括4个方面的建设内容：环境保护部部级应急指挥系统建设、环境应急与事故调查中心化学品应急指挥系统建设、核安全局核恐怖袭击应急指挥系统建设和环境监测总站应急指挥系统建设。

2010年，针对当前我国突发环境污染事故频发，环境风险源识别与分级技术方法缺乏、风险源排查与风险源信息管理不规范等问题，环保部通过对石油、化工等重点行业环境风险因子识别，确定环境风险物质临界值，提出影响环境风险识别的主要指标，建立企业环境风险分级分类评价方法，编制《企业环境风险源分级分类方法》，并建立区域环境风险评估方法，构建基于 GIS 的环境风险管理系统，为重点行业环境污染事故风险源的识别及常态化监管提供技术支撑。

随着国家应急平台建设的日益深入，我国部分省市也在环境应急管理系统建设方面开展了积极探索。河南、浙江、江苏、重庆等省，以及北京、天津、济南、吉林、沈阳、焦作、大庆等地市均开展了环境应急管理信息系统的建设。这些系统的建设对于规范应急管理流程，促进应急管理相关基础信息的梳理整合与信息资源的完善起到了积极的推动作用。但是由于整体上我国环境应急管理工作起步较晚，环境风险源的基础现状尚未全面彻底摸清，风险评估、污染扩散模拟、事件损失鉴定等的标准规范尚未建立，针对风险预防缺乏有效的预警监控体系，且在应急响应多部门联动的协调机制方面缺乏有效的制度保障，在很大程度上限制了应急管理信息系统能效的发挥。

五、其他环境决策支持系统

除了水环境和大气环境，DSS 还广泛应用于环境科学的其他相关领域。如美国学者 Chang 等（1996）、意大利学者 Costi 等（2004）都开发了相应的城市固体废物管理 DSS，为城市固体废物管理和循环利用提供了决策支持。Dragan 等（2003）开发的土壤侵蚀 DSS 则主要是为了决策通过调整农作物种植范围来减少埃塞俄比亚北部地区的土壤侵蚀。1994 年 Briassoulis 和 Papazoglou 开发了多标准的 DSS 评价土地的可持续性，1999 年 MacDonald 和 Faber 提出了土地持续利用规划系统。国内在“九五”科技攻关项目的资助下，成功研制出区域可持续发展评价系统，可进行全国主要省、市的可持续发展分析研究。

第四节　环境决策支持系统的设计

一、系统的开发方式的选择

目前，国内外在进行 EDSS 的开发时，主要采用 GIS、ES、DSS 等信息系统与环境模型集成的开发方式，充分发挥 GIS 的空间数据处理优势和环境模型的时间序列预测优势。在系统集成的方式上，有紧密耦合（tight coupling）和松散耦合（loose coupling）两种开发形式。其中紧密耦合成为集成的主流和发展方向。

从开发工具角度看，目前面向对象的开发软件（如 VB、VC、DELPHI、PB

等）成为 EDSS 的首选平台；GIS 成为开发 EDSS 空间分析功能的主要工具；SQL、ORACLE 等数据库管理系统（DBMS）成为 EDSS 的数据库管理工具；由于 Fortran 语言具有强大的科学计算能力，成为环境模型的开发工具。将这些开发手段系统地集成在一起，构成了 EDSS 的开发工具群。

二、系统的基本功能的设计

EDSS 具有很强的专业性，其基本功能的设计以环境管理规划、环境科学研究、环境决策支持和环境信息服务为主，主要包括：①数据的输入输出；②查询功能；③预测分析；④空间分析，主要利用 GIS 进行环境问题的空间分析；⑤决策分析，结合 ES、GIS、DSS 进行决策分析；⑥推理判断；⑦环境管理；⑧Web GIS 信息发布。

三、系统的开放接口的设计

（1）模型库系统与数据库系统的接口，数据的转换必须有标准的数据接口，而环境模型面临不同格式、不同来源、不同要求的数据处理，增加了数据处理的难度，如何从外部数据库中调入数据以便采用模型进行处理，成为数据接口的主要任务，核心就是对数据进行预处理，进行数据格式的转换，以适应模型的要求。

（2）应用模型软件与 GIS、ES、DSS 的接口，目的在于增强系统的时序预测功能和空间分析能力，是系统集成方法研究的重要内容，核心是应用模型软件与 GIS 的无缝集成，提高系统的集成度。

（3）EDSS 与系统外部环境的接口，系统的开放性决定了系统的更新能力，EDSS 必须与各种外部应用软件、环境信息系统相兼容。主要包括专家知识库的随时更新、修改；环境基础数据库的添加、删除、修改；地理信息数据的更新等内容。

四、开发 EDSS 的关键技术

（一）环境模型与 GIS 的集成技术

1. 面向生态环境研究的空间问题建模

生态环境系统（包括自然地理、经济和社会系统）是一个变量众多、结构交错、关系复杂并随时间推移发生状态波动的巨大复合系统。系统中的生态环境要素同空间位置密切关联，其空间变量效应近年来愈加引起关注，特别是尺度和空间模式等基本因子在生态研究中的重要性显著增加。正如 Allen 所定义的，生态地理建模（ecogeographical modeling）是对各种时空尺度的生态系统结构、空间格局和过程的定量描述，最终目标是模拟生态系统及其服务功能的空间演化规律。

整合空间数据模型和生态属性及其语义特征，是生态环境信息集成并映射到生态知识的 GIS 建模途径。然而，空间信息的本质是海量的、不确定的、动态的和不完备的；同时，蕴含在空间变量中的生态知识以不同的模式、结构、关系和规则存在，而不仅是空间信息的简单集合。因此，面向生态环境研究的空间问题解决方案，首要面临的是 GIS 模型扩展和模型集成，其次是语义表达问题。

地理空间分析和建模（geospatial analysis and modeling，GAM）早已在地理信息科学中确立了重要地位，大多数 GIS 软件具备 GAM 功能。虽然 GAM 目的是从地理空间信息中提取知识，但主流的商业 GIS 软件包并不完全支持复杂多样的生态环境建模，研究人员往往需要利用已有的 GIS 空间分析和模拟工具，再结合特定的研究目标和算法模型，扩展现有 GIS 的建模功能。例如，在生物多样性领域，物种的行为和生态系统的组件都可用恰当的 GIS 模型来分析。张洪亮等（2000）在构建野生动物生境的 GIS 模型中引入贝叶斯统计推理，对印度野牛的生境概率进行了评价；王金亮等（2004）结合专家系统、神经网络、遗传算法等数学模型扩展野生动物生境建模的智能化 GIS 应用，可弥补 GIS 空间数据分析和建模在启发式推理能力上的不足。

利用 GIS 对生态环境的空间问题建模，可以分析和挖掘不同范围和尺度的生态及地理特征、规则和知识，其建模过程需要比较模型集成机制的内部特点和适用范围。模型与空间分析工具的集成方式决定了模型的适用性和扩展性，影响到基于模型的信息系统的开发策略和运行效率。

2. 生态环境模型与 GIS 的集成方式

模型与 GIS 的集成问题对环境学家和 GIS 专家都是一个挑战，这种挑战超越了 GIS 软件包和数学模型之间的简单链接，或从 GIS 图层直接提取参数将其融合到某个模型。GIS 模型集成应用是由需求目标驱动的，在不同的发展阶段和技术背景下，集成的方式和层次有所不同，分类归纳如下。

方式 1：用高级语言实现算法原型，定制 GIS 软件的 GUI，通过定制后的菜单或按钮调用模型，由 GUI 传递参数，模型的扩展性和交互性弱，与 GIS 紧密耦合；

方式 2：用宏语言编写模型算法和事件驱动程序，对 GIS 软件定制调用模型的 GUI，由 GIS 软件直接执行模型，模型的扩展性和交互性弱，与 GIS 紧密耦合；

方式 3：用科学计算语言编写模型包含的数学算法，再通过高级语言传递模型参数，GIS 调用外部模型并分析结果，模型的扩展性和交互性弱，与 GIS 松散耦合，可脱离 GIS 平台运行；

方式 4：基于 GIS 开发组件提供的接口，通过高级语言编程调用其自身的空间分析功能，构建并执行模型，模型的扩展性和交互性强，与 GIS 紧密耦合，可脱离 GIS 平台运行；

方式 5：对需要大量协作的复杂模型集合建立模型库，用模型字典管理模型，通过 GIS 模型库引擎驱动模型执行，模型的扩展性和交互性强，与 GIS 紧密耦合，可脱离 GIS 平台运行；

方式 6：开发建模工作流引擎，提供模型动态交互接口，驱动 GIS 建模引擎对模型进行解释并完成空间分析运算，模型的扩展性和交互性强，与 GIS 紧密耦合，可脱离 GIS 平台运行；

方式 7：基于 SOA，模型与 GIS 的集成以及建模工作流的执行通过建立 Web 服务来提供，模型的扩展性和交互性强，与 GIS 松散耦合，可脱离 GIS 平台运行。

1）基于简单二次开发的模型调用

1991 年，在美国召开了首次 GIS 和环境模型集成技术国际研讨会。早期的 GIS 模型集成主要依靠异构系统间的链接，通过简单的数据文件交换实现数学模型和空间模型的低层次互操作。随着 GIS 宏语言的迅速发展，事件驱动和过程调用逐渐成为基于 GIS 简单二次开发的模型集成方式。方式 1 和方式 2 建立的模型与 GIS 共享界面，处于紧密耦合状态，由于参数的传递需要定制 GIS 软件的 GUI 建立数据交换接口，因此模型强烈依赖于 GIS 运行环境，扩展性和交互性较弱。如 Thirumalaivasan 等通过 Avenue Script 定制基于 Arc View 的模型分析菜单，再用 VB 6.0 实现层次分析法，通过 GUI 输入模型参数计算模型分级和权重，调用 AHP-DRASTIC 模型完成蓄水层的脆弱性评价。阚瑷珂等采用 Avenue Script 编写了基于 DEM 的带状剖面模型及参数对话框，在 Arc View 中集成数字地貌分析工具。这种方式将模型嵌入 GIS 内部运行，易于整合系统自带的空间分析功能，模型执行效率较高。

2）GIS 组件开发

组件式二次开发是 GIS 应用系统的主流开发方式，GIS 组件是方式 3 和方式 4 中建模系统的搭建平台。当模型与 GIS 松散耦合时，模型算法由其他语言或第三方软件实现。重构模型的主要工作与 GIS 无关，GIS 只起到辅助分析和结果展示的作用。模型的扩展性和交互性受限于外部系统而较弱。例如，杨旭等（2005）将 Fortran 编写的地下水资源评价模型导入 SuperMap 集成，利用 GIS 的空间分析及可视化表达功能，为地下水资源管理提供空间辅助决策支持。Crossman 等（2007）在 VB 中创建 ActiveX DLL 与 ArcMap 交互，开发了自然保护区评价和设计优化系统（CREDOS），系统调用第三方优化器生成解决方案，利用 ILOG 组件库完成优化分析，优化模型和数据文件用 OPL 脚本编写。虽然实现了对空间数据预处理需求的最小化，并能快速执行空间分析，但缺点是依赖于第三方软件包和 ILOG CPLEX 引擎。

当模型与 GIS 紧密耦合时，模型在本质上是 GIS 空间分析功能的有序组合，可对组件接口进行复杂建模功能的扩展，也称其为内嵌式集成，是一种完全集成的方案。如程满等（2007）将土地定级模型和空间问题建模过程相结合，开发了基于 ArcGIS Engine 的信息系统，通过调用相关类模块实现预定义的模型流程。利用组件开发建模的方式还可向 GIS 底层开发进一步延伸，封装模型算法于 GIS 控件的内部函数，通过扩展控件接口更新模型。但这种方式在解决通用空间建模问题上难度较大，目前只能满足特定区域的一般性分析要求。

3）模型库管理

宏观生态学的不断发展使生态环境研究倾向于区域甚至全球尺度，生态问题的复杂性和生态模型的多样性不断增强，以至于需要越来越多的模型进行抽象和表征，包括模型间的相互关联和协作。

通常的 GIS 模型集成方法已难满足多元问题的建模需求，模型库应运而生，模型库管理（方式 5）也被认为是最有前景的 GIS 模型集成方式之一。如林年丰等（2000）提出将环境评价、预测、预警、模拟、仿真、规划和决策等方法有机结合，组成模型库或制成模型软件包。应用程序通过模型库管理系统访问模型，模型字典成为模型库管理系统的核心，负责对模型的分析、定义、设计、实现、操作和维护，这种机制一方面降低了模型与 GIS 的耦合性，另一方面提高了模型的扩展性及其管理效率。范泽孟等（2004）提出用面向对象方法表达资源环境数学模型，并把模型分为两个层次：模型类和模型实例，采用“视图-模型库-引擎”结构开发了一个模型库管理系统原型。模型库引擎由函数库和 GIS 功能库组成，引擎在与 GIS 完全集成的环境下处理模型实例，提高了模型的执行效率。

4）空间信息处理工作流引擎

与模型库发展方向不同，GIS 建模工作流引擎更关注模型的灵活性和如何更大限度发挥 GIS 对复杂空间问题建模的优势。建模本身是一个动态交互的过程，但过程驱动的结构化或半结构化模型易受程序执行方式的制约。通过开发基于空间信息处理流程的智能模型引擎可有效提高多目标、多流程空间问题的解决能力。空间信息处理过程是以空间分析应用为目的、按照空间应用逻辑组织在一起、以空间数据为处理对象的一系列空间活动的偏序集合。良好的空间信息处理过程有助于实现 GIS 空间问题建模，建模过程适合用特殊的工作流表达。刘瑜等（2005）认为，空间信息工作流（geo-workflow）是支持空间过程建模并在空间语义约束下执行的科学工作流，一个建模过程对应一个空间信息工作流实例。

迄今陆续推出的一些空间信息工作流原型系统，如 GOOSE、Geo-Opera、SPMS、WOODSS 等，GIS 通过 WfMC 的被调用程序接口与工作流管理系统进行交互，确保空间信息工作流管理系统的灵活性和独立性。方式 6 实质是以 GIS 引擎控制空间信息处理工作流来解释和执行模型。建模引擎还能进一步与知识库和数据库集成，完成知识推理和知识智能提取。

5）基于 SOA 的模型服务

Web Service 引领了 GIS 面向服务架构（SOA）的新潮流。在 Web 环境下，生态环境模型与 GIS 的集成以及建模流程的执行可通过网络服务来提供，模型数据和模型软件均以 Generic Services 的形式存在，而不与某种特定的 GIS 软件紧密耦合。贾文珏等（2005）提出一种基于工作流技术的动态 GIS 服务链实现方法，由 GIS 服务动态选择机制将抽象服务映射到具体服务，并将工作流描述的 GIS 服务链流程送入工作流引擎执行。用户获取建模数据和操纵模型运行，无需再维护整套 GIS 建模软件及其流程，只需调用网络上的动态 GIS 服务，完成请求的建模任务即可。Flemons 等（2007）阐述了基于 Web 的生物多样性分析工具 GBIF-MAPA（mapping and analysis portal application）提供生物多样性调查计划和物种丰富度评价的解决方案，通过整合栅格环境数据和分析引擎获取生物多样性知识的工作流，以 SOA 方式来响应包含地理空间操作的生物多样性分析请求，采用 MapServer 完成可视化和抽取存储在 Post-GIS 中的空间数据集。在 Web 210 甚至 Web 310 的背景下，方式 7 将是未来 Web GIS 模型集成应用的发展方向，对于分布式异构空间数据资源和跨学科环境模型的整合以及互操作具有明显优势。

（二）异构模型集成技术

就特定应用领域而言，随着时间的推进，各类仿真模型越来越多，而特定模型都有很强的针对性，只能完成各自的功能，多个模型彼此是异构、孤立的。而实际环境中某些模型之间的数据是动态关联的，缺少数据交互可能成为整个系统方案的严重缺陷。如果丢弃现有的孤立模型，重新开发新的一体化系统方案是耗时耗力的，因此在单个模型需求变化不大的情况下，可以建立一套集成交互机制来确保模型间的信息交互，避免它们成为信息孤岛。

目前，针对异构模型交互机制的研究主要体现在异构网络、异构数据库和异构系统的交互等方面，已经取得了一定的研究成果。

异构网络融合是尽可能将各种类型的网络融合起来，在一个通用的网络平台上提供多种业务，网络融合技术极大地提升了网络的性能，在支持传统业务的同时也为引入新的服务创造了条件，成为支持异构互连和协同应用的新一代无线移动网络的热点技术。

异构数据库系统是相关的多个数据库系统的集合，可以实现数据的共享和透明访问。每个数据库系统在加入异构数据库系统之前本身就已经存在，拥有自己的数据库管理系统（DMBS）。异构数据库系统的目标在于实现不同数据库之间的数据信息资源、硬件设备资源和人力资源的合并和共享。其中关键的一点就是以局部数据库模式为基础，建立全局的数据模式或全局外视图。

异构系统集成是指在整个系统中，所有关联的应用都可以无限制地共享数据和相关的业务操作。其目的是将整个系统的业务流程、应用软件、甚至硬件联合起来，在多个应用系统间实现无缝集成，使之成为一个整体进行业务和信息处理。异构系统集成技术可以使企业内部、企业之间的业务管理、资源流通等环节协调运转，最终实现企业效益的提高。

异构模型本身复杂度较高，仿真结构存在很大差别，每个孤立的模型只能完成特定的功能，且无法与其他模型交互。在水力等专业领域，需要通过对现实系统的模拟，起到分析预测的作用，只有多个模型动态并行交互计算，才能保证模拟数据的真实性和准确性，所以急需一种集成交互机制来协调多个模型的运转。针对异构模型交互的特点，结合项目需求，在详细分析现有异构模型的基础上，将异构模型交互问题归纳为以下几个方面。

1. 交互验证

对于独立的异构模型的集成交互设计，形式化方法被公认为是一种行之有效的减少设计错误、提高系统可信度的重要途径。传统的形式化方法以严格的数学理论为支撑，对顺序计算的本质作了深刻的诠释。由于并发已成为新一代计算范型的本质特征，对并发计算的研究引起了许多学者的兴趣并取得了巨大的成果。而自动机和 Petri 网等传统的形式化方法不能对并发系统很好地建模和验证，而且 CCS（the calculus of communication systems）也对并发系统的描述不够充分。

（1）作为形式化的模型，传统的自动机理论在计算机科学中占有重要地位，产生了很多成熟的验证、检测软件和工具，并广泛应用于系统验证、网络协议验证和软硬件验证等领域。但是自动机理论仅仅描述了系统中状态的变化，对于系统与外界环境及系统内部的交互描述的力度不够，未能从根本上解决模型间通信的问题。

（2）Petri 网作为一种图形化和数学化建模工具，自 20 世纪 60 年代德国学者 Petri 提出以来，已经广泛应用于各个领域系统的建模、分析和控制。但是无法对某些活动进行有效的建模，系描述统容易变得庞大而难以理解，而且 Petri 网建立的模型在验证工具这方面有限而且尚不成熟。

（3）以通信系统演算 CCS 为代表的进程代数方法，在并发系统的规范、分析、设计和验证等方面获得了广泛应用。但是，CCS 中只能进行数据值的传递，这使得它的表达能力受到很大限制。虽然它可以对很多并发系统很好地建模，但对一些情况，例如对传递名字参数的调用，它无法直观地表达。相关专家研究人员对 CCS 进行扩充与改进后，产生了 Pi 演算。

（4）Pi 演算是在 CCS 基础上发展起来的，它具有更强大的表达能力，而其本身的实体却比 CCS 更少。对 Pi 演算的研究取得了许多重要成果：在编程语言方面有 Pict 和 ML2000 把 Pi 演算作为基础；在验证工具方面有自动的验证工具 MWB（mobile work bench）和交互式验证工具 PiM（the pi-calculus manipulator）等。综上所述，Pi 演算更适合描述动态并发系统。在建模阶段使用 Pi 演算有助于清楚地描述模型的工作流程；而在模型建立后，则可利用 Pi 演算来推演系统的行为，同时验证模型的正确性，可以发现系统行为不完整、死锁、缺少同步等缺陷。

2. 交互数据封装方式

语言的不同和开发平台的差异，导致应用程序相互通信的局限性。不过组件对象模型（component object model，COM）以及动态链接库（dynamic link libraries，DLL）的应用，在一定程度上缓解了异构交互技术上存在的问题，但是对于已有的地区性和针对性极强的模型，还未见有交互机制的实现与应用。

COM 技术是微软公司于 1993 年创建的一种软件组件结构标准，其最初目标是为了支持对象链接与嵌入（OLE）。COM 提供了创建兼容对象的技术规范及运行所需的 Windows 操作系统进程间通信规范。

动态链接库是 Windows 程序设计中一个非常重要的组成部分。首先，DLL 文件是经过编译的代码模块，它为应用程序提供支持；其次，DLL 文件是包含函数和数据的模块，它可以导出数据和函数，以供其他的 DLL 调用，当程序在运行时刻需要调用 DLL 中某个函数时，才会载入 DLL 文件；最后，使用 DLL 文件可以编写跨系统的应用程序，还可以使多个程序同时调用同一个函数，从而减少内存的占用，实现每个程序的数据独立和代码共享。

由于动态链接库和应用程序相对独立，只要对动态链接库中的函数和资源进行修改就能实现应用程序的升级和更新，大大提高了应用程序的可维护性和扩展性。通过在内存中共享 DLL 文件的单个副本，多个进程可以同时使用同一个 DLL 文件，而不需要为每个应用程序保留一个独立的副本。动态加载 DLL 文件不仅可以节省内存、减少交换，而且还可以节省磁盘空间。

3. 交互数据集成方式

当前已有的数据集成系统中，使用的集成数据模型主要有以下三种。

（1）OEM（object exchange model）半结构化数据模型。由于 Web 的存在，

数据量在爆炸式不断增长，这些数据以各种不同的形式存在，从文件系统的无结构数据到关系型数据库中的高度结构化的数据，数据可以通过各种形式被访问。从结构的角度来看，半结构化数据既不像原始数据那样无结构，又不像关系型或面向对象型数据库中的数据那样有严格的结构定义。OEM 是简单的、自描述的对象模型，用带标签的有向图来描述半结构化数据。

（2）OIM（object integration model）对象集成模型。OIM 是多种系统的公共数据模型，它将元数据附在数据上，便于集成来自各个异构数据源的异构数据。OIM 对象模型不仅可以描述半结构化数据，还可以方便地描述结构化的以及自描述的数据。OIM 把需要集成的数据都抽象成对象，为基于分布式对象技术的系统设计铺平了道路，同时由于 OIM 用面向对象的高级语言作系统开发，系统的运行效率也得到了保证。

（3）XML（extensible markup language）数据模型。在 XML 数据模型中，数据对象一般是业务数据的简单包装器。大多数应用程序由业务对象组成，业务对象操作数据对象的层次结构。由于其层次化特点，XML 模型易于以自然和易读的格式捕捉不同数据对象之间的关系。XML 具有内容的自描述、跨平台、内容和显示分离、可扩展性好等特点，它的强适应性使其可以实现对资源的快速包装和集成发布。所以从数据模型的角度来看，XML 数据模型比其他数据模型更适合用来描述异构数据源。因此，本文采用了 XML 数据模型作为模型交互的格式。

在水力研究领域，针对异构模型出现的问题，目前国外研究的机构比较著名的有英国 Wallingford Software 公司、丹麦水力研究所 DHI。它们都是在 OpenMI 平台上，将不同领域的模型集成在一起，各模型在模拟计算的过程中能够通过 OpenMI 同步交换数据，不仅能够模拟各自系统内的水力状况，还能够模拟各系统间的交互作用，如排水系统管网模型（infor works CS）与河流模型（info works RS）的动态耦合交互计算。目前 OpenMI 已经逐渐形成水环境模拟软件技术引擎之间接口的一个行业标准，被世界范围内的科研院所、大学、公司乃至环保部门所认可。2007 年 12 月，OpenMI 委员会正式成立，提供 OpenMI 技术支持，维护并利用该技术进行开展实际的水环境系统模拟项目，在全球范围内推广该技术。

第九章　智慧环保标准规范体系工程建设

第一节　环境数据信息标准规范体系

一、发展历程

在环境信息与标准规范化建设方面，国家环境保护部门陆续发布了一系列管理文件和技术规范，实现了从无到有的转变。目前正在借助大型的信息化建设项目不断丰富各类信息类标准规范，于指导环境保护信息系统的建设，为保障系统建设上下级之间一致，实现系统互联互通奠定了基础。

“九五”期间（1996～2000年），原国家环境保护总局发布了《环境信息化“九五”规划和2010年远景目标》和《环境信息管理办法》（试行，环发［1998］264号），原国家环境保护总局信息中心编辑并出版了《环境信息标准化手册》（第一、二、三册），收集了有关的国家标准，编制了《全国环境系统河流代码》、《水体污染物名称代码》等用于环境信息化建设项目的技术规范。这些规范在省级环保部门、总局直属单位的信息化建设中得到了普遍的使用，但是随着时间的推移和环境管理业务的变化，许多规范已不适用，需要更新完善。

“十五”期间（2001～2005年），原国家环境保护总局发布了《“十五”国家环境信息化建设指导意见》（环办［2003］20号）。

“十一五”期间（2006～2010年），环境保护部（原国家环境保护总局）发布了《“十一五”国家环境保护标准规划》，明确了“十一五”期间需要编制的标准规范，其中也包括环境保护信息标准。自2007年起，环境信息化标准规范的建设进入了快速发展阶段。2007年国家环境保护总局颁布了由信息中心组织编制的《环境污染源自动监控信息传输、交换技术规范（试行）》（HJ/T352—2007）等8项标准规范；2007年在国务院节能减排“三大体系”中的“国控重点污染源自动监控项目”和“国家环境信息与统计能力建设项目”中分别安排了共计40项标准规范的编制工作。2008年起，环保部信息中心又开始编制一系列与环境保护业务密切相关的基础信息代码规范，目前已发布使用。2009年环保部颁布了《环境信息网络建设规范》（HJ460—2009）等两项标准规范，为下一步环境数据资源的建设提供了环境信息化工作的基础条件，为环境信息化建设建立了从网络、数据到应用、安全等一系列的标准规范，并逐步构建起了环境信息化的标准体系。

二、制定方法与原则

标准和规范的建设是一项复杂而艰巨的任务，它的工作量很大，并且需要协调的方面很多。因此在建设的过程中要必须遵循以下原则。

（1）切实可行，准确实用。标准和规范必须根据实际情况而制定和修订，这样才能使标准满足使用要求。标准的制订和修订要求准确实用，使执行者易于理解和执行，具有较强的可操作性。

（2）遵循国家国际标准和行业标准。标准和规范的制订继承和贯彻国家标准、行业标准，参考国际标准和国外先进标准。标准和规范的采用顺序是：先国家标准，后行业标准，最后是国际标准。

（3）前瞻性强，易于扩展。由于项目建设是一个涉及多学科、多业务的复杂系统，需要投入大量的人力和经费，持续开展的工作，因此标准的制订和采用应具有前瞻性并成熟可用，满足易于扩展的需求，使之能适应业务的变化。

（4）统一组织，各级参与。标准和规范建设涉及面广，不是一个单位、一个部门所能解决的。因此，在标准的制订过程中必须调动各级环境保护部门的积极性，吸收尽可能多的单位参与。特别是业务处理规范和业务数据标准的制订，必须有各级业务部门的业务人员参与。在标准和规范的执行过程中，也需要各级业务部门的配合。

三、标准体系架构

遵循上述设计原则，综合参考国家电子政务标准、环境信息标准化体系和智能电网、智能交通、智能医疗等垂直行业物联网标准，设计能够有目的、有目标、有计划、有步骤地建立起联系紧密、相互协调、层次分明、构成合理、相互支持、满足需求的环保物联网标准体系标准体系，有效避免智慧环保建设过程中的重复投资，提高不同部门之间的信息互联互通效率（图9-1）。

智慧环保标准体系遵照并引用已有的相关国家标准、行业标准和国际标准，重点在感知层标准、应用标准的建立和完善。

（1）总体标准。为环保物联网标准提供基本原则和框架，以及基础性的信息化术语，可直接参考使用物联网的共性标准和环境信息化的总体标准。

（2）架构标准。为环保物联网建设体系构建提供参考。

（3）信息资源标准。用于规范各类环保业务信息的数据类型，以实现跨部

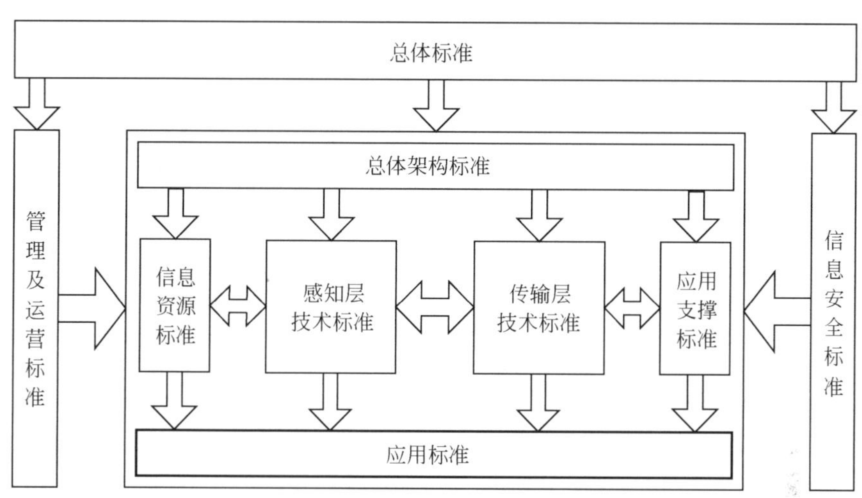

图9-1 智慧环保标准体系逻辑架构

门、跨地区的信息资源共享，包括数据元、元数据、信息分类与编码、地理信息和数据库等相关标准。

(4) 感知层技术标准。为感知层设备系统提供需遵循的标准与规范，以保证前端传感设备的规范化、标准化安装和运行，包括传感设备标准、信号处理和感知层内部信息接口标准等内容。

(5) 传输层技术标准。根据环境保护行业对通信和计算机网络建设的实际需求，引用现有标准、裁剪现有标准或制定新规范，规范环保物联网网络建设和数据传输。

(6) 应用支撑标准。为各项环境保护业务提供独立于网络与应用的支撑和服务，确保各类业务的可互联、可访问、可交换、可共享和可整合，包括信息交换、目录服务、描述技术和构件技术。

(7) 应用标准。为各类环境保护业务系统提供建设规范。

(8) 管理及运营标准。为信息化建设提供管理的手段和措施，规范环保物联网日常运行管理、维护和安全保障，包括软件开发与管理标准、项目验收与监理标准、项目测试与评估、信息资源管理标准、信息化、数据库建设标准、管理体系标准和运行维护标准等内容。

(9) 安全标准。为环保物联网提供各种安全保障的技术和管理方面的标准规范，确保环境信息系统安全运行、确保信息和系统的保密性、完整性和可用性。

四、标准建设现状

为贯彻《中华人民共和国环境保护法》，落实国务院《关于落实科学发展观加强环境保护工作的决定》，环境保护部科技标准司组织制定了《环境信息化标准指南》（2010 年 1 月 1 日起实施），建立环境信息化的标准体系，促进环境信息化工作。环境信息化标准体系包含总体标准、应用标准、信息资源标准、应用支撑标准、网络基础设施标准、信息安全标准和管理标准 7 个部分。环境信息化标准体系结构层次见图 9-2。

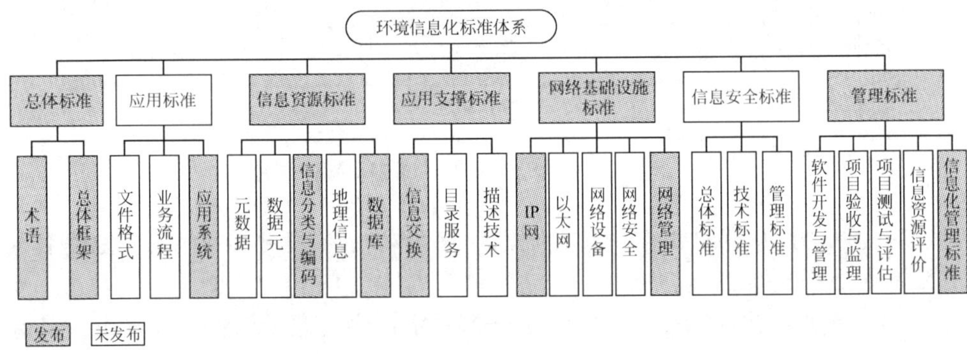

图 9-2　环境信息化标准体系结构层次图

（1）总体标准。总体标准分为术语和总体框架两部分。结构如图 9-3 所示。

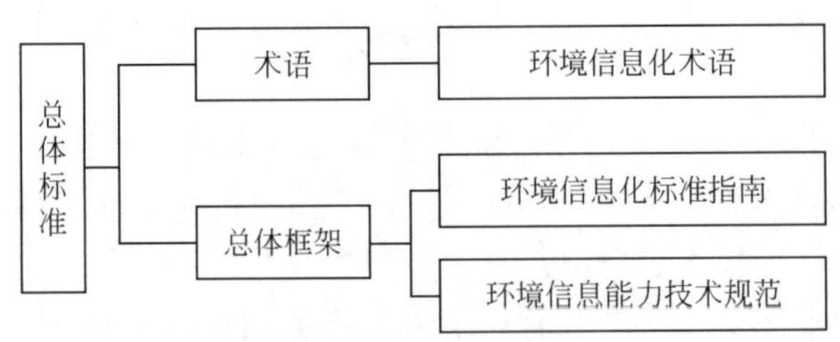

图 9-3　总体标准结构层次图

图 9-3 中，术语由环境信息化术语组成，目的是统一环境信息化建设中遇到的主要名词、术语和技术词汇，避免引起对它们的歧义性理解；总体框架由环境信息化标准指南和环境信息能力技术规范两部分组成，为环境信息化标准提供基本原则、指南和框架。已制订的总体标准如表 9-1 所示。

表 9-1　已制定标准——总体标准

标准类别	标准名称
术语	《环境信息术语》（HJ/T416—2007）
总体框架	《环境信息化标准指南（征求意见稿）》 《环境信息能力建设技术规范》

（2）应用标准。总体标准分为文件格式、业务流程和应用系统 3 部分。结构如图 9-4 所示。

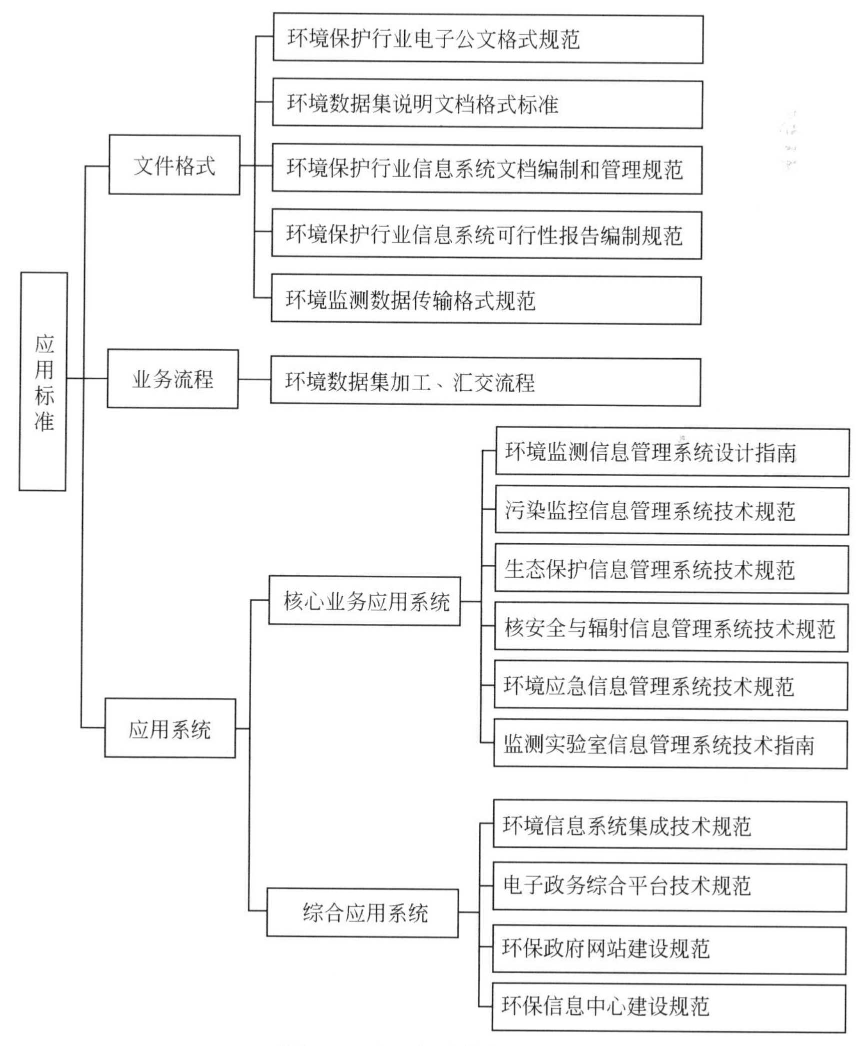

图 9-4　应用标准结构层次图

图9-4中，文件格式标准提供各环境保护业务信息系统间交换和共享的、规范化的文件格式，主要包括环境保护业务所涉及的文件格式和相关标准；业务流程标准包括环境保护业务所涉及的业务流程和相关标准；应用系统标准包括环境保护的核心业务应用系统和综合应用系统，以及相关电子政务标准。

除综合应用系统中《环境信息系统集成技术规范》（HJ/T418—2007）已由环境保护部颁布外，其他标准均在编制或准备编制中（表9-2）。

表9-2　已制定标准——应用标准

标准类别	标准名称
综合应用系统	《环境信息系统集成技术规范》（HJ/T418—2007）

（3）信息资源标准。信息资源标准用于规范不同业务的数据类型，以实现跨部门、跨地区的信息资源共享，包括元数据、数据元、信息分类与编码、地理信息和数据库5部分。结构如图9-5所示。

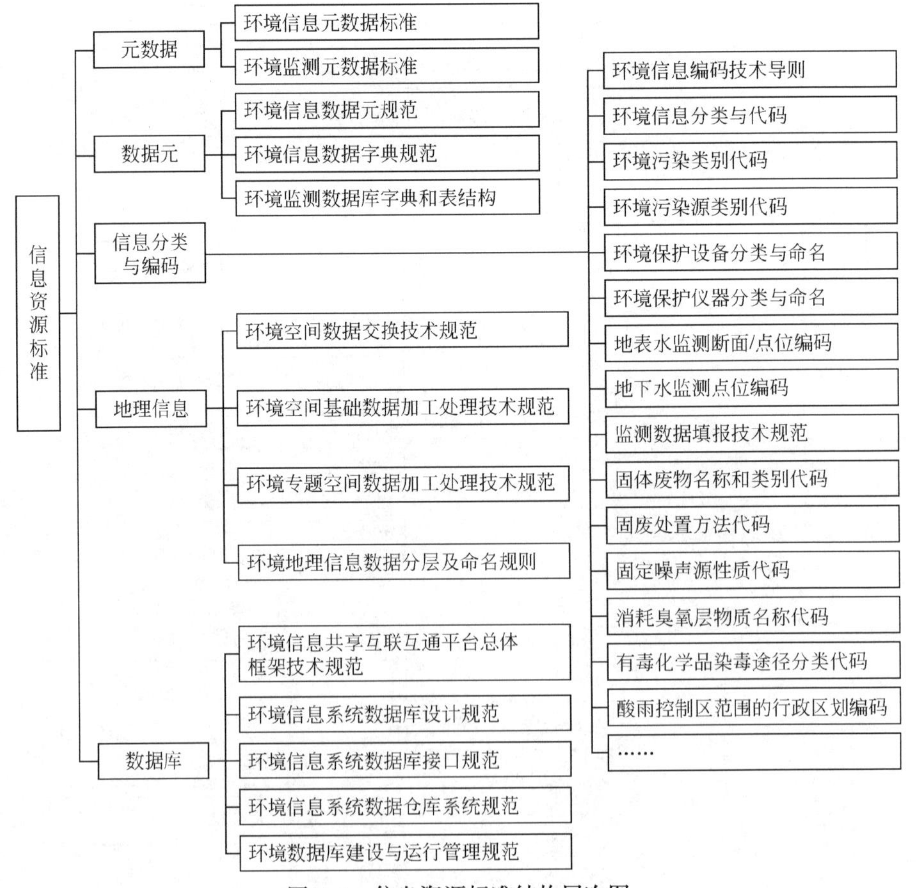

图9-5　信息资源标准结构层次图

图9-5中，元数据标准主要包括环境保护元数据和相关标准；数据元标准包括环境保护专用的数据元以及数据元的通用规则和电子政务数据元等方面的相关标准；信息分类与编码标准包括环境保护专用信息分类与编码标准以及方法性，区域、场所和地点，计量单位，人力资源，产品运输，组织机构代码和科学技术等标准；地理信息标准包括包境保护业务所涉及的地理信息和相关标准；数据库标准包括环境保护行业标准相关的数据库标准和环境信息资源共享平台，以及相关标准（表9-3）。

表9-3　已制定标准——信息资源标准

标准类别	标准名称
信息分类与编码	《环境信息编码技术导则》 《环境信息分类与代码》（HJ/T417—2007） 《环境污染类别代码》（GB/T 16705—1996） 《环境污染源类别代码》（GB/T 16706—1996） 《环境保护设备分类与命名》（HJ/T 11—1996） 《环境保护仪器分类与命名》（HJ/T 12—1996）
数据库	《环境数据库建设与运行管理规范》（HJ/T419—2007）

（4）应用支撑标准。应用支撑标准分体系为各项环境保护业务提供支撑和服务，它是一个与网络无关、与应用无关的基础设施，确保各类资源可互连、可访问、可交换、可共享、可整合，由信息交换、目录服务和描述技术3个部分组成。结构如图9-6所示。

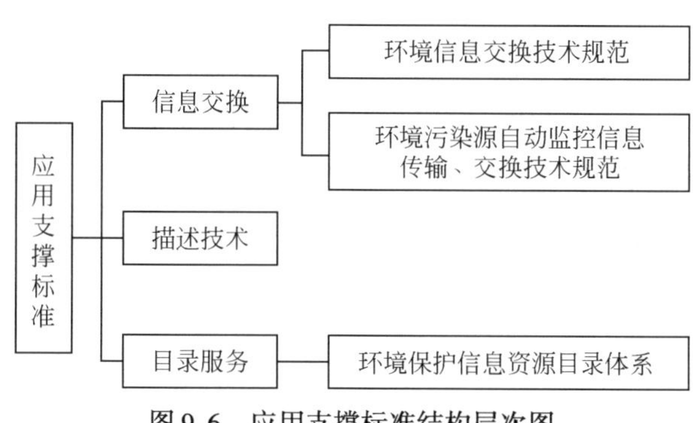

图9-6　应用支撑标准结构层次图

图9-6中，信息交换标准为跨部门、跨地区的信息提供交换机制。信息交换标准包括环境信息交换所涉及的标准和相关标准；描述技术标准包括标准通用置标语言（SGML）、可扩展置标语言（XML）、超文本置标语言（HTML）等相关标准；目录服务标准包括环境保护行业信息资源目录的分级分类标准以及X. 500系列目录

服务、政务信息资源目录、Web 服务和消息服务方面的相关标准（表 9-4）。

表 9-4　已制定标准——应用支撑标准

标准类别	标准名称
信息交换	《环境污染源自动监控信息传输、交换技术规范（试行）》（HJ/T352—2007）

（5）网络基础设施标准。网络基础设施标准包括 IP 网、以太网、网络设备、网络安全和网络管理五个部分。结构如图 9-7 所示。

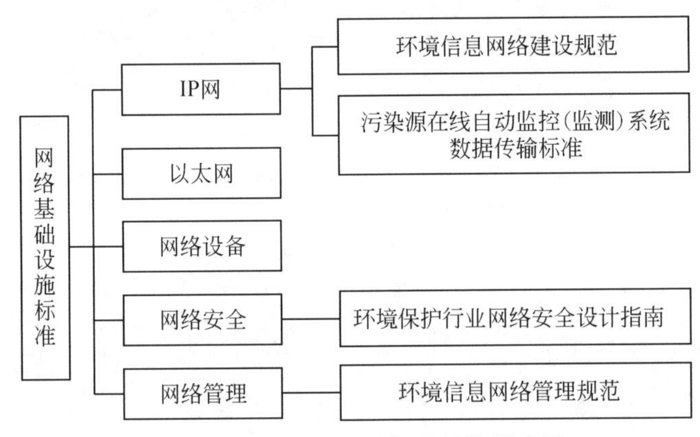

图 9-7　网络基础设施标准结构层次图

图 9-7 中，IP 网标准主要包括环境保护行业专用的标准和 IP 网总体要求、IP 传输方式、协议、IP-VPN 等方面的相关标准；以太网标准包括 802.3 以太网、相关局域网标准、无线局域网标准和 VLAN 标准；网络设备标准主要包括路由器、以太网设备、网络接入服务器、ADSL 接入和综合布线等方面的相关标准；网络安全标准主要包括环境保护行业标准以及总技术要求、安全协议、电子邮件安全、Web 安全和域名系统安全等方面的相关标准；网络管理标准主要包括环境保护行业标准以及总体、网络协议、路由管理信息管理库、网络服务器管理信息管理库和网络管理接口等方面的相关标准（表 9-5）。

表 9-5　已制定标准——网络基础设施标准

标准类别	标准名称
IP 网	《环境信息网络建设规范》（HJ460—2009） 《污染源在线自动监控（监测）系统数据传输标准》（HJ/T212—2005）
网络管理	《环境信息网络管理维护规范》（HJ461—2009）

（6）信息安全标准。信息安全标准是确保环境信息系统安全运行、确保信息和系统的保密性、完整性和可用性的保障体系，为环境信息化建设提供各种安全保障的技术和管理方面的标准规范，包括信息安全总体标准、信息安全技术标准和信息安全管理标准三个部分。结构如图 9-8 所示。

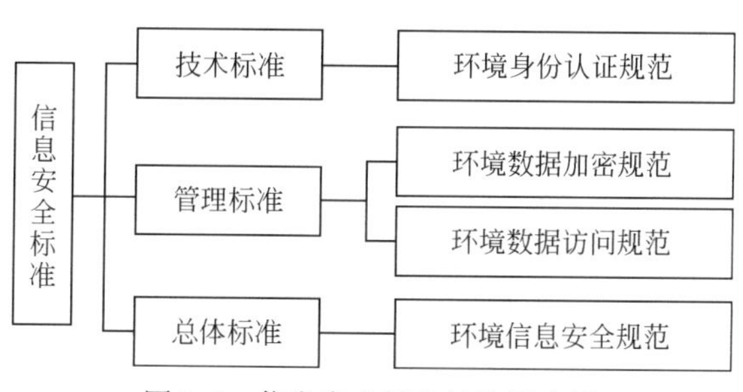

图 9-8　信息安全标准结构层次图

图 9-8 中，信息安全总体标准包括环境保护行业标准以及安全体系结构、模型和总技术要求方面的相关标准；信息安全技术标准包括环境保护行业标准以及密码技术、标识与鉴别、授权与访问、物理安全、防信息泄露和安全产品的相关标准；信息安全管理标准包括系统安全管理和等级与风险管理的相关标准。

尚未发布安全相关标准。

（7）管理标准。管理标准分为环境信息化建设提供管理的手段和措施，是实现科学管理、保证信息系统有效运转的重要保障，是确保环境信息化建设正常运行的保障体系，包括软件开发与管理、项目验收与监理、项目测试与评估、信息资源评价和信息化管理标准 5 个部分。结构如图 9-9 所示。

图 9-9 中，软件开发与管理标准包括环境保护行业在软件开发与管理过程中所涉及的标准和相关标准，项目验收与监理标准包括与环境信息化建设项目的验收与监理相关的标准和相关标准，项目测试与评估标准包括与环境信息化建设项目相关的测评和评估标准以及相关标准，环境信息资源评价标准是指对环境保护行业信息系统中信息资源进行共享程度评价的标准和规范，环境信息化管理标准主要包括环境信息化主管部门为环境信息化建设工作制定的标准、规范和管理文件。

主要发布了部分信息化管理标准，如《国家环境信息管理办法（试行）》、《国家环境保护标准制修订工作管理办法》（2006 年第 41 号文）、《环境信息公开办法》等，其他标准均在编制或拟编制中。

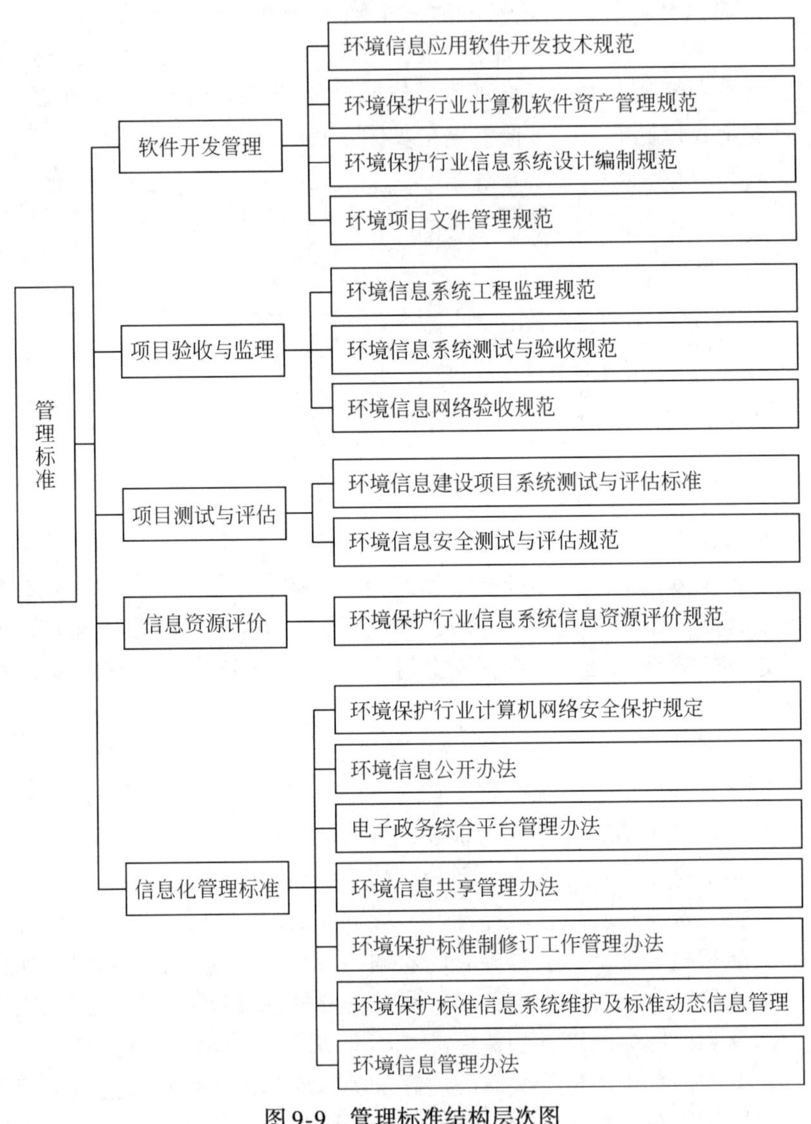

图 9-9　管理标准结构层次图

第二节　环境数据信息运营管理体系

由于智慧环保系统涉及的范围广，功能多，管理水平要求高，应从体系架构，功能实现，服务实施，相关需求等一系列方面加以考虑，建立一套完善的运行管理系统和运行制度，保证网管中心、监控中心的运行稳定性和安全性，并在此基础上实现全面的管理功能。

一、运行维护的原则

为了达到运行管理所要求的系统的稳定和长期完善要求，需要制定一些基本的原则，来指导运维工作的开展。

1）服务、管理并重

环境信息化建设是一个复杂的系统工程，对系统的一致性和统一性要求比较高，特别是涉及所有环保系统使用和管理，所以单靠服务已经不能保证系统的长期稳定发展，还必须有相应的管理措施。管理和服务并重，系统才能保证以后的不断扩展和深化。

2）建立规范化的管理流程

运维工作需要流程的支持和落实，否则任何管理策略都不可能长久保持。这些流程主要包括问题处理流程、需求审批流程。流程可以是通过系统实现固化的，也有可能就存在于日常的基本工作管理中。

3）高效的运维系统来支持

运行管理的手段非常重要，直接影响支持的效率。目前常用的手段包括热线系统、问题跟踪系统、常见问题（知识库）系统、需求审理系统等。

4）明确的责任分工和奖惩机制

由于运维工作的复杂性，不同的运维工作承担责任也不同，当系统出现问题后，影响的范围也不同，所以，不同的角色需要有不同的考核标准。对具体执行的业绩需要定性和定量的考核，如系统管理员需要对系统的运行稳定率负责，账号管理人员需要对账号的权限大小以及账号的有效性等进行负责等，从而从组织上保证责任的进一步落实。

5）运维和项目实施密不可分

运维不是在信息化项目实施结束后才开始的，现在复杂应用系统在实施过程中特别强调知识和技能的转移，就是为了保证系统在真正交付给客户使用后，能够使客户更深入地了解系统应用，能够对应用不断深入和完善。

在项目实施过程中，而维护的工作越早开始越好，运维工作最后的责任人和责任部门必须在系统的实施阶段参与到项目的建设中来。业务蓝图的实现过程就是用户不断了解新业务和系统、不断接受培训的过程。在项目测试阶段，不同的情景和数据准备，不仅为测试工作做铺垫，同时也是未来培训教材的原型。在实施过程中，参与实施和测试的环境保护人员也将会是建设工作的重要力量。

6）保持单位应用系统的规范化和统一

由于涉及环保系统职能部门的环境信息与统计，并且许多信息需要在环境数据资源中心进行集中，如果允许每个单位的系统可以自主进行修改，则未来将会很难进行统一和集中，对整个环境综合管理信息系统的发展都不利。

二、运营维护工作内容

运行维护工作内容包括运行维护制度、运行维护流程、运行维护队伍、运维技术支撑平台、运行安全保障五大部分，彼此相互依赖。运行维护人员按照运行维护制度，采用各种技术支持手段和工具，遵循运行维护流程完成环保信息系统的运行维护工作，本项目运行维护系统架构如图 9-10 所示。

图 9-10　运行维护系统架构

参照运维体系架构，结合目前的实际情况，运维系统包括的主要内容有以下几方面。

1）技术支撑平台建设

技术支撑平台的建设包括：统一监控平台、运维流程管理系统、运维呼叫平台、性能分析与调优工具、运维知识库、运维分析系统。

2）运维流程的制定

借鉴国际成熟的 IT 服务管理（ITSM）标准模型，制定全国统一的基础运维流程，达到“制度管人，流程管事”的目标，主要包括：事件管理流程、问题管理流程、变更管理流程、配置管理流程。

3）运维组织队伍设计

包括队伍组建、岗位及人员要求、人员管理等。

4）运维制度的制定

为确保运行维护工作正常、有序、高质地进行，必须针对运行维护的管理流程和内容，制定相应的运行维护管理制度，实现各项工作的规范化管理。

三、ITIL 国际标准介绍

（一）ITIL 的来源

ITIL（IT infrastructure library）是 CCTA（英国国家计算机和电信局）于 20 世纪 80 年代末开发的一套 IT 服务管理标准库，它把英国各个行业在 IT 管理方面的最佳实践归纳起来变成规范，旨在提高 IT 资源的利用率和服务质量。

ITIL 最初是为提高英国政府部门 IT 服务质量而开发的，但它很快在英国的各个企业中得到了广泛的应用和认可，目前已经成为业界通用的事实标准。

（二）ITIL 的核心

IT 服务管理是 ITIL 框架的核心，它是一套协同流程（process），并通过服务级别协议（SLA）来保证 IT 服务的质量。它融合了系统管理、网络管理、系统开发管理等管理活动和变更管理、资产管理、问题管理等许多流程的理论和实践。ITIL 把 IT 管理活动归纳为一项管理功能和十个核心流程。

服务台有时也称帮助台，即通常人们所指呼叫中心或客户服务中心，它不是一个服务管理过程，而是一种服务职能。服务台经常与事件管理紧密结合，用来连接其他的服务管理流程，逐渐被称为一线服务支持的代名词。

1）服务支持（service support）

（1）配置管理（configuration management）。配置管理是将一个系统中软件和硬件等配置项资源进行识别和定义，并记录和报告配置状态和变更请求以及检验配置项的正确性和完整性等活动构成的过程。

（2）变更管理（change management）。变更管理是要确保在 IT 服务变动的过程中能够有标准的方法，以有效地监控这些变动，降低或消除因为变动所造成的问题。它的目的并不是控制和限制变更的发生，而是对业务中断进行有效管理，确保变更有序进行。

（3）发布管理（release management）。发布管理是指对经测试后导入实际应用的新增或修改后的配置项进行分发和宣传的管理流程，目的是要保障所有的软件组件的安全性，以确保只有经过完整测试的正确版本得到授权进入正式运行环境。

（4）事件管理（incident management）。事件管理指的是突发事件管理或意外事件管理，处理 IT 的危机并要从中恢复运转，即在出现事故的时候，能够尽可能地恢复服务的正常运作，避免业务中断，以确保最佳的服务可用性级别。

（5）问题管理（problem management）。问题管理是指负责解决 IT 服务运营过程中遇到的所有问题的流程。问题管理的主要活动实质上就是分析以被列出问题的事件的根本原因，找出解决方案，把事件的影响最小化，并通过找到已发生事件或潜在事故的根本原因来减少事件的数量或消除事件的再次发生。

2）服务交付（service delivery）

（1）服务级别管理（service level management）。服务级别管理是一种严格的超前方法论和处理程序，是定义、协商、订约、检测和评审提供给客户的服务质量水准的流程。

（2）财务管理（financial management of IT services）。财务管理是在提供深入了解 IT 服务管理流程的基础上，对 IT 恢复运作的费用及成本重新分配并进行正确管理的程序，其目标是帮助 IT 部门在提供服务的同时加强成本效益核算，以合理利用 IT 资源、提高效益及财务资源使用的有效性。

（3）可持续性管理（continuity of IT services）。可持续性管理是指确保发生灾难后有足够的技术、财务与管理资源来确保 IT 能持续服务的管理流程。

（4）容量管理（capacity management）。容量管理是指在成本和业务需求的双重约束下，通过配置合理的服务能力来确保服务的持续提供和 IT 资源的正确管理，以发挥最大效能；以合理的成本及时提供有效的 IT 服务，以满足组织当前及将来的业务需求。

（5）可用性管理（availability management）。可用性管理是在正确使用资源、方法及技术的前提下保障 IT 服务的可用性和实践可用性要求。目标是确保 IT 服务的设计符合业务所需的可用性级别。

四、运营维护制度规范

管理制度是指运行维护和服务工作必须遵循的内部管理规定，用于提高工作的协调性和管理的有效性。结合生态环境信息化现状，管理度可分为“总办法”、“分办法”、“实施细则或操作指南”和“配套表单”4 个层次，如图 9-11 所示。

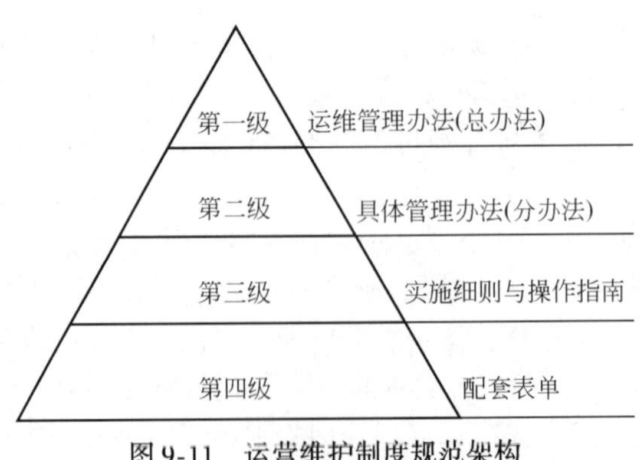

图 9-11　运营维护制度规范架构

第一级：运维管理办法（总办法）。制定涵盖运维管理全过程的《运维管理办法》，作为指导运维管理工作开展的统领，其内容涵盖服务全过程的管理控制点和人员管理等核心内容，包括运维管理模式、组织结构与职责、人员岗位与职责、运维管理工作规划与执行、预算保障、绩效评价等方面的管理规定。

第二级：具体管理办法（分办法）。结合运维的实际情况，针对管理工作需要而制定的具体管理办法，其范围涵盖系统、网络、机房、桌面、设备及耗材、文档等分项管理制度，明确管理职责与规范操作流程。

第三级：实施细则和操作指南。在第二级分办法的基础上，按照精细化管理需要，对某些方面的运行维护工作的具体实施过程与操作程序所做出的细化准则或指南。

第四级：配套表单。配合第一、二、三级制度的执行而配套制定的表单等，用于记录、备案人、物、行为等信息。

五、运营维护工作流程

要实现的服务流程包括：事件管理流程、问题管理流程、配置管理流程与变更管理流程。

服务流程需分别设计以下内容：流程定义、流程目的、流程使用范围、流程推荐、流程相关的岗位以及岗位能力要求、流程相关的 KPI。

第三节　环境数据信息安全保障体系

一、安全保障体系技术要求

按照国家有关法律法规、政策和行业相关的技术规范要求，实现环境信息化建设的安全保障。

（1）信息安全保障体系应能全面实现防窃取、防毁坏、防假冒、防篡改、抗抵赖以及防止拒绝服务和网络攻击；

（2）信息安全保障体系应建立不同等级的基础安全域，并在不同安全域上构建不同的安全策略和保护措施；

（3）信息安全保障体系应能够建立覆盖物理、网络、系统、应用以及数据安全的各个层次的整体安全技术体系；

（4）信息安全保障体系应能够建立覆盖安全管理制度、技术规范、组织人员以及日常运维的各个方面的整体安全管理体系。

二、信息系统安全等级划分

环境保护部门的信息系统安全等级保护应满足第三级等级保护能力要求。能够在统一安全策略下防护系统免受来自外部有组织的团体和拥有较为丰富资源的威胁源发起的恶意攻击、较为严重的自然灾难以及其他相当危害程度的威胁所造成的主要资源损害，能够发现安全漏洞和安全事件，在系统遭到损害后，能够较快恢复绝大部分功能。

三、安全技术体系

环境保护部门的总体安全技术体系应达到等级保护三级保护要求，具体包括：

（1）物理安全：基于物理位置、访问控制、防盗、防破坏、防雷击、防火、防水、防潮、防静电、温湿控制、电力供应以及电磁防护的整体安全防护要求，实现全面的物理安全；

（2）网络安全：基于网络结构、访问控制、安全审计、边界完整性检查、入侵防范、恶意代码防范和网络设备防护的具体内容进行整体安全防护；

（3）主机安全：基于身份鉴别、访问控制、安全审计、剩余信息保护、入侵防范、恶意代码防范和资源控制的具体内容进行整体安全防护；

（4）应用安全：基于应用身份鉴别、访问控制、安全审计、通信完整性、保密性、抗抵赖、剩余信息保护、软件容错和资源控制的具体内容进行整体安全防护；

（5）数据安全和备份恢复：基于数据完整性、保密性以及备份和恢复的具体内容进行整体安全防护。

四、安全管理体系

环境保护部门的总体安全管理体系应达到等级保护三级保护要求，具体包括：

（1）安全制度：应形成由安全策略、管理制度、操作规程等构成的全面的信息安全管理制度体系，并针对制度的发布、评审和修订形成定期、有组织和相关策略要求的标准化工作。

（2）安全管理机构：应设置专人、专岗、信息安全管理部门、领导小组等体系化安全管理机构，通过文件发布的方式明确管理机构的职责和人员；建立完善的授权审批机制，定期进行安全审核和检查，保持内外部长期的沟通合作机制。

（3）人员安全管理：人员相关的录用、离岗、考核和教育培训中都应当涉及安全管理的内容，并加强对外部人员的管理。

（4）系统建设管理：在系统建设的全过程中全面考虑安全，包括系统安全等级、安全方案、采购、开发、工程实施、测试验收、系统交付、系统备案、等级测评和服务商选定等内容。

（5）系统运维管理：在系统运维的全过程中全面考虑安全，包括环境、资产、介质、设备、网络、系统等日常管理以及监控、变更、恶意代码、密码、备份与恢复管理、安全事件处置、应急预案管理等相关安全要求的具体内容。

有关环境信息安全保障体系建设的详细要求，还需遵照以下技术规范：

（1）计算机信息系统安全保护等级划分准则（GB/T 17859—1999）；

（2）信息安全技术信息系统通用安全技术要求（GB/T 20271—2006）；

（3）信息安全风险评估规范（GB/T20984—2007）；

（4）信息技术安全技术信息安全管理体系要求（GB/T 22080—2008）；

（5）信息技术安全技术信息安全管理实用规则（GB/T 22081—2008）；

（6）信息系统安全等级保护基本要求（GB/T 22239—2008）；

（7）信息安全技术信息系统安全等级保护定级指南（GB/T 22240—2008）；

（8）信息安全技术信息安全应急响应计划规范（GB/T 24363—2009）；

（9）信息安全技术基于互联网电子政务信息安全实施指南（GB/Z 24294—2009）；

（10）《环境信息能力建设技术指南（征求意见稿）》；

（11）《环境信息系统安全技术规范（征求意见稿）》。

第十章　智慧环保系统集成

第一节　系统集成概述

由于社会环境、经济环境等原因，我国的环境信息系统建设分散在各个时期和阶段。很多地区根据自身在环境监管方面的迫切需求，建立了相应的信息系统，其信息化工程缺乏统一的顶层设计，系统开发缺乏一致的技术路线，已建系统的数据编码没有统一，给数据汇总、统计分析工作造成严重影响，导致大量“信息孤岛”涌现。进入“十二五”时期以来，我国环境问题愈加复杂，环境监管地位逐步提升，各级环保部门在业务工作中对环境数据综合利用的要求越来越高，加之信息技术和空间技术快速发展，利用信息化手段进行环境监管的优势日渐凸显，各级环保部门都将“消除信息孤岛”、“实现数据整合”放在了极其重要的位置。

环境信息系统集成（environment information integration）是指根据环境信息管理与应用的需求，通过应用、数据、网络等方面的集成，实现环境信息系统间网络连接、数据交换和共享、功能调用的全过程，实现两个或更多的业务应用之间实现无缝整合，使它们像一个整体一样进行业务处理和信息共享。系统集成是个整体工程，它涉及硬件与硬件的集成、软件与硬件的集成、应用软件与系统软件之间的集成、各应用软件之间的集成等多方面内容，各部分之间相互关联、配合，构成一个完整的环境信息系统及智慧环保体系。

随着计算机技术的不断发展，智慧环保的计算环境越来越复杂，要求支持不同的系统平台、数据格式和多种连接方式。互联网环境下的环境信息系统要求跨平台，要求与语言无关，与特定接口无关，而且要提供对 Web 应用程序的可靠访问。为保护现有投资，环境信息系统集成势在必行。通过集成多种网络操作系统平台、多种数据库管理平台等软件平台，以及不同厂家、公司的数据采集设备、网络设备、通信设备、服务器设备及存储设备等硬件平台，形成技术先进、应用广泛、性能完善、安全可靠、运行高效的信息基础设施，充分发挥已有资源的价值，提供环境应用系统的集成环境和架构支撑平台，更好地指导和约束其他应用系统在建设过程中所采用的技术、方法、过程，降低今后系统建设的技术风险和实施成本。

大型信息化系统集成项目中，系统的高效性、稳定性、健壮性尤为重要，一个主要的技术关键是：正确地协调系统中各组成部分，解决冲突和依赖关系，使系统整体性能优良，有效实用。由于应用系统集成所涉及的软件系统很多是已经开发出来的“实体”，系统集成时无需对这些“实体”重新开发。但为了使各实体能够无缝地集成为一个整体系统，接口的设计就必不可缺少。尽管目前的系统设计趋于标准化、国际化，但仍需针对具体的应用进行相应的调整或剪裁，而这往往需要在接口处做工作。因此，传统的系统集成的关键点是解决产品、系统之间的接口问题，集成的水平和能力直接体现在对系统接口的处理能力和水平上，接口处理的水平越高，所实现的系统集成度就越高，系统的性能越好。

环境信息系统的集成需要根据各地各级环保部门的实际业务需求和信息化现状，为用户提供多种途径的系统集成方案，采用科学的集成技术和集成方法，通过数据集成、业务模型集成、流程集成、服务集成、界面集成、权限集成、仪器控制设备集成、空间数据集成等方式的组合应用或单独应用，有针对性地解决环保部门的数据共享及服务问题，并提出系统集成过程中和运维中管理制度方面的解决方案，科学地进行集成设计和实施。

除此之外，传统的系统集成过程中，系统化、规范化的工程管理往往难以做到可控可行，往往集成一个系统后，无文档可查，无数据保留，使应用系统隐含着极大的危险性和潜在的威胁。环境信息系统的集成需要科学地进行工程管理，全面控制集成质量，有效降低集成风险，适应未来系统维护的需要，保障系统的管理、升级、扩展和改造。

第二节　硬 件 集 成

一、仪器设备控制集成

1. 前端监测及采集设备集成

现有的污染源和环境质量前端监测设备主要以在线自动监控设备为主，这些设备按照信息传输接口方式，可以分为数字硬件系统和模拟硬件系统两大类，对应的接口分别为串口和模拟口。目前，随着物联网技术的进一步发展，数字接口逐步得以普及，绝大多数在线监控系统已经普及了 RS232 或者 RS485 数字串口，通过模拟口传输数据的底层系统已经逐步被淘汰。包括水质监控、空气监控、污染源监控、射频识别（RFID）、红外感应器、全球定位系统、激光扫描器等监控信息传感设备，均应在遵循国家统一的 212、352 协议和 GPRS/CDMA 通道的基础上为仪器本身制定通用的便于集成的数字协议，使得监控系统能够被集成和联网。

前端监测设备及数据采集设备集成架构如图 10-1 所示。

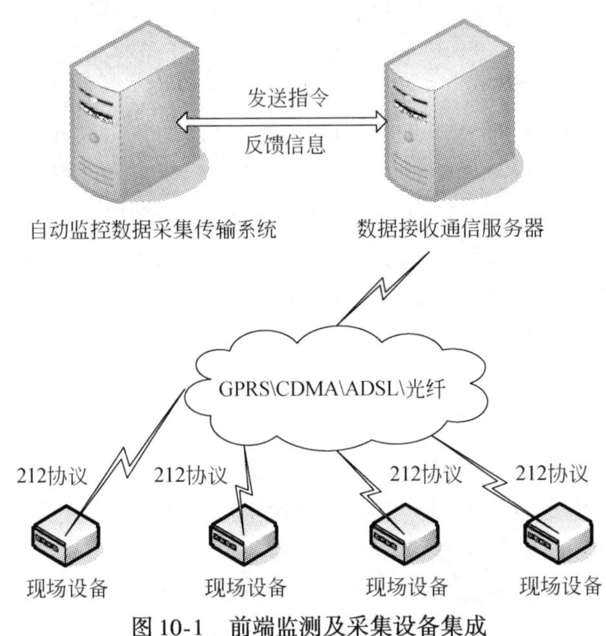

图 10-1　前端监测及采集设备集成

2. 通信设备集成

环保部门的业务工作中涉及的通信系统主要包括普通电话系统、IP 电话系统、多路传真系统、数字录音系统、无线调度系统、卫星通信系统、短波通信系统等组成。通信设备集成通过各类接口完成与有线通信网络（PSTN）、地方部门的模拟集群网络、移动数字集群网络、计算机网络等的互联互通，进而完成与移动通信网络、卫星通信网络、微波通信网络的互联互通。

通信设备集成架构如图 10-2 所示。

二、网络集成

网络层次互联互通是实现环境保护信息系统集成的前提和基础，应遵从国家相关政策和标准，统一规划，采用标准协议实施建设。对各级环境保护机构已建的业务网络，需要纳入或集成到统一的全国环境保护业务网体系之内。目前，随着环境信息系统组成及结构的不断发展变化，环境保护业务信息化涉及的网络规模不断扩大，复杂性不断增加，网络的异构性越来越高。一个网络往往由若干大大小小的子网组成，集成了多种网络操作系统平台，包括不同厂家、公司的网络设备和通信设备等。同时，网络中还有许多网络软件提供各种服务。系统集成需

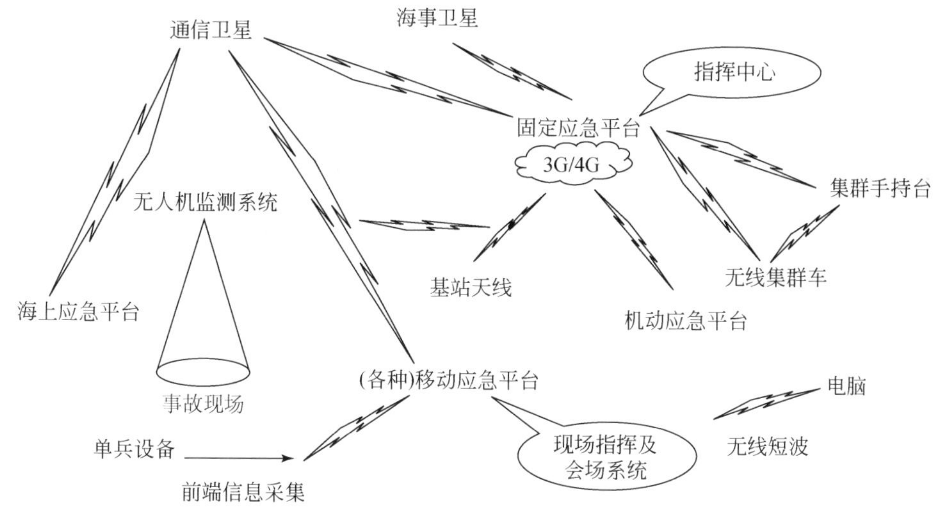

图 10-2　通信设备集成

要充分考虑用户的现有网络结构，根据用户的具体要求可以集成到环保专网或与环保专网物理隔离的内网。

第三节　软 件 集 成

软件集成从不同的角度有不同的分类方法。从集成的对象来划分，可以分为面向数据的集成和面向过程的集成；从集成所使用的工具和技术来划分，可以分成不同的层次：数据集成、流程集成、应用集成等；从组织机构的角度，应用集成可以分为水平的组织机构之间的应用集成、垂直隶属关系组织机构的应用集成和不同组织间的应用集成。

一、集成层次

软件集成的内容按照不同应用层次发展阶段的需求分为数据集成、应用集成、业务流程集成三个层次。

一是数据集成。数据集成利用通信技术和共享数据库技术，在共享信息模型的支持下，实现不同环境信息系统之间的信息共享。

二是应用集成。应用集成实现异构应用网络环境下不同应用系统之间的交互与互操作，提供应用网络中不同节点应用对共享数据的访问接口。在这一层，为了建立协作系统，应提供分布处理环境、执行环境的公共服务、应用编程接口和标准数据交换格式。通过应用集成，不同应用系统之间形成松耦合连接，实现信息交换、路由、分发转换等功能。应用集成主要以消息和异步通信技术为手段、SOA 为框架、服务总线为基础、XML 为信息描述语言，实现各应用系统间的集成。

三是业务流程集成。业务流程集成利用工作流引擎高效、实时地实现不同环境信息系统之间的数据、资源的共享和应用间的协同工作，使环境保护不同部门、不同的业务系统能够实现流程整合。

系统集成层次如图 10-3 所示。

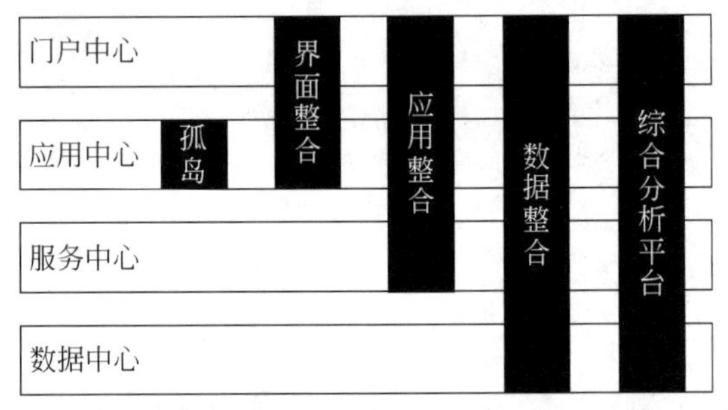

图 10-3　系统集成层次

二、集成接口

功能或数据集成服务是将应用程序的不同功能单元通过定义良好的接口联系起来。接口是独立于实现服务的硬件平台、操作系统和编程语言的，通过接口方式进行的系统集成是一种比较高级的、灵活的集成方式。数据接口集成进行数据交互时，数据传递只针对接口，底层数据对要求进行数据交互的应用系统来说是透明的，使各应用软件调用数据时，只需面对统一数据访问接口而无需清楚数据具体存储结构，这既提高了软件的健壮性也避免了重复开发。

接口主要包括平台与各类适配器之间的接口、平台支撑平台之间的接口、外部服务 OGC 接口以及系统功能服务接口。通过提供一套可靠的数据接口服务，可以用于新建与挂接上该接口配置管理的系统或模块的接口部分的开发，也可以用于开发已建系统与使用该接口配置管理的系统间接口适配器的开发。数据接口服务主要包括接口文档模板、编译注册器、消息格式转换服务、接口文档管理、数据源管理、数据路由管理、接口查询发布和 API 服务。

一是与各类适配器之间的接口。该接口主要内容为数据交换文件等。接口实现主要采用 SOAP 实现，交换文件按照接口约定以 XML 进行结构化编码。主要接口流程包括数据抽取流程、数据交换流程、数据流转流程等。通过该接口可以实现与综合数据库及数据传输与交换系统的集成。

二是与支撑平台之间的接口。通过应用服务总线（ESB）建立服务接口。该接口主要内容包括：元数据查询指令、数据获取指令、元数据、数据交换文件等。接口实现主要采用 Web Service、对象调用（如 CORBA、EJB 等）、API 或插件等方式。主要接口流程包括：服务目录查询流程、元数据查询流程、数据获取流程、数据交换流程等。

三是外部服务 OGC 接口。通过该接口可以实现与空间数据服务功能的集成。该接口主要以两种方式，一是 OGC Web Service 方式提供，如 WMS、WFS、WCS 等，提供空间分析功能与空间数据叠加提供服务的申请、下载等应用；二是数据交换系统提供，以数据的下载导出方式实现。

四是系统功能服务接口。数据采集系统中提供系统二次开发接口，根据各用户权限，可调用不同应用开发接口。具体提供的二次开发接口可以与其他新建系统集成。

三、数据集成

1. 业务数据集成

数据集成是将数据模块化划分，以业务流和数据源为基础，进行数据模型分析，在建设各专业数据库时，充分体现数据载体的理念，对数据进行以表为单位的模块化注册，形成以表为基本单元的数据查询、采集、分析、下载的模块化分类，这样，在进行专业数据的引用和分发时就可以按数据表级模块进行管理与应用。

环境信息系统需要海量数据支撑，包括环保业务数据、组织机构和人员信息、基础代码数据、社会公共信息、气象水文信息等。集成需要以“数据采集—数据审核—数据加载—数据存储—数据查询—数据分析—数据下载”为主线，依照数据流向进行建设，进行与待集成的系统之间的数据库结构分析，集成的内容采用 XML 作为统一的形式进行描述，以实现不同的数据节点进行相应的数据整合。

当数据集成的源格式与目标格式不一致时，需要进行数据格式的映射和转换。可利用环保部环境信息与统计能力建设项目中的数据传输与交换平台或其他适配器、中间件对消息格式进行流程化的映射和转换处理。数据集成接口包括但不限于以下方式：

（1）消息中间件接入方式：指定利用消息队列接入系统，利用消息队列发出和接收数据；

（2）HTTP 接入方式：指定 HTTP 端口作为系统，通过 HTTP 端口发出数据和接收数据；

（3）Web 服务接入方式：利用 Web 服务接入系统，通过 Web 服务发出数据和接收数据；

（4）FTP 接入方式：通过 FTP 方式接入系统，通过 FTP 传输协议发出数据和接收数据；

（5）数据库触发器接入方式：应用系统通过在数据库内定义触发器的方式接入系统。

数据集成架构如图 10-4 所示。

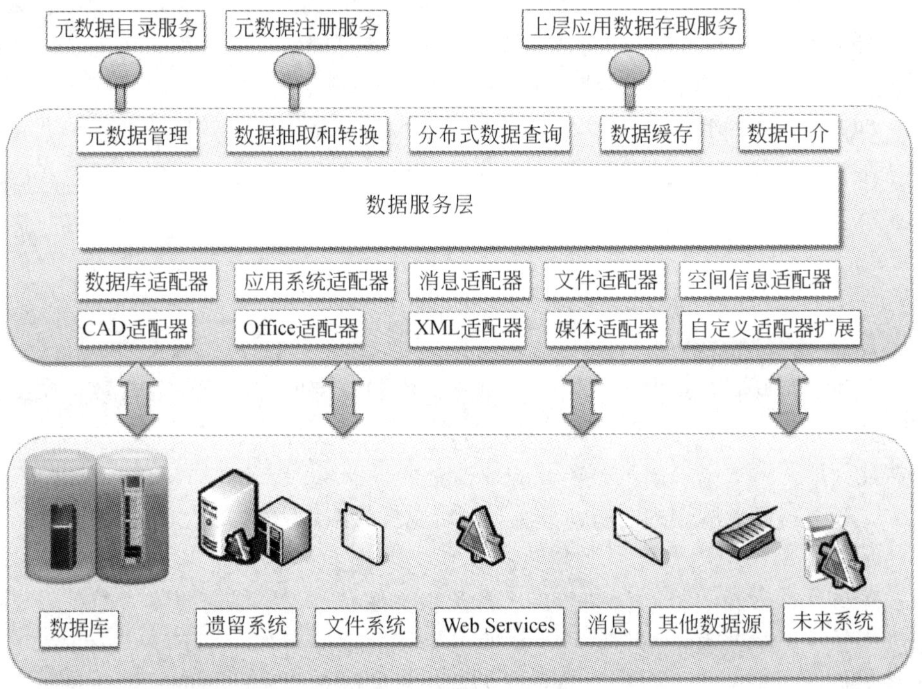

图 10-4　数据集成架构

2. 空间数据集成

环境数据大部分以空间数据为索引，在建设时要构建环保空间数据 GIS 索引，基于 Service GIS 技术，面向 SOA 架构，依据 OGC（open GIS consortium，开放地理信息系统协会）制定的 WMS、WFS、WCS、WPS 等协议为服务基础，使空间数据体模型突破传统的专业和空间的限制，达到信息的一体化查询模式。

空间数据集成通过环境地理信息组件实现，各业务应用系统可以直接调用环境地理信息组件的接口，将环境地理信息组件所提供的服务接口嵌入应用程序，从而获得统一的环境地理信息应用功能。环境地理信息组件提供基础地图服务功能接口、环境专题地图功能接口、地图查询功能接口、空间分析功能接口，以便各业务应用系统通过上述接口调用空间信息共享服务平台提供的数据和服务。

GIS 集成体系结构如图 10-5 所示。

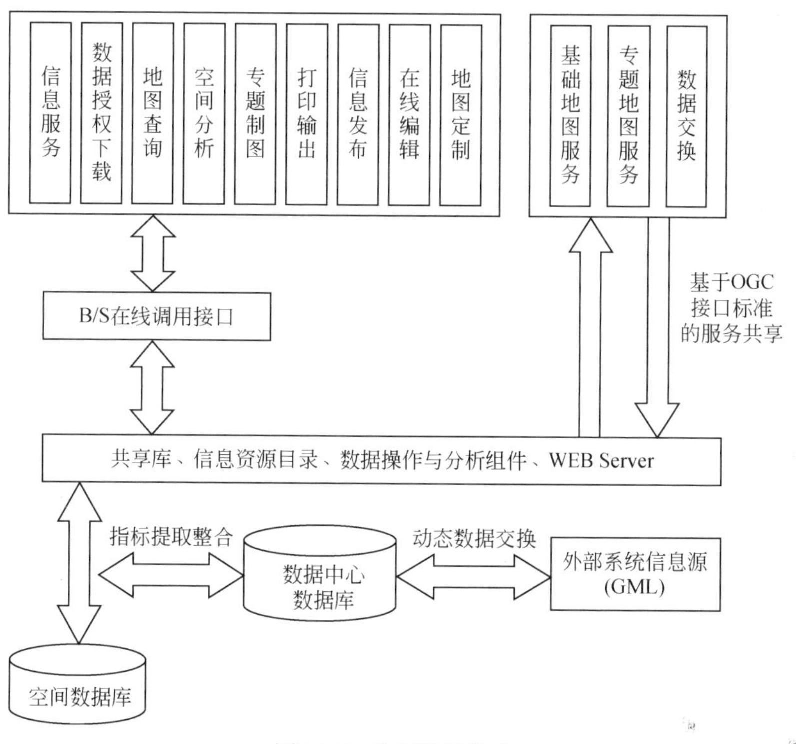

图 10-5 空间数据集成

在 GIS 集成体系结构中，对于符合规范要求的空间数据，将进一步对这些数据进行必要的分层、合法性验证等处理，满足系统应用的需要；如果空间数据不能符合 GIS 平台针对数据的要求，需要先进行数据转化，满足系统应用的需要。

四、流程集成

环境信息系统都是以各自的流程为主线，通过流程集成，将各个业务系统涉及的流程关联起来，使整个环境管理业务形成一个有机的整体，整合各种同构或异构的业务系统，提高工作效率。为满足复杂多变的环保业务流程活动的要求，需要将应用系统的业务逻辑与业务流程逻辑分离，使业务流程的改变不会引起应用系统的改变。通过在不同的流程点制定各个专业数据项与数据载体、岗位三者结合的流程的“岗位级”信息流，建设相应的信息查询、数据应用、人员管理、统计分析等功能应用，实现松耦合的流程集成。

通过采用先进的工作流管理平台，支持 Web 服务和消息中间件技术，能够支持分布式的流程调度和集成功能。工作流管理平台负责过程实例的执行、任务级的负载均衡、事务控制以及任务在工作流服务器之间的迁移，同时通过管理服务器提供监控接口。平台提供工作流代理调用接口、流程定义接口、流程监控接口。业务应用系统可以通过调用该组件的接口完成流程集成。

五、应用集成

1. 服务集成

系统通过 Web 服务、消息队列和企业服务总线实现应用系统间的业务协同、功能调用、功能重组，可在需要时通过网络访问这些服务和任务，对服务进行组合，可让最终用户感觉似乎这些服务就安装在本地桌面上一样。当业务发生变化时，可以将这些服务组装为按需应用程序，即相互连接的服务提供者和使用者集合，彼此结合以完成特定业务任务，能够适应不断变化的情况和需求。

服务集成架构如图 10-6 所示。

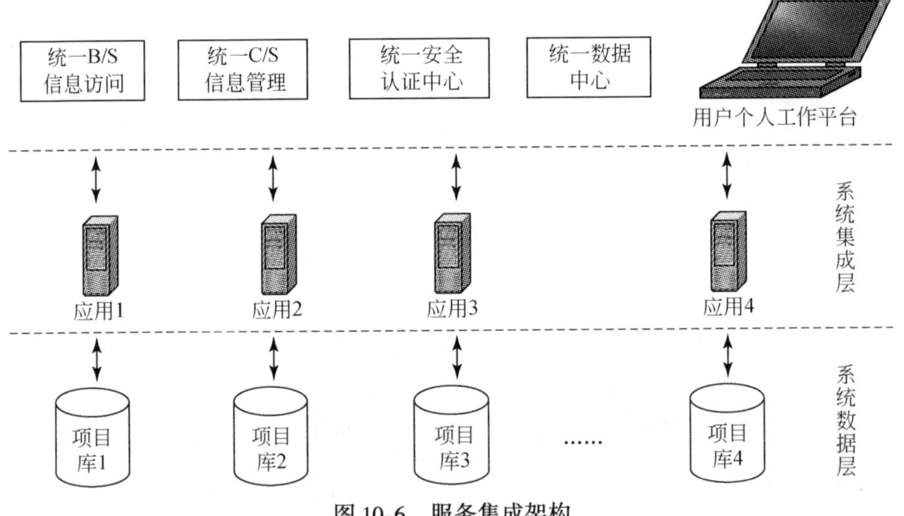

图 10-6　服务集成架构

2. 界面集成

界面集成的目的是通过集成多种业务系统的用户界面，建立一个跨应用和设备的互动用户界面，为用户提供一个与信息系统进行交互的统一视图和访问入口，使其能够与对象、内容、应用和流程进行个性化的、安全的、单点式登陆和互动交流，同时可以通过任何设备从任何地方获取所需信息。

界面集成通过界面集成组件实现，界面集成组件可以对应用中的模块、资源进行注册，统一设置界面的展现样式和形式。通过已有系统开发的 Portlet 或提供的 URL，新建系统开发的构件的注册，经界面设计工具进行统一的设计、展现，并利用统一用户认证、单点登录实现统一认证和访问。

3. 权限集成

CA 认证系统是全国环保环境保护部专网的应用安全基础核心，它将为各业务系统的运行提供安全保障。通过集成 CA 系统，实现统一认证、用户信息同步和数据交换完整性、机密性和不可抵赖性。

环境信息系统通过功能动态权限定制技术，将所有功能进行模块化管理，按数据、功能进行动态角色的模块权限的分配，用户只需在进入系统时进行一次身份认证，即可访问平台内的各种应用系统和信息资源。系统与环保部门已有的 CA 系统中的用户信息进行同步，实现新建应用系统和已建应用系统的用户信息的一致。

用户信息的共享同步主要包括跨库视图方式、API 方式、数据订阅方式等实现。跨库视图方式适用于新建应用系统大数据量的基于组织、人员的复杂查询；API 方式适用于新建应用系统获取少量的组织、人员信息；数据订阅方式适用于已有应用系统利用认证平台提供的组织、人员信息的订阅功能，以获取该系统使用的组织、人员信息。应用系统应向认证平台开放自身的组织、人员信息的维护接口和屏蔽掉组织、人员信息的维护功能。

4. 业务模型集成

业务模型集成将智能模型库、模型库管理系统、模型字典等相关业务模型进行集成，将 GIS 与专业应用模型进行有机结合，无缝集成。在模型库系统的支持下，由用户自行构模模型，以提高模型的重用性。

第十一章　智慧环保典型案例

第一节　四川省环境信息化“十二五”规划

一、系统概述

（一）项目背景

“十一五”期间，为了加快环境信息化建设，四川省各级环保部门均不同程度地配置了计算机、网络设备和环境管理基础应用软件，建立环境保护信息管理系统的地市级环境信息机构达到50%，县级环境信息机构达到5%，为加强各级环境保护部门信息基础能力奠定了基础。

以国家信息化能力建设项目为依托，“十一五”期间四川省环保厅和各市（州）均开展了信息化相关项目的建设，完成了“国家重点污染源自动监控能力建设项目”，依托国家重点污染源在线监测系统所构建起来的数据采集、传输网络实现了重点污染源监控信息的全面收集和管理。目前全省正在加快推进实施“国家环境信息与统计能力建设”项目，有效地推动了四川省环境保护厅环境信息中心的数据资源管理能力的提升。

四川省环保厅目前已经初步建成内外网系统平台，并有多个系统稳定运行，具体包括：国控重点污染源在线监测系统、综合信息平台、建设项目管理系统、机动车尾气检测系统、城市饮用水水源在线监测系统、排污收费系统、阳光权力、污染源普查、四川省空气自动监测数据传输系统、四川省环境质量GIS系统、12369信访系统、视频监控系统等。

（二）总体框架

四川省环境信息化建设的总体框架如图11-1所示。

1. 三体系

1）环境信息化标准体系

环境信息标准规范体系从技术、管理、信息服务等各方面保障国家和地方环境信息化的统一性、协调性和可优化性，确保全省环境信息化在建设和运行管理

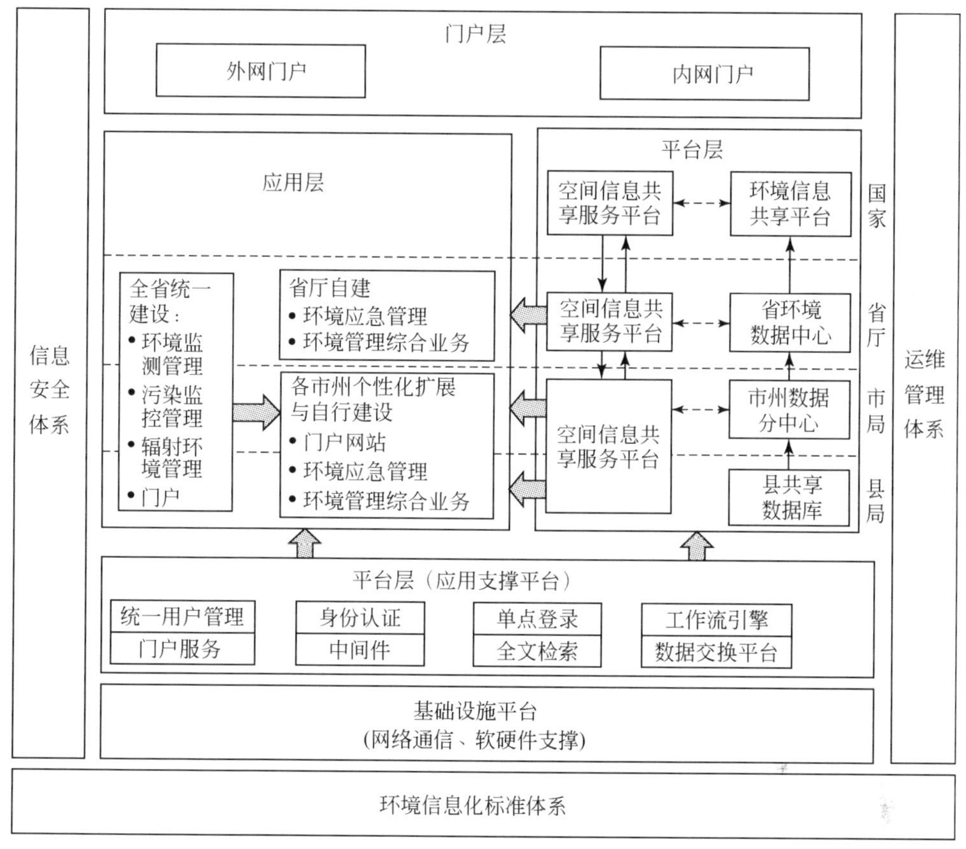

图 11-1　总体框架

过程中少走弯路，提高效率，确保系统运行安全，发挥预期效能。

2）环境信息运维管理体系

环境信息运维管理体系负责制定环境信息运行管理流程，实施软硬件设备的运行维护、用户服务、日常数据保存与备份、系统完善与升级、机房管理以及其他紧急情况的处理。

3）环境信息安全体系

环境信息安全保障体系目的是为了预防和阻止人为或非人为故意和非故意的破坏，确保环境信息化的建设和运行能够顺利进行。

2. 四平台

1）基础设施平台

基础设施平台是国家环境信息化的软硬件基础，为各类业务应用及支撑系统和数据库系统提供运行平台，确保业务应用系统和数据库系统安全、可靠地运行。

2）应用支撑平台

应用支撑平台协同行政办公和业务应用工作，为各类业务应用提供系统且统一的用户权限管理、统一的应用接口等，支持多种应用软件的协同工作及应用系统的互联。

3）环境数据中心

集成各类环境信息数据，提供统一的信息发布和共享交换机制，为环境管理决策者和社会公众提供信息支持与服务，实现环境信息资源交换、共享、管理和发布等服务。

4）空间信息共享服务平台

以3S（RS、GIS、GPS）技术为基础，整合基础地理数据、环境专题空间数据及关联的各类环境管理业务数据，建立多尺度、多分辨率且更新及时的空间基础数据库，构建空间信息共享在线服务体系，利用统一的地理信息服务平台提供“在线服务”，实现各类空间信息资源和功能的共享和快速集成应用。

3. 五大应用系统

1）环境监测管理

根据国家环境监测工作的总体规划，结合四川省环境监测业务管理的实际需求，建设以环境质量监测管理、生态监测管理、环境监测数据分析为重点的环境监测业务系统，为环境管理和决策提供数据支持。

2）污染监控管理

以国控重点污染源监控系统为基础，扩展省控污染源监控系统，建立以废水监控、废气监控、机动车尾气监测等为重点的污染源监控与管理业务信息系统，实时掌握排污状况，并逐步推进结合工况监控的工业污染全过程系统监测体系构建，全面加强污染源监管能力。

3）核与辐射环境管理

建设联网监控管理系统，通过信息综合管理平台对国控辐射和核设施周边环境γ空气吸收剂量率进行自动监测，通过动态监控、及时预警、准确计量，实时监控辐射和核设施周边环境γ空气吸收剂量率状况。结合核安全管理、辐射管理业务的实际需求，建设以核设施安全监管、辐射环境管理为重点的核与辐射安全管理业务系统，为环境管理和决策提供数据支持。

4）环境应急管理

建设以环境应急监控预警、环境应急决策支持、环境应急指挥调度、环境应急现场处置和环境应急后评估为重点的环境应急管理业务子系统，为环境应急管理和决策提供数据支持。

5）环境管理综合业务系统

根据环境污染物减排、环境统计、污染防治、环境影响评价、环境监察与执法监督、自然生态保护、政务办公、规划财务、政策法规、科技标准、宣传教育、政务公开等业务的实际需求，建立环境管理综合业务系统，为环境管理和决策提供数据支持。

4. 两门户

1）内网门户

升级和扩展四川省环境保护部门内网门户，提供各部门的子门户，实现部门信息发布和信息资源分类共享，为各类信息的发布和管理提供技术支持，统一身份认证，达到“一次登录，全网通行”。集成应用系统入口，工作人员只需从内网门户就可进入办公系统和业务系统处理工作。内网门户提供内部邮箱、日程安排、通信录、工作论坛等办公工具，提高办公效率。

2）外网门户

升级和扩展四川省环保门户网站，形成省、市、县三级的门户站群，整合全省行业内信息资源，丰富网站信息量，增强网站的知名度和竞争力，实现四川环保厅门户网站由信息发布型向集信息发布、在线服务、与民互动为一体的功能服务型网站的转变。

二、建设目标

（一）总体目标

以物联网技术为依托，以环境数据中心建设和数据资源整合利用为核心，以标准规范建设、信息安全体系建设、运维体系建设为保障，实现环境保护“部-省-市（州）-县（区）”四级单位的信息畅通集成，建立环境信息全面准确感知、核心业务与信息化全面融合、IT基础架构安全可靠的数字环保体系，为四川省环境保护工作能效的提升提供全面支撑，并奠定未来向决策应用智能有效的“智慧环保”体系迈进的基础。

（二）阶段目标

1. 近期（2011～2013年）

对基础工程进行总体规划和总体设计，以健全环境信息标准体系为先导，以构建全省统一的环境地理信息平台、环境信息共享服务平台为支撑，以完善环境质量监测和污染源监控系统为重点，强化省、市（州）、县（区）各级环保部门的环境信息能力建设，构建起四川省全省的环境信息化体系框架，奠定未来环境信息化发展的基础。

2. 中期（2014～2015年）

完成空间信息共享服务平台和环境信息共享服务平台的建设，并发挥其平台支撑作用，全面推进环境管理综合业务系统和环境应急指挥系统等核心业务系统的信息化建设，同时进一步完善环境质量监测系统和环境污染源监控系统的建设，逐渐向全省环境信息数据资源的高效整合和各部门间的业务协同目标迈进。全面跟踪云计算、物联网的技术在环保领域的应用进展，深入开展前期调查研究，并积极做好环境信息化共性平台或系统向私有云迁移的准备。按照全省统一的环境信息化标准，全面推进各市（州）环境信息化建设。按照《全国地方环保系统环境信息机构规范化建设标准》，省、市（州）、县（区）三级环境信息中心标准化建设比例分别达到100%、80%和50%。

3. 远期（2016～2020年）

按照《四川省人民政府办公厅关于加快西部信息网络枢纽建设的指导意见》，深化物联网、云计算技术在环境信息化领域的应用，建成以统筹协同、资源共享为基础的“环保云”，承载智慧环保的落地，推动四川省环境数据中心、空间信息共享服务平台向私有云的迁移，发挥云平台的优势，深化环境信息资源的在环保综合决策中的应用，全面提升环境信息化对环境管理的智能化决策支撑作用，实现省、市（州）、县（区）各级环保部门的环境信息能力建设全面达标。

三、建设内容

（一）环境信息化能力达标建设

环境信息化是环境管理与决策的重要支撑，是推动环境保护工作迈向现代化和科学化的一项基础能力。为强化实施“信息强环保”战略，提高环境信息基础支撑和服务能力，2010年，环境保护部印发了《关于全面加强环境信息基础能力规范化建设的意见》（环发［2010］87号），并根据环境信息化工作的实际需要，提出了《全国地方环保系统环境信息机构规范化建设标准》。“十二五”期间，四川省各级环保部门将按照标准，完善机构、落实职能、充实队伍，按照部、省厅统一安排部署，做好相关配合工作，并根据当地实际，完善各项信息化基础设施建设。

（二）先进环境监测预警体系建设

环境智能感传输体系建设是环保信息化建设的脉络所在，是“依托感知，促进业务，智能环保”理念的实现基础。面向“更快速”感知影响城市环境、人体健康、生命安全的实时指标，“更全面”感知污染排放、环境污染、应急事故的变化过程的需求，基于物联网理念，建立由感知层和传输层构成的智慧环保智能感知网络，以便更有效地承载海量环境信息数据的采集、输送与交互任务。

“十二五”期间，四川省将按照环境监测“三个说得清”，即“说清环境质量状况及变化趋势、说清污染源排放状况、说清潜在的环境风险”的要求，以环境质量监测、污染源监测、环境事件应急监测，以及环境预测预警系统建设为重点，努力实现环境监测的现代化、标准化和信息化。

（三）数据资源整合利用与共享服务建设

1. 环境数据中心

环境数据中心是四川省环境信息化建设的核心部分。“十二五”期间，将全省统筹建立省、市两级环境数据中心。在市（州）将重点推进成都、遂宁、宜宾、达州、绵阳5个市的环境数据分中心试点建设，并考虑从5个分中心试点中，选取一个点同时作为省环境信息中心的异地容灾备份中心。在全省环境数据中心建设过程中鼓励有条件的市（如成都、绵阳等地）积极探索基于云计算技术的数据分中心建设。通过先期5个市级数据分中心的试点建设，为全省其他市州的环境数据中心建设提供经验借鉴。同时，5个省内首批试点数据中心的环保局也将作为区域性的技术支持中心，为其他市州的环境信息化建设提供人员培训和技术支持。

通过数据中心建设将实现环境数据资源统一存储、统一管理维护、统一检索、统一应用、统一展示。要求建设过程中以业务需求驱动数据架构的发展，数据架构具备可扩展性，能够适应业务未来发展对数据的需求。

省环境数据中心对市（州）分中心数据以及外部政府机关数据的集中采用定时增量同步方式，对全省监测中心和业务系统数据的集中采用实时增量同步方式；市州分中心对省环境数据中心、县共享数据库和外部机关数据的集中采用定时增量同步方式，对市监测站和业务系统数据的集中采用实时增量同步方式；县共享数据库对市环境数据分中心、外部机关数据的集中采用定时增量同步方式，对县业务系统数据的集中采用实时同步方式。

2. 信息门户

依托内网门户，推动环境信息资源面向全省各级环保部门的共享和服务；依托外网门户，推动环境信息资源面向公众和企业的服务。

（四）空间信息共享服务平台建设

四川省环境空间信息共享服务平台建设的根本目的在于，一是要丰富环境数据的展示方式，二是要为各业务应用系统提供强大的空间查询和统计分析功能。

空间信息共享服务平台以基础地理空间数据库为依托，能够为数据中心系统、污染源在线监控系统、生态管理系统、饮用水源地监测系统等提供基本的电子地图和专题地图服务，实现多种环境空间信息服务。平台基于 SOA 架构，实现 GIS Web Service 与其他子系统的集成，并通过 GIS 发布功能为决策提供支持服务。

（五）环境应急指挥系统建设

《国家环境保护"十二五"规划》明确将加强重点领域环境风险防控作为"十二五"期间环境管理工作的主要任务之一。四川省处于工业化中期，结构性污染难以根本改变，水污染控制和环境风险成为非常敏感的环境问题，流域性环境风险形势不容乐观；重金属风险加大，突发环境事件呈高发势头，防范环境风险的压力持续增大。"十二五"期间，将结合环境应急管理业务的实际需求，利用先进的信息化手段，建立环境应急指挥系统，为日常环境风险防范和环境应急管理与决策提供数据支持，推动环境应急管理从事件应对管理向重视风险防范的全过程管理转变。

（六）核心业务信息化建设

1. 环境信息应用支撑平台建设工程

应用支撑平台是建立在基础设施平台基础上，对内部应用和外部服务进行支撑，提供各种中间服务的平台，让环境信息化建设能够真正实现统一门户管理、统一消息服务、统一检索服务、统一工作流、统一系统管理、统一应用开发与接入等公共的支撑服务功能。建立统一的应用支撑平台可以高效快捷地扩展业务系统功能，提高环境保护政务管理和业务管理的工作效率；可以充分利用各种业务信息资源，为环保业务协同与统一门户提供支持；能够根据业务需求快速构建各类应用系统。

2. 环境综合业务管理系统

为了保证不同工作流管理系统之间的互操作，降低开发和维护成本，规划建设的环境综合业务管理系统采用统一的工作流引擎支撑平台，通过可视化的方式分析和设计业务流程，并将各个应用模块连接在一起，实现流程、表单和报表的灵活定义和管理。为实现业务协同的目标，需对相关业务系统进行综合集成，系统集成策略为：数据集成，业务关联，统一登录。

（1）数据集成。必须将各个子系统的业务数据有机地集成到数据中心，进行挖掘分析、预警预测，同时也可以提供给其他系统使用。

（2）业务关联。对环境管理业务进行分析，通过应用集成中间件将分散到各个不同业务之间的流程进行集成、整合，使得业务可以一体化运行。

(3) 统一登录。建立统一用户管理、统一权限管理及身份证管理体系，所有的业务系统统一通过门户登录，保证数据集成和业务关联的实现。

(七) 环境信息化长效机制建设

以国家环境信息化建设的相关标准规范为依据，结合四川省环境信息化的实际情况，开展信息化标准规范、运营维护机制、安全保障机制以及人员培训机制等的四川省环境信息化机制保障建设，项目建设与已建项目运行、管理、维护并重，有效保证软件平台的稳定性、数据接口的统一性以及整个网络的安全性。

四、系统特色

(一) 服务需求、应用主导

四川省环境信息化的建设与发展必须紧密结合全省环境保护工作的业务需求，从业务管理的实际需求出发，在建设策略上区分轻重缓急，急用先建。加快重点工程和项目的建设，促进环境信息化的健康发展。

(二) 统筹规划、统一标准

全省环境信息化建设与发展规划单位在遵循国家环境保护部总体要求的前提下，对全省环境信息化建设工作统筹规划，加强领导，避免重复建设，防止各自为政。建立健全环境信息标准体系是环境信息化持续发展的必要前提，让省、市(州)、县(区)各级环保信息化建设采用统一的标准，以保证环境信息系统在数据交换共享、功能扩展和集成等方面的需求。

(三) 分步实施、分层建设

四川省的环境信息化建设应根据全省社会经济发展不平衡，环境信息化基础不一的实际情况，以用促建，逐步推进。既要加强对信息化项目的审定和管理，集约管理资源，防止重复建设，又要体现各市(州)在信息系统上的自主性，节约政府投资，做到注重实效、突出重点、分步实施、稳步推进。

(四) 整合资源、协同共享

全省的环境信息化建设与发展必须充分利用已有的网络基础、业务系统和信息资源，加强资源整合，发挥投资效益，避免信息孤岛，使有限的信息资源发挥最大效益，促进环境信息化各个业务系统由自成体系向业务协同的转变。

（五）立足当前，着眼长远

全省环境信息化规划目标的制定既要结合实际（具有可行性和可操作性），又要适当超前，从保障环境信息化工作延续性的角度对“十三五”期间的环境信息化工作进行科学的展望。

五、实施效果

（一）保障体系建设效果

1. 环境信息标准规范体系

环境信息标准规范体系是指导省内各级环境保护机构和各个环境保护业务层面的信息化建设的依据。当前各地市、州级环保系统中，地方环境信息化标准和规范制定工作相对滞后，需要依据国家的标准和规范，逐步建立健全四川省环境信息化的标准和规范体系，以指导省、市（州）、区（县）三级各类环境信息系统的建设。

2. 环境信息运行管理体系

环境信息运行管理体系是环境信息系统正常稳定地运行的重要保证。目前四川省环境信息中心的网络控制能力亟待提高，尚不足以管理环保广域网络、监管网络健康状态、指导下一级环保机构的网络管理工作。需要建立完善的 IT 基础架构管理系统，为环境信息化建设成果的稳定良好运行提供可靠保障，并逐步完善 IT 服务管理流程，利用信息技术手段实现对机房设施、信息基础设备、各类系统软件和业务应用的实时监控、故障预警和有效处理，提供动态的信息运维管理。

3. 环境信息安全保障体系

在“十二五”期间，四川省的环境信息化建设将以数据中心建设为中心，健全数字环保体系为重点，环境信息资源整合利用为目标，因而对于信息安全的要求将进一步提高。需全面加强系统安全建设，推进落实国家信息安全等级保护制度，健全环保业务信息化安全管理体系，以保证信息化体系的正常与稳定运行。环境信息安全保障体系包括安全策略、安全技术、安全审计和安全管理等方面。按照国家有关法律法规、政策和行业相关的技术规范要求，为保证环境信息系统能够在稳定、安全的环境中运行，实现防泄密、防窃取、防毁坏、防假冒、防篡改、抗抵赖，以及防止拒绝服务和网络攻击，需建立全省统一的环境信息安全保障体系。

（二）基础支撑平台建设效果

1. 基础设施

1）基础网络

网络是各类环境保护业务的数据传输、信息交换、应用集成和信息服务的基础环境。基础网络建设应充分利用当前通信网络资源，以公网通信资源为必要的辅助，避免重复建设和投资。同时，网络的建设和运行应工程化、平台化，使网络成为各种业务的统一承载平台。“十二五”期间随着四川省环境信息化建设的不断深入，环境数据实时传输、信息资源共享的要求将越来越高，需对现有基础网络进行扩充完善。

2）软硬件环境

从基础软硬件环境的现状出发，“十二五”期间随着四川省环境信息化的不断发展，需要综合考量现有服务器资源的计算能力，在充分利用旧的信息资源基础上购置高性能服务器，将各种同类应用进行整合，重新部署，实现服务器应用类型的重组，提高服务器群集的应用支撑能力；对关键应用提供足够资源，保证应用系统稳定运行。进一步加强数据存储和备份能力建设，提高系统的存储扩展能力与数据处理能力，实现数据的异地备份，保证系统和数据的安全；根据业务应用需求购置操作系统、数据中心管理系统、地理信息系统等基础系统软件，扩展和提高系统软件的支撑能力。

2. 应用支撑

环保业务具有涉及面广、动态性强、在采集阶段相互关联很少、不同业务之间存在交叉或联系等特点，与此同时，环保的大部分工作涉及数据采集、分类、管理、统计汇总和展示。考虑到业务特点的交叉性和信息模式的相似性，需要建立一个业务应用支撑平台，通过组件集成服务实现业务应用的整合和复用。通过应用支撑的建设，可以高效快捷地扩展业务系统功能，提高环境保护政务管理和业务管理的工作效率，充分利用各种业务信息资源，为环保业务协同提供支持。

（三）信息化的应用与服务建设效果

1. 环境信息资源共享需求分析

为解决环境信息化建设存在标准规范不统一，数据资源难以共享的难题，全面支撑“十二五”期间四川省数字环保体系的完善和数据资源的综合利用，需要构建完善的环境信息资源共享体系，建设全省统一的环境数据中心，实现全省环境数据的集中管理，为全省环境管理与决策提供科学依据；需要引入长效的数据更新机制，统一汇集环境质量、污染源、生态保护、核与辐射、环境应急等环境管理过程中产生的结果数据，根据环境管理与决策的需求进行数据分析和展现，为环境管理决策提供依据。

2. 业务应用需求

《国家环境保护“十二五”规划》将削减污染物排放总量、改善环境质量、防范环境风险作为“十二五”时期环境保护工作的三个着力点，《四川省国民经济和社会发展第十二个五年规划（纲要）》中明确提出了“十二五”期间四川省环境保护的重点任务是有效控制污染物排放，防范化解环境风险，加强环境综合治理，明显改善环境质量。四川省的环境信息化工作也应紧密围绕环境管理的核心任务，服务环境管理的业务需求，进一步强化环境质量监测预警能力、污染监控管理能力和环境应急管理能力，不断完善业务应用系统，努力推进环保业务与信息化的有机融合。

第二节　北京市智慧环保顶层设计

一、项目概述

随着“十一五”期间一系列重大建设项目的实施，北京市环境信息化建设取得了显著成效。同时，环境信息化进入了一个新的阶段，随着“智慧环保”理念的提出，如何突破传统环境管理的局限，让环境信息化有效支撑智能化的综合决策也是当前北京市环境信息化工作面临的新要求。北京市在《智慧北京行动纲要（2011–2015）》中指出：“智慧北京”是首都信息化发展的新形态，是未来十年北京市信息化发展的主题。根据《北京市经济和信息化委员会关于开展“智慧北京”顶层设计的通知》（京经信委发〔2012〕21 号）的要求，受北京市环境信息中心委托，中科宇图为其开展“智慧环保”顶层设计工作。

本项目拟在充分总结国内外环境信息化经验教训的基础之上，深入分析北京市环境信息化现状与问题，以北京市环境信息化需求为引导，对“智慧环保”进行顶层设计，提出主要任务与策略建议，全面推动北京市“智慧环保”的实现。

二、建设目标

（一）总体目标

建立环境信息感知准确全面、IT 基础支撑安全可靠、决策应用智能有效的北京市“智慧环保”体系；努力推动环境信息化建设的三大转变，即环境信息资源分散到跨部门共享转变，从信息化建设各自为政、分散建设，向信息中心统筹、集约化建设模式转变，从信息化作为环境管理工具，向逐步发挥综合决策作用转变；为控制污染物排放总量、改善环境质量、保障环境安全等核心工作提供高效，安全、可靠的信息化手段。

（二）具体目标

1. 物联感知全面化

结合环境管理业务的实际需求，在现有在线监测体系的基础上，加快物联网技术在环境管理中的应用，全面强化环境感知能力，实现环保全面感知、互联互通和智能分析一体化，全面深入、及时的掌控北京市环境状况。

2. 环境信息资源化

完善环境信息资源目录体系，加强机制创新和制度建设，进一步整合与利用环境信息资源，指导各级环保部门开展环境信息资源共享与交换，促进环境信息资源共享，满足公众的需求及各级环保部门业务系统和决策系统对环境数据的需求。

3. 行政服务阳光化

固化行政权力运行流程，量化自由裁量权，建立阳光行政的信息化工作机制，加强系统内部许可与执法的过程监督，实现权力阳光运行和规范运作，为社会提供相关信息服务。

4. 管理工作协同化

在不断完善与深化业务应用的基础上，依托北京市环境管理业务体系，建立数据中心的数据动态管理机制，理清业务数据之间的关系，为各业务部门的管理工作协同提供信息化支持。

5. 决策支持智能化

应用物联网技术建立先进的监测预警系统，全面感知环境质量状况及变化趋势，说清污染排放情况，对突发环境事件和潜在的环境风险进行有效预警与响应。加强模型应用，提高环境信息资源综合利用水平，为环境管理提供智能化决策支持。

三、建设内容

（一）总体框架

北京市“智慧环保”总体框架设计遵循“平台稳定，技术先进，系统完整，结构开放，系统可扩展，网络适应”的原则，在设计中坚持“服务人性化、开发平台化、接口开放化、工具实用化”，并按照“共性平台+模块化系统”建设思想进行框架设计，形成整体系统化与局部模块化的有机结合。在环境信系统总体架构设计中，业务应用系统的建设遵从标准规范体系，依托环境信息安全保障体系和运行管理体系，在环境信息感知平台之上，利用基础支撑平台来进行新应用系统的构建和已有系统的集成，借助环境数据中心实现信息资源共享，通过综合应用平台实现系统内部的业务协同，最终由综合决策服务、共享服务和公共服务提供面向不同受众的各项信息服务。

总体框架如图 11-2 所示。

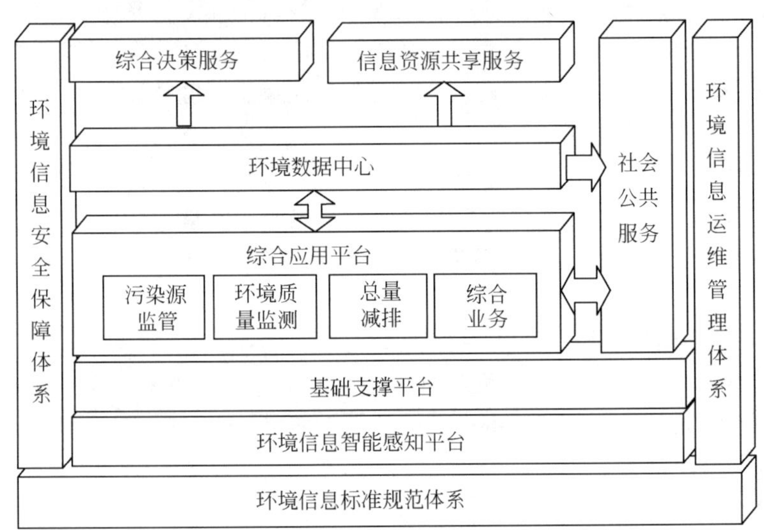

图 11-2　总体框架

总体框架可概括为三体系、三平台、一中心、三服务。

1. 三体系

1）环境信息标准规范体系

在遵照国家环境信息标准规范体系的基础上，建立符合北京市环境信息化管理需求的规范与制度，保证北京市环境信息化建设的统一性、协调性。

2）环境信息安全保障体系

为预防和阻止人为或非人为故意和非故意的破坏，确保环境信息化的建设和运行能够顺利进行，需建立环境信息安全保障体系。采取不同层次的安全防御手段和方式，形成全方位的、易于管理的安全防御体系，最终保障网络、数据和信息的安全。环境信息安全保障体系主要由安全策略、安全技术、安全运作和安全组织管理组成。

3）环境信息运维管理体系

体系主要由网络管理、系统管理和相关制度管理等部分组成。主要任务是实现对网络的有效监管和运行维护；实现对各类系统软件和业务应用的实时监控、故障预警和有效处理；实现对机房的管理以及其他紧急情况处理。

2. 三平台

1）环境信息感知平台

包括水、气、声、固体废物、核与辐射等管理对象的监测体系建设，环境应急的现场数据的传输体系建设，移动监测与监察体系建设。

2）基础支撑平台

是环境信息化的软硬件基础及应用支撑。为各类感知监测、业务应用和数据库系统等提供运行平台，确保业务应用系统和数据库系统安全、可靠运行。平台通过对数据交换与共享、用户身份认证、环境地理信息系统、工作流引擎集成，增强各部门应用系统之间的关联性，提高应用系统集成与整合能力。

3）综合应用平台

环境管理业务提供信息化支持，既是环境数据中心的重要数据基础，也是环境数据资源应用对象。该平台包括环境质量监测、污染源监管、总量减排与综合业务管理4部分内容。

3. 一中心

建立环境数据中心，集成各类环境信息数据，提供统一的数据管理、数据服务、信息发布和共享交换机制，为环境信息服务和决策支持提供有效数据支持，实现环境信息资源交换、共享、管理、应用和分析。

4. 三服务

1）综合管理决策服务

综合决策服务是按照各级领导决策和业务管理的不同需求，搜集整理各个应用系统所包含的有关信息，进行梳理和分析，进行信息过滤，为各级领导提供相关信息的主动推送、个性化模块及布局定制，有助于领导层进行日常管理决策。

2）信息资源共享服务

共享服务是北京市环保局内部各业务系统进行横纵向信息交换的基础。其主要是结合环境数据中心，进行北京市环境信息资源整合与梳理，面向环保部门内部提供信息交换共享。

3）社会公共服务

为提高服务能效，完善政务应用，应进行公共服务建设。通过政府网站发布环境信息，实现网上审批、网上服务等，促进政务公开和公众参与，为企业和公众提供“一站式”的环境信息服务。

（二）建设思路

1. 以标准化为纲，促进系统建设规范化

环境信息化的建设与发展必须加快制定统一的环境信息标准规范，大力推进标准的贯彻落实。对多年的环境数据进行整合，梳理出明确规范的编码体系和数据规则，再通过对历年业务数据的收集和整理，归纳并建立统一规范的环境数据标准和信息管理体系。各业务系统的建设应遵循统一的标准规范。

北京市环境信息化建设应以环境数据中心建设为契机，开展北京市环境信息化地方标准的研制工作。在进行标准体系建设时，既要考虑与国家环境信息化标准的结合，又要满足全市范围内（主要是下属区县环境信息化建设）的标准需求。综合考虑北京市环境信息化的现状，建议北京市环境信息化标准体系建设应在国家环境信息化标准体系框架下，以制定信息化建设规范的形式，融合国家相关标准，结合规划期内的建设内容，重点进行数据和管理规范的建设。

2. 以数据流为轴，提高信息资源共享的水平和能力

应严格遵循环境保护行业标准和环境信息化标准，以多维、立体化的思维模式，从数据库架构升级、数据结构改善、数据字典规范化、数据内容核准与筛选 4 个方面入手，对原有数据库架构和数据结构进行升级改造，确保数据的准确性、唯一性，全力打造出科学完善的数据模型体系，为监测信息化的高级应用提供根本的数据保障和技术支持。

通过数据中心建设，形成北京市环境信息资源目录体系；推动环保局内部数据共享机制的建立，构建环境信息资源共建共享技术指引；逐步形成北京市环境信息统一编码规则和元数据库数据字典。

在数据中心建设过程中，应开展信息资源规划，以污染源全生命周期管理、总量减排等为主线，进行数据的梳理整合，构建全域数据模型。在《环境信息分类与代码》（HJ/T417—2007）标准的约束下，生成全域数据模型。全域数据模型主要用以指导支撑北京市环保局各类业务系统数据模型的设计，逐步深化并持续改进。

3. 以顶层设计为本，破解业务系统建设偏失

将环境信息化建设涉及的各方面要素作为一个整体进行统筹考虑，在各个局部系统设计和实施之前进行总体架构分析和设计，理清每个建设项目在整体布局中的位置，以及横向和纵向关联关系，提出各分系统之间统一的标准和架构参照。

可引入先进成熟的联邦事业架构（federal enterprise architecture，FEA）、电子政府交互框架（e-government interoperability framework，e-GIF）、面向电子政务应用系统的标准体系架构（standard and architecture for e-government application，SAGA）等理论框架为指导，对北京市环保业务系统进行分析，确保环境信息化体系方向正确、框架健壮，确保各业务系统边界明确、流程清晰。同时，项目建设不应急于求成，而要按照“再现——优化——创新”三段式发展，循序渐进地推动各项业务应用系统的标准化和规范化，最终达到通过信息技术支持行政管理机制创新和变革的效果。

4. 以流程规范为重，通过整合与重构推进业务协同

传统环境管理方式中的职责不清、工作流程随意性大是制约环境信息化发展的重要管理因素。环境信息化离不开业务流程的优化。某种程度上讲，环境信息化伴随的流程再造过程，是变“职能型”为“流程型”模式，超越职能界限的全面的改造工程。如果环境管理业务流程不能事先理顺，不能优化，就盲目进行信息系统的开发，即便一些部门内部的流程可以运转起来，部门间的流程还是无法衔接的。

北京市的环境信息化建设，应充分重视业务流程的梳理和规范化的作用，以标准、规范的工作流程逐渐替代依赖个人经验管理环境事务的方式。一方面对已有的应用系统要进行深入整合，实现重点业务领域的跨部门协同；另一方面随时适应北京市环保局组织体系的调整，重构一些重大综合应用系统、特别是面向公众的一些社会管理、公共服务的系统，提高公共服务能力和社会化管理水平。

5. 以数据挖掘和模型技术为径，提升综合决策能力

引入先进的模型技术，构建环境模型模拟与预测体系，利用环境信息感知平台获取的数据，为环境管理提供模拟、分析与预测。升级空气质量集成预报系统，形成臭氧和 $PM_{2.5}$的业务预报能力。开发基于地理信息系统的北京市重要湖库和河流水质综合评价和预警系统。建设污染源排放清单数据平台，实现大气和水污染源数据的动态更新。

通过环境时空数据挖掘分析，开展环境经济形势联合诊断与预警分析，以及基于“社会经济发展—污染减排—环境质量改善”的环境预测模拟，开展环境形势分析与预测，识别经济社会发展中的重大环境问题；开展环境规划政策模拟分析，探索建立各类政策模拟分析模型系统，实现环境税、排污收费、排污权交易、生态补偿、价格补贴等手段对经济社会的影响的预测，开展环境经济政策实施的成本分析；开展环境风险源分类分级评估、环境风险区划等工作，支撑环境风险源分类分级分区管理政策的制定。

（三）标准规范体系建设

北京市环保机关在进行标准体系建设时，既要考虑与国家环境信息化标准的结合，又要满足全市范围内（主要是下属区、县环境信息化建设）的标准需求。综合考虑北京市环境信息化的现状，建议北京市环境信息化标准体系建设应在国家环境信息化标准体系框架下，以制定信息化建设规范的形式，融合国家相关标准，结合规划期内的建设内容，重点进行数据和管理规范的建设。

(四) 环境数据中心建设

近期基于北京市正在开展建设的重点污染源数据中心管理系统，搭建数据中心数据管理基础，完成对污染源自动监控项目采集数据的综合分析利用及展示，并为后续的其他数据利用建立部分模型，实现污染源自动监控数据的集中管理、数据共享和综合分析。

远期以重点污染源数据中心管理系统为基础，以满足政府、社会、公众和各级环境管理工作对环境数据的共享需求为目的，依托北京市环保局成熟的业务体系，以现有环境数据资源为基础，建立环境数据中心。集成整合来自各种环境业务应用系统中的数据，实现对不同位置、不同格式数据的共享和访问。利用ETL、数据仓库、OLAP等数据处理和加工工具，对数据进行整理、转换、匹配、校验、整合和分析，提高环境数据管理水平，增强环境数据共享服务能力，实现环境数据的共享和综合利用，为环境管理决策提供高质量的综合数据支持。

其总体结构如图11-3所示。

数据中心的建设需要统筹北京市环境信息中心、环境监测中心站、辐射环境管理监测中心站和机动车管理中心及其他已有自建信息系统的业务部门的数据资源。对各部门有效数据进行抽取、清洗与入库工作，实现全局系统内部有效数据的信息共享与交换。

北京市环境数据中心将纵向实现市环保局与各区县环保局、与环保部数据共享交换，横向实现与各业务系统的数据交换，进而为市环保局各业务系统，各区县业务系统提供高效的环境数据服务，为各级领导管理决策提供科学合理的数据分析服务。数据中心图数据交换方式如图11-4所示。

1. 建立资源共享技术的标准平台

随着环境信息化程度的加深，为有效地对“海量”的数据进行规范管理和共享服务，建立统一标准的共享操作平台是基础。我国因各类资源技术建设尚未统一，元数据描述不规范，资源分类不准确等，导致资源查询出错率过高，“资源孤岛”问题严重，极大地影响了资源共享服务获取效率。只有建立统一技术的标准平台，利用网络技术平台和工具软件，将各类不同标准协议、不同编码元数据的异构资源库进行数字化转换，才能解决过去自成体系、独立自建、无法共享服务与交流的矛盾，才能从资源的管理、检索、应用等提供一体化共享服务，解决资源查询和共享应用中一系列问题。

需要理清数据管理机制，规划环境信息资源，实现北京市环境数据的集中管理和应用；需要建设全市统一的环境数据中心，构建完善的数据共享交换机制，引入长效的数据更新机制；统一汇集管理环境质量、污染源、环境政务、辐射以

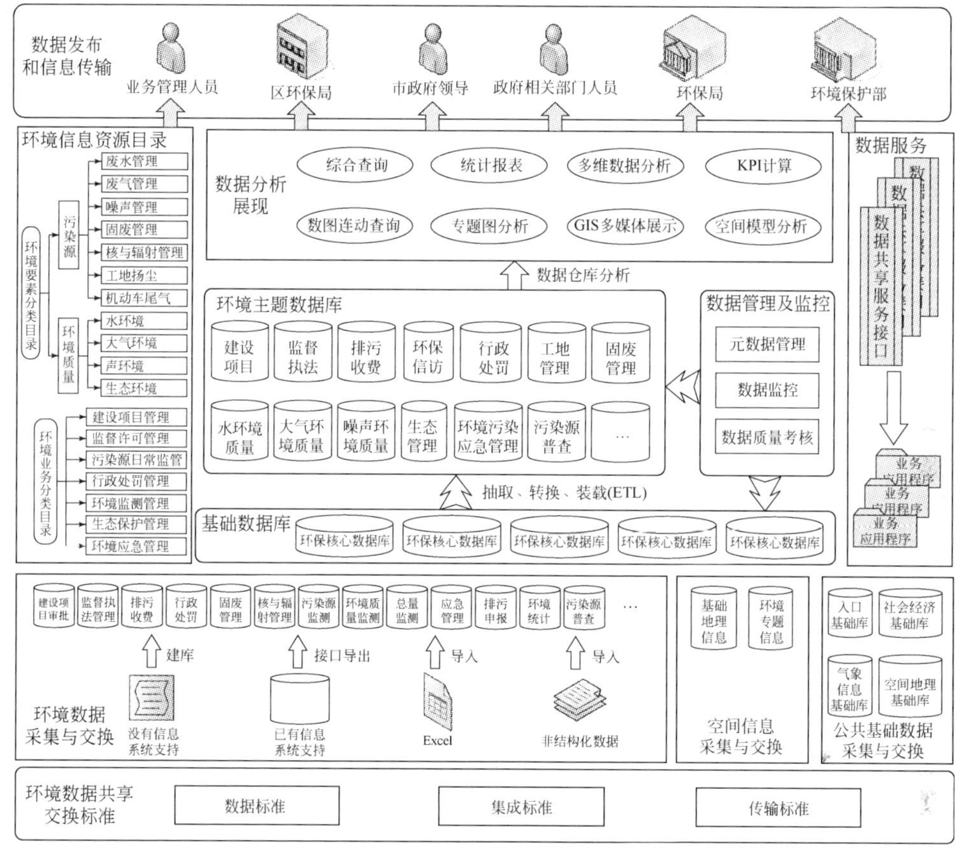

图 11-3 数据中心结构

及应急等环境管理过程中产生的结果数据，同时实现对业务应用的支撑、与区县以及其他机构的共享与交换和数据的集中展现等。

由于北京市环境保护局多个应用系统是在不同的时期建设完成的，信息化资产比较分散，信息共享程度低，资源整合、信息共享将会是建设的难点之一。需要认真开展相关的分析研究、梳理各部门、各单位已有的资源，并进行分类、整理，对可以利用的进行归类整合。

2. 创建资源共享搜索的导航服务，加强资源导航内容建设

建立"一站式"导航服务系统，利于解决网络中分散无序、代谢频繁、链接费时等资源搜索中诸多不便，高效、权威、准确地查询到所需求的资源数据，切实做到资源导航检索专一性、准确性、实用性、独特性，提供导航界面要友好、操作简便、功能丰富，搜索通道顺畅，导航服务全面，真正为用户快捷检索资源需求服务。

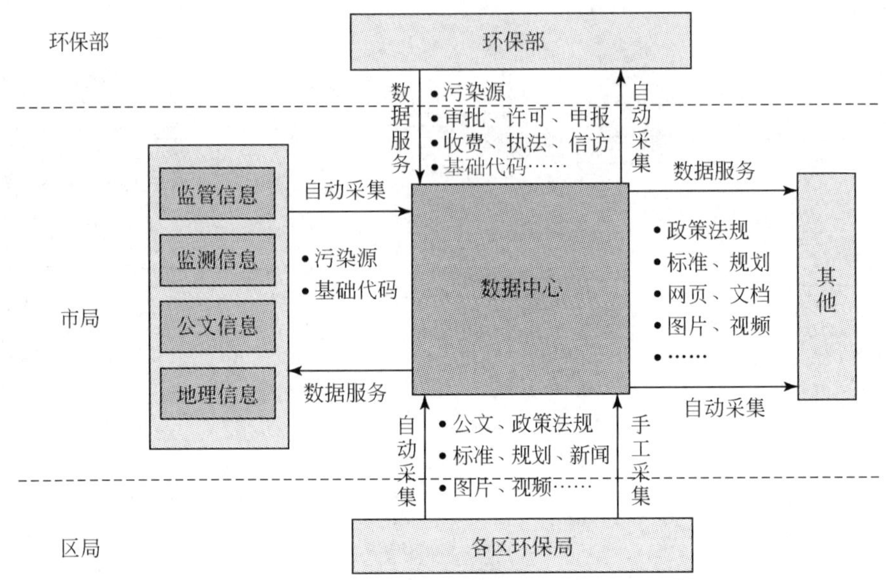

图 11-4　数据中心数据“横向”与“纵向”数据交换

3. 深化数据资源的挖掘应用，支撑智能化的决策支持

深入开展数据资源的整合利用，采用多维技术，基于联机分析（OLAP）工具，开发实现对主题数据的快速交互访问，提供数据汇总、切片、切块、旋转和钻取等操作，完成对数据多角度的分析和对比，满足多维环境下特定的查询和报表需求。

结合各类模型技术的使用，为环境管理宏观政策层面的综合决策提供有效支撑。智能化决策支持的重点在于为剖析环境承载力与经济、社会发展之间的响应机制，建立污染源与环境质量之间的关系，阐明环境风险源的等级和分布与环境安全格局之间的关系，识别区域性环境污染的成因为联防联控措施的制定提供依据。

（五）基础支撑平台建设

基础支撑平台既是北京市环保局进行环境信息化建设的软硬件基础，也是保障环境信息应用的支撑平台。目前北京市环保局的软硬件基础建设已经基本完成，后续需进行基于组件和中间件构建的应用支撑建设，以支撑各项业务应用系统的开发、部署和管理，实现业务逻辑控制和流程处理的支撑。平台建设应遵循规范的应用支撑技术路线，通过数据集成、用户集成、地理信息集成和流程集成等多种方式整合各个业务应用系统，为各类业务协同和综合决策提供强有力的技术支撑。

1. 数据交换与共享管理

建立统一的数据交换与共享组件，数据交换与共享组件需要提供数据交换接口、数据查询接口、数据汇总统计接口。建立在应用支撑系统（平台）上的业务应用系统可以调用接口进行系统间的数据交换与共享，提高环境信息资源的整合和开发利用水平。环境数据的交换与共享可采用 ESB 服务总线方式。

2. 用户与权限管理

建设统一的用户与权限管理体系，可进行用户与权限的统一管理。用户与权限管理组件提供用户身份认证调用接口、用户信息管理接口。业务应用系统通过调用该组件的接口，可以获得当前用户身份，从而实现访问不同应用系统，达到“一次登录，全网通行”的目标。

3. 环境地理信息系统集成管理

建立提供统一服务的环境地理信息系统，将各项环境业务数据与地理信息相结合，并提供环境地理信息集成组件，为各环境业务应用系统提供统一的地理信息支撑服务。

1）地图图层的建设要求

对于基础地理图层（包括行政区划图、居民地、地貌、面状水系、线状水系、路边线、铁路等），需要配置符合实际要求比例尺的电子地图、符合要求分辨率的影像地图以及遥感图像。向测绘部门获取基础地图数据时，应遵循国家的相关保密规定。对于环境保护专题图层（包括建设项目、自动监测站、重点污染源监控、扬尘工地、水功能区、饮用水源地、自然保护区等），应按照《专题地图信息分类与代码》（GB/T 18317—2009）和《地理信息元数据》（GB/T 19710—2005）规定的标准建设。

2）环境地理信息系统功能

通过电子地图直观展现环境管理业务相关的地理位置分布情况和周边环境状况；提供环境业务数据和电子地图数据相互查询的功能；实现专题图配置、渲染、制作、分析等绘图功能，为环境决策提供依据；利用空间分析模型对环境质量和污染状况发展趋势进行模拟分析。

3）环境地理信息集成组件

为使业务应用系统能够使用环境地理信息组件的功能模块，减少应用系统的开发量，环境地理信息系统应提供环境地理信息集成组件，以提供地图服务功能接口、专题地图功能接口、地图查询功能接口、空间分析功能接口等。各业务应用系统可以直接调用环境地理信息组件的接口，将环境地理信息组件所提供的服务接口嵌入应用程序，从而获得统一的环境地理信息应用功能。

4）工作流引擎管理

建设统一的工作流引擎，负责过程实例的执行、任务级的负载均衡、事务控制以及任务在工作流服务器之间的迁移，同时通过管理服务器提供监控接口。为实现应用支撑系统（平台）上的业务应用系统层对工作流集成组件的调用，应建设统一的工作流集成组件，提供工作流代理调用接口、流程定义接口、流程监控接口。业务应用系统可以通过调用该组件的接口完成工作流集成功能。

（六）综合应用平台建设

1. 污染源监管综合应用体系建设

1）基于物联网的污染源监控系统

完善污染源监控系统，强化污染排放监测能力。深化物联网在污染源监控中的应用。以工业污染全过程监控和固体废物全生命周期监控为理念，持续深入推进污染源监控体系建设。完善水污染源自动监控系统，拓展废水重金属、TP、TN 等自动监测项目，新建填埋场垃圾渗滤液在线监测系统；建设油气回收在线监控系统；新建医疗废物处置过程电子监控系统。

2）污染源全生命周期管理

以“一源一档”数据为核心，以污染源全生命周期管理为主线，进行数据资源整合和应用系统集成。实现污染源从产生到许可、日常管理再到注销的全过程动态监管。在全过程管理中，将污染源从建设项目审批、排污申报，到排污收费、环境统计、监督性监测、日常监察、执法处罚，应急管理等进行串联，通过日常管理工作形成对污染源“一源一档”数据的动态更新。污染源的动态数据又服务于日常管理，形成良性管理循环，从而全面提升污染源管理的行政效能。染源全生命周期管理示意图如图 11-5 所示。

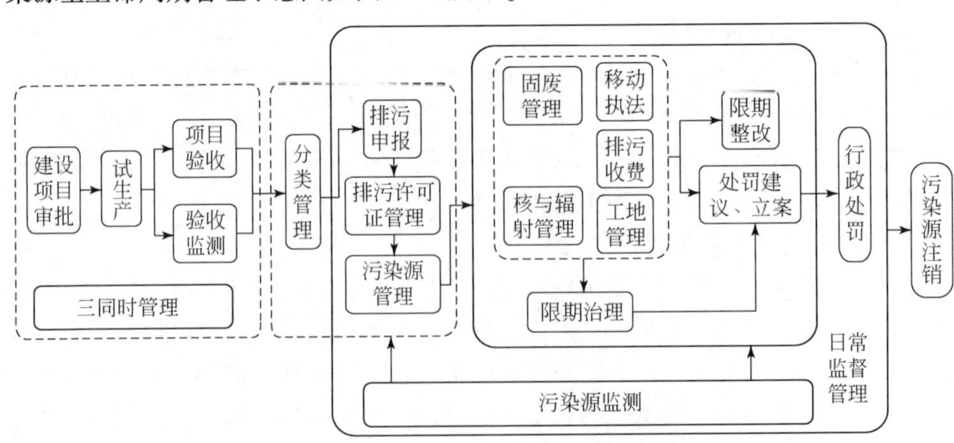

图 11-5　污染源全生命周期管理示意图

3）机动车污染排放管理

以机动车污染排放管理为抓手，强化机动车污染排放动态监管能力。应进一步升级机动车车型目录申报管理系统，完善机动车尾气遥测网络，实行 OBD 在线监控，探索机动车污染排放动态监管模式，从而进一步提升机动车排气污染的监控水平。同时，积极探索机动车排放模型的构建，为总量减排、污染排放清单数据库以及环境模拟预测提供科学准确的数据支撑。

4）环境风险监测预警体系

深化环保物联网应用，逐步建立健全环境风险监测预警体系。以现有环境质量在线监测系统、污染源在线监测系统、辐射环境自动监测系统为基础，面向环境风险预警监测的需要，积极探索企业环境风险源、放射源、放射性气载、液载流出物质等的监控系统建设和环境敏感区（例如，饮用水源地）监测系统构建，为第一时间获取突发性环境事件信息并快速响应奠定基础。

5）环境应急基础信息管理系统

建立环境应急基础信息管理系统，强化环境风险源、应急资源等的动态管理能力。建立环境风险源（包括气态环境风险源、液态环境风险源）、应急资源（专家库、应急物资、应急装备）、救援队伍、应急预案、案例库、处理处置方法库等数据库，并建立相应的数据更新保障机制，实现环境应急基础信息的动态管理。

6）环境应急指挥决策支持系统

完善环境应急指挥决策支持系统，提升应急响应能力。为了给突发环境事件的监控与预警、应急决策、现场的应急处置提供技术支持和保障，需要实现对突发环境应急事件的接警预警管理与指挥调度管理、应急指挥中心对环境应急现场的调度指挥、对化学突发环境应急事件和核与辐射事故的应急监测等，形成对环境应急重要环节的辅助支持能力和后期的监控及评估能力。

此外，为了满足现场环境应急处理处置的需要，应基于平板电脑或者野外工作笔记本建立移动应急平台，使之具备与上级应急平台互联互通、信息传输的功能：可以接收上一级应急平台生成的预测预警、态势推演和智能辅助方案等图文结果；具有对现场采集的各种信息进行编辑并上传到上级应急平台的功能；具有 GPS 定位和北斗定位功能，可以在电子地图上显示自身位置，并具备简单的标绘功能；具有车载数据库中快速查询和智能检索功能；具有利用平板电脑采集现场图片，并与上级应急平台互联互通，发送和接收图文信息的功能。

2. 环境质量监测评估考核综合应用体系建设

1）环境质量监测与管理

强化环境质量监测与管理，把握环境质量变化趋势。以摸清家底、掌握环境质量状况为目标，完善环境质量监测管理，加强大气、水、声等环境的自动监测系统建设，全面推进数据的自动采集、展示和分析，使管理者能够准确地把握环境质量的变化趋势。

(1) 完善大气质量监测管理，改善区域空气质量监测能力，拓展环境空气中 VOCs、NH_3、硫酸盐、硝酸盐、CH_4 等自动监测项目。同时，开展 $PM_{2.5}$ 及其前体物质的遥感监测。

(2) 完善水环境质量监测管理建设，新建水环境质量自动监测系统，增加生物监测、重金属检测和 VOCs 监测设备对已有的老化设备进行更新改造，提升水环境监测管理水平。针对重要湖库和饮用水源地，积极探索业务化的水环境遥感监测系统构建。

(3) 升级现有声环境自动监测系统，与首都机场监测系统联网，增设声功能区站的气象监测设备，根据《城市区域环境噪声标准》（GB3096—93）规定，利用 GIS 的空间分析功能，自动进行噪声污染超标分析。同时形成噪声功能区地图，超标分析地图，从而加强对环境噪声的监督管理。

(4) 建立生态环境遥感监测系统，加强对区域性生态环境质量的监管能力。开展土地覆盖与土地利用类型、植被指数、叶面积指数、净初级生产力（NPP）估算、生态环境变化监测、土地干旱指数监测、城市绿地、城市湿地以及城市热岛等的遥感监测，为区域性生态环境管理提供有效支撑。

2）环境质量预警分析系统

依托模型技术，深化环境质量数据应用，提升环境质量预警分析能力。面向环境质量预测预警的需要，升级空气质量集成预报系统，形成臭氧和 $PM_{2.5}$ 等的预报能力。开发水质综合评价和预警模型系统，并依托模型技术，为北京市环境质量的成因和机理分析提供帮助，从而为环境质量综合管理供决策依据。

3）监测数据移动查询系统

面向日常监管需要，推动监测数据移动查询系统建设。为了满足领导和技术人员日常监管和应对突发事件现场办公的需要，实现环境监测信息的实时查询，基于移动 GIS 平台，开发环境监测信息移动查询终端系统建设，实现河流监测、河流均值、湖库监测、湖库均值、大气测点、城市大气、区域噪声、交通噪声、功能区噪声等信息的实时在线查询、超标站点报警、统计分析和 GIS 展示等功能。

4）智能化环境考核评估体系

面向各区县环境管理工作绩效考评的需要，推动智能化环境考核评估体系的构建。研究建立统计计算方法规范、数据来源可靠、评价方法科学、评价模式合理、评价结果客观的环境管理的绩效评估体系，推进全市环境管理绩效评估的智能化和动态化。考核内容应涵盖水、气、声、固废、生态环境、重金属等各个方面，充分考虑监测设备工作的有效性、环境质量的优劣程度、环境管理工作的落实情况等方面，实现对市县的统一评估考核。

3. 总量减排综合应用体系建设

围绕总量减排这一主线，深化数据资源整合利用，为减排决策提供支撑。根据源排放清单对“十二五”规划要求的四项主要污染物（COD、SO_2、NO_x、氨氮）和面源、机动车排放源实施总量控制，统一要求、统一考核。应建立污染源总量核算分析模型，根据不同年度及核算方式，实现污染源总量核算与比较分析，并分析总量减排任务完成情况和各种消减方式的消减比例。建立污染源监测数据分析模型，针对污染源监测数据实现污染物排放量分析和污染结构分析，包括采用各类数据分析指标，对污染源在线监测数据的主要指标进行计算和分析。建立其他污染源综合分析模型，要求从污染源的统一业务管理出发，从污染源的项目审批情况、排污收费情况、行政处罚情况等角度出发，按照相关指标实现全市范围内的综合分析。

以总量减排信息系统建设为抓手，逐步推进环境管理从“目标总量控制”向“容量总量控制”的转变，为促进北京市经济结构的优化，推动经济、社会与环境的协调发展提供支撑。

4. 环境综合业务应用体系建设

1）搭建移动业务系统，提高移动办公能力

以环保业务移动办公需求为出发点，以阳光行政为导向，建设移动业务管理系统。系统运行在北京市环保局工作人员所持的手持设备（便携式笔记本或平板电脑）上，通过无线网络实现与电子政务内部管理系统的访问和传输，实现工作流程全覆盖、管理任务全覆盖和日常业务全覆盖。

2）整合业务系统，打造统一平台

对已有的应用系统进行深入整合，实现重点业务领域的跨部门协同，完善全局业务一体化建设。同时随时适应北京市环保局组织体系的调整，重构一些重大综合应用系统，进行内部业务体系优化调整。

（七）环境信息资源服务平台建设

环境信息服务是指为北京市环保局提供规范化的信息资源服务。环境信息服务建设应通过环境资源服务平台，实现内部环境管理人员的沟通交流和信息共享，为各级领导环境管理与综合决策提供全方位的信息服务和数据支持；通过资源服务平台发布环境信息，实现网上审批、网上服务等，促进政务公开和公众参与，为企业和公众提供“一站式”的环境信息服务。

1. 电子政务平台

面向内部工作人员办公协同的需求，需完善电子政务平台。

（1）建立北京市环保系统内网门户并提供各部门的子门户，实现部门信息发布和信息资源分类共享，并提供内容和布局的个性化定制功能；

（2）为北京市环保局各类信息的发布和管理提供技术支持，发布通知公告、环保动态、局内政务、环保法律法规、资料下载、常用链接等；

（3）统一身份认证，达到“一次登录，全网通行”；

（4）应用系统入口集成，工作人员只需从内网门户就可进入办公系统和业务系统处理工作；

（5）提供内部邮箱、日程安排、通信录、工作论坛等办公工具，提高办公效率；

（6）面向移动办公的需要，基于平板电脑或者上网本建立移动办公系统，实现信息查询、业务办理和工作任务安排等功能。

2. 决策支持平台

面向各级领导管理决策的需求，构建决策支持平台。

（1）按照领导决策和业务管理需求，搜集整理各个应用系统所包含的有关信息，进行梳理和分析，并进行信息过滤，为各级领导提供相关信息的主动推送。

（2）领导决策支持平台为相关领导提供快速浏览、查询北京市环境信息的功能，主要包括全市环境总体状况、污染事件发生情况、污染源排放等动态信息，以及舆论媒体关于北京市环境保护工作的报道动态信息，为领导决策提供信息支持。

3. 外网信息服务平台

面向公众及企业用户，完善外网信息服务平台。

（1）通过及时发布各类环境信息、新闻公告、政策法规、空气质量日报预报，为公众行使环境保护的知情权提供便利条件，提高全民环境意识；

（2）通过信息互动栏目，实现市环保局与公众的交流和互动，为环境管理部门了解公众的意见提供信息平台；

（3）通过网上办理，延伸市环保局的行政服务职能，如网上申请、项目公示、网上采购和招标、举报、信访等政务公开业务，为建立服务型政府提供技术支持；

（4）为环境保护的政务公开提供信息服务平台，面向公众和企业开展“一站式”环境信息服务。

（八）安全保障体系

信息化安全保障体系建设一般都遵循现有的标准模型，主要包括：策略

(policy)、人员(people)、操作(operation)、技术(technology)、保护(protection)、检测(detection)、响应(response)、恢复(recovery)、培训(training)几方面，如图11-6所示。

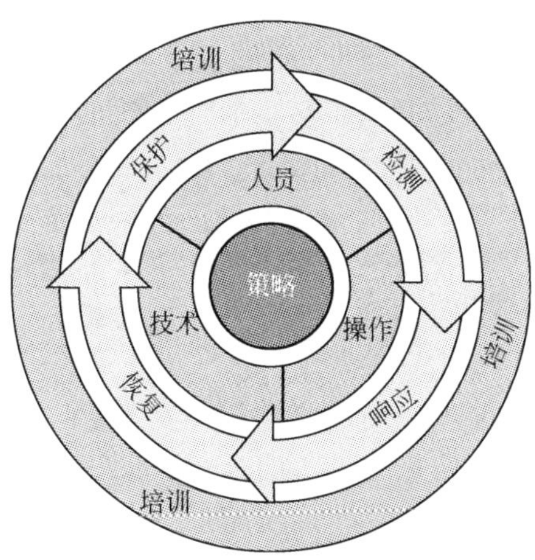

图11-6　信息化安全体系模型图

该模型建立在IATF核心思想与PDRR基本形态相结合的基础之上，最核心的部分就是安全策略，安全策略在整个安全体系的设计、实施、维护和改进过程中都起着重要的指导作用，是一切信息安全实践活动的方针和指南。模型的中间层次是信息安全的三个基本要素，即人员、技术和操作，这构成了整个安全体系的骨架。在模型的外围，是构成信息安全完整功能的4个环节，信息安全三要素在这4个环节中都有渗透，并最终表现出信息安全完整的目标形态。概括来说，模型各层次间的关系是：在策略核心的指导下，三个要素紧密结合协同作用，最终实现信息安全的四项功能，构成完整的信息安全体系。根据安全防护体系的模型，北京市环保局在信息化安全防护体系建设中需要重点做好以下几方面的工作：

(1) 建立安全控制策略，定期进行安全风险评估；

(2) 建立较为完善的安全管理制度和安全责任制度，保证安全策略的实施；

(3) 建立较为完善的应急保障体系，用以应付各类突发的信息安全事件；

(4) 建立完善的防护控制措施，抵御较为复杂的威胁和攻击；

(5) 建立完善的备份措施，应对重大事故和重大安全事件的业务连续性管理；

(6) 建立安全管理中心；

(7) 成立内部安全管理机构，落实工作职责，定期开展系统性的安全培训。

(九) 运维管理体系

运维管理涵盖运维的全过程，包括运维的组织、运维规划、预算、招标、服务质量、培训、资产、管理流程以及绩效考核等。

1. 组织与职责

单位应针对运维项目设立专门的、统一的运维领导工作组（以下简称领导组）和运维执行工作组（以下简称执行组）。

2. 制定运维规划

领导组应于每年年末要求执行组对本单位运维现状进行全面分析，形成运维现状分析报告，并完成下一年度运维规划。

3. 编制运维预算

领导组应在每年年末要求执行组进行下一年度运维费预算编制，并审批预算。

执行组目的规划设计、实施应依据国家和北京市等有关法规，实行招投标。

4. 绩效评价

为保障运维目标的实现以及促进运维管理持续改进，单位每年应定期进行运维绩效评价。

5. 管理流程

管理流程是指为达到既定的IT运维管理目的而组织起来的逻辑上相关的有规律性并可重复的活动。借鉴IT运维管理国际最佳实践ITIL，将IT运维管理分为服务支持和服务交付两大部分。根据IT运维管理的需要，建立服务台、故障管理、问题管理、配置管理、变更管理和发布管理等管理流程和知识库、配置库，实现IT运维工作的流程化管理。

6. 人员管理

领导组应要求执行组加强运维人员素质和安全意识培训，运维人员资质在运维项目日常管理中制定有关安全操作规范，严格安全保密责任制，加强对涉密和重大系统运维核心人员的监管。

7. 重大和紧急的变更管理

领导组应审批重大和紧急变更，并要求执行组设立重大和紧急变更的影响分析、风险评估和实施流程，严格按既定流程执行，及时将重大和紧急变更的实施情况上报领导组。领导组监督执行组执行重大和紧急变更，适时做出有关资源调配和部门协调的重大决策。

四、案例特色

（一）案例设计的完整性

从项目建设整体出发，先对整个项目的建设背景、目标、内容、原则、依据等进行了充分阐述，并以此为基础对用户的业务需求进行详细的分析。以用户需求为导向，从技术架构、系统部署、设计思想、系统集成等对系统的总体构架进行统一设计，做好系统建设的长远规划，明确近期和长期目标，突出重点，分步实施。

（二）案例功能的完善性

案例不仅提供了硬件设备建设、空间数据建设和软件系统建设，而且还提供了各种数据服务和数据交换接口，实现了系统功能的扩展和延伸。同时，可以与国家环保部和地方各级环保部门联网实现信息互动和完善各个功能模块，以便更加充分地满足用户需求。

（三）业务建设的实用性

紧密结合北京市智慧环保业务的实际需求，针对不同业务的工作特点，确保系统使用简便，功能实用完备，应用流畅。同时，对北京全市环保业务进行整体梳理，为北京市未来环境应用系统的建设预留接口，方便系统扩展。

五、实施效果

本项目为北京市环境信息化进行了顶层设计，在分析目前北京市环境信息化建设现状与存在问题的基础上，进行了深层次的需求分析。对北京市“智慧环保”的总体框架进行了设计，并提出了建设思路。项目分别对北京市环境信息智能感知平台、基础支撑平台、综合应用平台、环境数据中心、环境信息资源服务平台、环境信息标准规范体系、环境信息安全保障体系、环境信息运维管理体系的建设提出了技术要求以及主要任务，并设计了“十二五”期间北京市重点推进的七大环境信息化工程。

通过本项目的研究，旨在努力推动北京市环境信息化建设的三大转变，推进物联感知全面化、环境信息资源化、行政服务阳光化、管理工作协同化以及决策支持智能化的北京市“智慧环保”体系的实现。

第三节　河北省环境监控云平台建设规划

一、项目概述

河北省环境保护厅一直高度重视环境信息化工作，“十一五”期间，省、市级环保部门的软硬件设备配置能力得到大幅度提升，省环保厅、各市环保局均内外局域网已完成建设，业务应用得到进一步深入，同时启动了省级环境数据中心的建设，提升了环境保护业务管理工作效率和现代化水平。随着近年来国家对京津冀地区的环境问题越发重视，河北省对环境信息化的建设也提出了更高的要求，但目前河北省环境信息化方面仍然存在硬件资源巨大浪费，信息集成共享能力不足，业务管理难协同以及全省环保系统信息化发展不平衡等问题，距离实现“智慧环保”的要求还有一定的差距。

云计算技术的发展为资源交付与使用提供了一种新的模式，其可实现灵活高效复用、弹性可扩展、按需分配，成为智慧环保建设的重要支撑技术之一。本次规划将基于云计算技术对河北省传统的IT架构进行重构，并面向资源共享与业务协同需求从标准规范体系、应用支撑平台、数据中心以及安全运维体系建设等方面对其进行系统性规划，明确“十二五”期间河北省环境信息化发展方向，厘清环境信息化工作思路。

二、建设目标

本规划围绕建立河北省环境监控云平台这一目标，立足于河北省全省环境信息化能力建设的需求，搭建虚拟化环境，构建统一的基础设施支撑平台，实现核心应用系统向环境监控云平台的迁移，奠定未来实现智慧环保的基础，并明确2013～2015年河北省环境监控云平台建设在基础设施支撑、应用支撑、数据中心、应用系统、安全防护体系以及保障体系建设方面的主要任务和内容，明确项目建设的各项工作重点、时序以及项目投资预算。

三、建设内容

（一）河北省环境平台建设现状与需求分析

1. 国内外环境信息化发展现状与趋势

1）国外环境信息化发展现状

从20世纪70年代初期开始，计算机技术在国外工业发达国家及国内发展较快城市的环境保护工作得到了日益广泛的应用。目前已开发出多种大型、多功能、综合性的环境信息系统，在环境监测、科学研究、决策、规划、环境预测与评价等各个领域发挥着重要作用。总结其经验启示如下所示。

（1）环境信息化作为国家信息化的一个重要组成部分应纳入国家电子政务工程重点业务信息系统建设，依靠实施国家信息化重大工程，推进环境信息化建设。

（2）组织结构与体制安排：在国家环境保护行政主管部门实行统筹信息化工作的信息主管制度，专职负责全国环境信息化工作。在机关设置信息化推进司，按照“统一规划建设、统一规范标准、统一归口管理”的“三统一”原则，对环境信息化工作实施行政管理职能。充实加强信息化工作技术支持单位，健全完善各级部门的信息化机构及工作领导体制和机制。

（3）资源共享：加强环境信息化顶层设计与标准化建设，形成统一管理、分布存储、合作共建、资源共享的工作机制，提高环境信息共享水平，实现全国环境信息资源总调度，为环境管理科学决策提供技术支撑和保障。

（4）技术应用：面向环境信息化发展的需求，加强信息新技术的研究与综合应用，提升环境管理的自动化、网络化、智能化与智慧化水平。

2）我国环境信息化发展现状

（1）环境信息化发展战略及目标逐步确立；

（2）环境信息化发展的保障条件日益具备；

（3）环境信息化基础网络建设稳步推进；

（4）环保核心业务信息化逐步推进；

（5）环境信息化标准规范体系不断完善；

（6）环境信息与统计能力逐步提高；

（7）环保电子政务建设成效显著。

3）国内外环境信息化发展趋势

（1）理念发展。为了充分发挥数字环保技术在环保领域中的巨大作用，数字环保的理念应运而生。“智慧环保”是在原有“数字环保”的基础上，借助物联网技术，把传感器和装备嵌入到各种环境监控对象（物体）中，通过超级计算机和云计算将环保领域物联网整合起来，实现人类社会与环境业务系统的整合，以更加精细和动态的方式实现环境管理和决策的“智慧”。“智慧环保”是“数字环保”概念的延伸和拓展，是信息技术进步的必然趋势。

（2）要求变化。现我国环境信息化发展需要实现四个转变，继续深化对环境信息化建设的认识，即“从重环境管理业务建设轻环境管理信息化建设，向环境管理业务建设与环境管理业务信息化建设并重转变；从环境管理业务与环境信息化脱节分离，向环境管理业务和环境信息化有机融合转变；从各业务板块自成系统，向整体推进和业务协同转变；从数据重复采集、不能共享向环境信息一数一源，一源多用，数据共享转变。”

同时，应强化三种能力，进一步提高推进环境信息化水平，即“要强化统筹规划能力，确保环境信息化建设的科学性、前瞻性和可行性，使信息化建设有序推进；要强化基础能力建设，完善网络设施，丰富采集内容，提高系统利用效率，满足环境管理业务应用的信息需求；要强化资源开发利用能力。建设环境信息资源目录体系和互通平台，形成统一管理、分布存储、合作共建、资源共享的工作布局。”

“四个转变”和“三种能力”的提出，为环境信息化提出了更高的要求，同时也指明了我国今后一段时期内环境信息化的发展的主要方向。

（3）技术发展。近年来，云计算技术的发展迅猛，在环保领域的应用与研究已陆续展开。通过建立环保云计算平台，以服务的方式交付对物理硬件的需求，代替传统硬件设备跟随着应有系统的增加而增加的模式，对现有应用系统进行整合，实现IT服务的快速交付，积极响应国家号召，提升业务系统安全已经成为环保信息化发展的重要趋势。

2. 河北省环境监控云平台建设现状与存在问题

经过近些年大规模信息化建设，环境信息化工作取得了长足进展，网络及信息安全等基础设施建设基本完成，环境质量在线监测体系日趋完善，重点污染源在线监控得到广泛应用，为环境业务信息化应用提供了有力支撑。然而，总的来看，存在主要问题如下。

1）硬件存在巨大资源浪费与维护费用

基于原有的建设和运维模式，各单位为了满足自身的信息化建设需求，各自采购服务器、存储、安全等硬件设备，重复投资造成了极大的资源浪费，而且管理繁杂，维护费用高。例如，现河北省环保厅每个系统都有自身服务器，总量达到四五十台，但服务器耗电量大，制冷要求高，性能低，运行效率较低。随着业务规模的发展，应用系统的数量不断增加，硬件设备也在不断增加，机房建设、相应配套设施成本在不断增加，系统升级、硬件维护等运维管理的工作量和难度逐步加大。

2）信息集成共享不畅

首先在系统开发方面，各单位部门基于自身的需要，在网络监控中采用了不同的操作平台，如Windows、Linux等，并在其上建立自己的应用，有的是C/S架构的应用，有的是B/S架构的应用，这导致了不同单位之间的进行沟通监控信息的时候，缺乏统一规划下的用户访问接口，不能很好地做到任务的统一调度，信息缺乏共享，存在信息孤岛。其次，缺乏信息集成共享机制。尚未建立全省环境信息资源的交换共享机制，缺乏统一的数据框架对数据进行集中管理，数据在物理和逻辑上均相对独立，形成了一个个“信息孤岛”、“应用孤岛”。环境信息资源的多头管理和发布使得数据缺少有序组织与有机融合，导致政府和公众获得的信息较为混乱。

3）业务管理难协同

由于环保业务具有综合性强的特点，许多工作需要多个职能部门配合才能高效完成，但是国家环保部、省环保厅下发的系统与各部门及直属单位自行建设的系统彼此独立，形成了资源分散的格局，从而造成深层次的数据应用不充分，对综合管理和领导决策支持不足，业务管理难以协同的局面。

4）全省环保系统信息化发展不平衡。

河北省环境保护厅信息化发展相对较好，石家庄、承德、张家口、唐山市的环境信息化发展一直处于稳步发展、持续开拓的态势，其他地区信息化工作自主发展、开创性工作相对滞后，影响了信息化整体工作的开展。通过全省统筹建设环境监控私有云平台，节省建设投资的同时，可有效缓解全省各市县环境信息化发展不平衡的问题。

3. 河北省环境监控云平台建设需求分析

1）业务需求

行政审批、OA 应纳入云平台，全省通用的业务应用系统，如污染源自动监控系统、企业环境信用系统、排污申报系统、排污收费系统、建设项目管理系统、固废、总量、环境统计等未来需全部整合到云平台中，未来新建的成熟系统可逐步补充迁入。

2）技术需求

网络系统：为了解决网络架构设计复杂、运维和管理难度高等问题，以及完善网络架构，需结合现有的数据通信网络架构，在接入层使用云网络，构建高效可用的状态化网络的同时，优化网络资源的使用，同时，在云网络架构上，将传统网络中离散的安全控制点整合进来，实现各种网络资源的整合最大化。

应用主机及资源分配：现河北省服务器较多，存在性能低、耗电量大、运行效率较低等问题，无法满足业务增长所需的敏捷性，系统的灵活性和扩展性有待大幅提升。

数据存储：采用容灾备份中心建设，可引入云计算存储管理模块，融合统一存储架构，提升存储中心的灵活性和可靠性，并且提升对存储资源用量的监控和生命周期管理。

运维监控与安全防护：目前未能有效实现云计算平台各项监控及管理，需进一步扩展并分层提供云计算平台监控管理模块。充分结合现有信息安全防护体系规划要求，坚持信息安全与信息化建设同步规划，同步建设、同步投入运行的原则，从安全组织、安全管理、安全技术方 3 个方面，建立体现深度防护战略的云安全防护保障。

3）制度保障需求

环境监控云平台建设，是一项长期而复杂的系统工程，既需要理论、方针、原则来指导，也需要科学、配套的规划、计划去统筹，更需要适时跟踪评估和检查审核来调控。从信息化建设的实践看，应重点建立和完善科学决策机制、技术指导机制、效益评估机制、维护管理机制等 4 项机制。

（二）规划目标与总体框架

1. 规划目标

1）总体目标

依托云计算等相关技术，以河北省环境保护厅现有的 IT 资源为基础，按照分阶段、分目标进行建设的要求，逐步实现基础软、硬件资源的统一管理、按需分配以及综合利用，提升硬件资源的利用率，降低各级环保部门系统建设成本和日常运行维护的成本，降低能源消耗；通过应用支撑平台与数据中心的建设，为各级环保部门提供应用支撑基础平台服务和数据存储、容灾、交换等服务，增强数据中心的可管理性，增强数据中心的可管理性，提高各类应用系统的兼容性和可用性；逐步实现现有核心应用系统向环境监控云平台的迁移与应用系统的新建扩展，力争为业务部门提供质量可保证、数量可统计、服务可自助的现代化信息服务，构造一个功能齐全、设备先进、运行高效、使用灵活、维护方便、易于扩展、投资省、高安全可靠的全局性的河北省环境监控云平台。

2）具体目标

（1）构建河北省环境监控云平台基础框架。根据业务需求，统筹软硬件基础设施资源，利用虚拟化技术，构建云计算基础设施与操作系统，搭建河北省监控平台基础框架，实现包括主机资源池、存储资源池以及网络资源池的搭建与资源管理、动态扩展与配置。

（2）基于环境监控云平台，构建应用支撑平台。基于基础环境监控云平台，进行应用支撑平台的建设，支撑各项业务应用系统及外部服务，包括工作流、GIS 平台、数据交换、权限，实现业务逻辑控制和流程处理的支撑。

（3）搭建河北省环境监控云平台体系。实现基础与核心应用系统向环境监控云平台的迁移以及应用系统的新建扩展。规范及完善环境监控云平台安全防护体系与保障体系的建设，搭建河北省环境云平台体系，实现对核心应用、重要系统和重要数据的远程容灾备份以及安全运维等。

2. 环境监控云平台总体框架

河北省环境监控云平台总体架构如图 11-7 所示。

（三）环境监控云平台基础设施支撑平台建设

1. 基础设施虚拟化

虚拟化是云计算的基础，通过虚拟化技术将物理服务器进行虚拟化，具体为 CPU 虚拟化、内存虚拟化、设备 I/O 虚拟化等，实现在单一物理服务器上运行多个虚拟服务器（虚拟机），把应用程序对底层的系统和硬件的依赖抽象出来，从而解除应用与操作系统和硬件的耦合关系，使得物理设备的差异性与兼容性与上层应用透明，不同的虚拟机之间相互隔离、互不影响，可以运行不同的操作系统，并提供不同的应用服务。

在虚拟化技术选择方式上，云计算平台可以整合 XenServer 作为计算资源的虚拟化平台，也可以扩展支持 KVM、IBM AIX 虚拟化、VMware 等其他虚拟化技术。

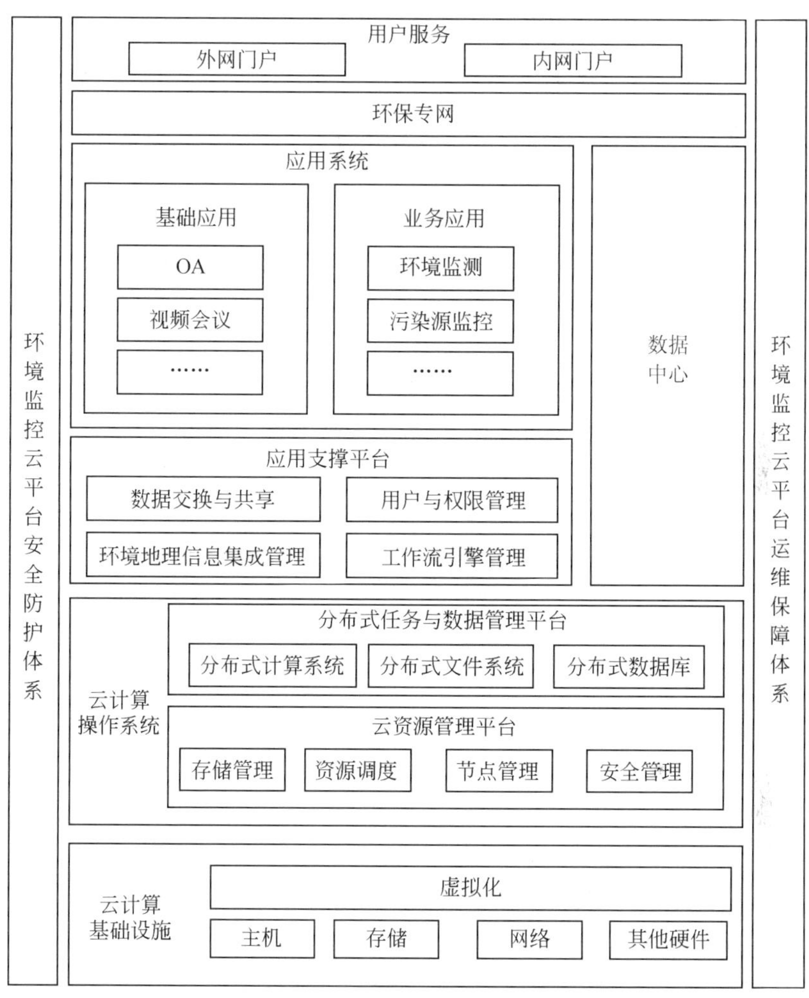

图 11-7　总体框架

1）服务器虚拟化

本规划建议采用 VMware ESX 虚拟化软件，该软件可建立在直接执行（直接在硬件上运行用户级的虚拟机编码）和二进制译码（对特权级别编码进行动态编译）的基础上，能够把一个完整的 X86 平台导出到虚拟机上，使大多数能在 X86 上执行的 OS 都能在虚拟机上运行，而不需要进行任何修改。

2）存储虚拟化

本规划建议采用分布式云存储的方式构建存储池，该方式的主要特性如下：

(1) 扩展性：存储节点动态添加、删除，容量平滑扩展，不需要人工干预。当存储资源不足时，仅需要添加存储节点到存储网络中，所有的计算节点就能够快速地识别并使用新添加的存储空间，满足业务扩展的需求；

（2）可用性：当节点失效时，通过数据多副本冗余和分散存储，能从失效节点中自动恢复，并自动完成数据的再组织；

（3）性能：通过数据的并行访问和就近访问，能够提高数据访问性能。

3）网络虚拟化

网络的虚拟化是指在云计算的网络平台上，使用一体化交换技术同时实现远程存储、远程并行计算处理和传统数据网络功能，最大化实现各种网络资源的整合，从而便于实现跨平台的资源调度和虚拟化服务，提高投资的有效性，同时降低管理成本。

VLAN 规划和交换机规划是云计算平台网络设置里最常用到的技术。通过不同的 VLAN，可以比较容易地实现所期望的联通和隔离。同样，在研究了不同业务应用和系统作业的网络特性和优先级，也可以考虑通过将某些高级别的应用或者高数据通信密度的应用或者作业划分到某个专用的 VLAN 上或者物理交换机上，以保证其服务质量，并降低对其他应用和作业的影响。

2. 云资源管理平台

通过云服务管理平台，所有资源整合后在逻辑上以单一整体的形式呈现，这些资源根据需要进行动态扩展和配置，各应用单位根据自身的业务按需使用资源。通过云资源管理平台主要实现资源管理、虚拟机管理、资源调度、存储资源管理、节点管理、安全管理、监视管理等功能。

综合考虑现有技术成熟性、先进性等特点，本规划建议采用 VMware vSphere 系列软件，VMware vSphere 是业界领先且最可靠的虚拟化平台。vSphere 将应用程序和操作系统从底层硬件分离出来，从而简化了 IT 操作。应用程序可以看到专有资源，而服务器则可以作为资源池进行管理。因此，业务将在简化但恢复能力极强的 IT 环境中运行。

为了保障云计算平台在扩张以后仍然能有不错的性能，VMware vSphere 平台的搭建应该考虑以下几点。

（1）将 VCenter 安装在一台物理机上。如果有必要，还可以考虑用另一台物理机或者虚拟机作为此 VCenter 的备份。

（2）配合云计算平台组网时的规划，通过虚拟交换机和端口组的设置，对 VMware 平台的网络设置进行优化，以保证关键应用所得到的服务质量（QoS）。

（3）购买 VMware vSphere Enterprise 以上的版本，在云计算平台搭建的时候，对其 VMware 组件自带的 HA，Failover 等特性进行充分测试，并辅以相应的存储、组网配置，以保证云计算平台上运行关键业务应用时的不间断性。

（4）如果 VMware 虚拟机是通过模板创建的话，那应该尽量将模板所在的存储卷和虚机所将要被创建的存储卷分开，以减少创建虚机时引起的同一存储上其他虚机的性能降低。

云资源管理平台建设内容包括以下几方面。

（1）分布式任务与数据管理平台建设。云计算分布式任务和数据管理平台主要是面向对环保系统“大数据”的处理需求，实现在底层大规模ICT资源上进行分布式的海量计算，并对大量结构化与非结构化的数据进行存储与管理。该平台包括分布式计算系统、分布式文件系统和非结构化分布式数据库系统。

（2）分布式计算系统。分布式计算系统是将一个大规模的处理任务分解为同质化的较小的处理任务，并分散在不同的计算节点中完成，之后对结果进行汇总，得到最终的处理结果。

（3）分布式文件系统。分布式文件系统是将数据分为同样大小（GFS中为64M）的文件块，分散地存储在不同的服务器之中，由一个元数据服务器来进行统一管理，并为用户提供数据读写的地址。与传统的磁盘阵列等存储方式相比，分布式文件系统的优点在于：一是支持用户对数据的并发读写，提高了I/O的能力；二是可以利用高顽存技术，实现对数据的低成本容错保护；三是可以实现存储系统的弹性扩展。未来分布式文件系统技术的发展方向包括采用分布式元数据服务器，以及支持更小粒度的文件块等。

（4）非结构化分布式数据库系统。分布式云计算数据库系统是一个分布式存储，旨在扩展到一个非常大的规模结构化数据的分布式存储系统，可以扩展到成千上万服务器存储高达PB级别的大型数据。类似Google的Big Table数据表，提供了Google Web应用、Google Earth、Google Finance等多种应用的数据存储。

3. 网络层建设

以模块化方式作为网络的主要设计思想，同时兼顾传统的网络层次设计，构建一个网络核心层和各功能模块接入区，统一安全防范体系，统一数据存储网络，并保证有足够的灵活性和扩展能力。在设备及链路上考虑冗余设计。

河北省环境监控云平台整体规划设计逻辑上分为三个中心：当地数据中心、当地备份中心、异地容灾中心。河北省环境监控云平台按照实际的组网结构可以分为三套网：云平台中心内网、云平台中心外网、环保业务专网。

1）云平台内网网络系统

整个内网网络系统可以分为以下几个部分：

（1）云平台中心内网网络：整个云平台内网网络系统的最核心部分，构建支撑所有云应用业务的网络传输平台；

（2）云平台内网接入网络：提供各权属单位的接入，实现各权属单位通过云接入内网进行内网业务的访问；

(3) 云平台内网本地备份中心网络：对云平台内网的存储数据进行本地备份，实现业务数据的备份级容灾；

(4) 云平台内网容灾中心网络：作为云平台内网本地备份系统的补充，实现在云平台中心发生灾难的情况下，实现应用级容灾，保证业务数据的完整性和一致性；

(5) 云平台中心内网网络整个结构采用模块化分区设计思想，根据不同功能将整个网络分为核心交换区、云资源池区、功能测试区、运维管理区、外联安全接入区5个区域，所有的功能分区均同核心交换区互联，各个分区之间保持独立，实现整个设计架构的松耦合特性，提供良好的系统扩展性；

(6) 核心交换区：实现云平台中心内网的高速数据转发，保证整个云平台中心内网网络的传输性能和效率，核心交换区同所有分区相连，因而在核心交换区需重点考虑处理性能、网络虚拟化应用以及各个分区之间安全访问控制；

(7) 云资源池区：对外提供虚拟主机资源、存储资源，并实现各权属单位环保云应用以及未来其他各类应用云的部署，因而在云资源池区要充分考虑网络性能，并且网络要能够对基础硬件资源的虚拟化应用提供适应性的能力，同时云资源池区的安全隔离、负载均衡访问也是这个区域的设计重点；

(8) 功能测试区：在功能测试区将进行各类新增应用的在线测试，因而要求该区域的网络系统同核心交换机提供良好的连通性；

(9) 运维管理区：运维管理区提供对整个云平台中心网络的统一管理，除了考虑基础设备管理之外，应用服务管理、运维管理也是该区域的系统需要实现的目标；

(10) 外联安全接入区：实现通过云接入内网同提供各个权属单位的接入入口，外联安全接入区设备应具备大容量缓存特性，满足小数据、多条目数据流的存储及查询需求，同时相关设备应可动态调整存储容量，做到外联接入区数据存储和查询的随进随入。

2) 云平台外网网络系统

整个外网网络系统可以分为以下几个部分：

(1) 云平台中心外网网络：整个云平台外网网络系统的最核心部分，构建支撑所有云应用业务的网络传输平台；

(2) 云平台外网接入网络：提供各权属单位的接入，实现各权属单位通过云接入外网进行内网业务的访问；

(3) 云平台外网本地备份中心网络：对云平台外网的存储数据进行本地备份，实现业务数据的备份级容灾；

(4) 云平台外网容灾中心网络：作为云平台外网本地备份系统的补充，在云平台中心发生灾难的情况下，实现应用级容灾，保证业务数据的完整性和一致性；

（5）云平台中心外网网络整个结构采用模块化分区设计思想，根据不同功能将整个网络分为核心交换区、云资源池区、Internet 接入区、对外服务测试区、运维管理区和外联安全接入区 6 个区域；

（6）核心交换区：实现云平台中心外网的高速数据转发，保证整个云平台中心外网网络的传输性能和效率。核心交换区同所有分区相连，因而在核心交换区需重点考虑处理性能、网络虚拟化应用以及各个分区之间安全访问控制；

（7）云资源池区：云资源池区对外提供虚拟主机资源、存储资源，并实现各权属单位业务云应用以及未来其他各类应用云的部署，因而在云资源池区要充分考虑网络性能，并且网络要能够对基础硬件资源的虚拟化应用提供适应性的能力，同时云资源池区的安全隔离、负载均衡访问也是这个区域的设计重点；

（8）Internet 接入区：该区域通过连接运营商 Internet 网络向公众发布各类环保云应用服务；

（9）对外服务测试区：在对外服务测试区将进行各类新增应用的在线测试，该区域的网络系统连接在 Internet 接入区划分出来 DMZ 区位置；

（10）运维管理区：运维管理区提供对整个云平台中心网络的统一管理，除了考虑基础设备管理之外，应用服务管理、运维管理也是该区域的系统需要实现的目标；

（11）外联安全接入区：实现通过云接入外网同提供各个权属单位的接入入口。

3）环保业务专网网络系统

环保业务专网云平台网络系统作为一套单独的系统，主要设计目标是为省级各环保单位提供包括主机资源分配、机位机柜分配、应用业务访问服务，针对不同的权属单位提供符合该单位要求的个性化的应用服务，因而环保业务专网网络系统的云平台同内网和外网物理分离，进行单独设计考虑。

环保业务专网网络云平台的结构分为二层架构，在具体设计中考虑以下因素。

（1）核心部件冗余设计。在核心层部署两台核心交换机保证环保业务专网网络系统的高可靠运行，并且接入层到核心层均为双连路上行，这样从接入到核心全部进行冗余可靠的设计考虑。

（2）在网络结构中采用网络虚拟化技术，通过网络虚拟化技术的应用简化网络逻辑架构和设备配置复杂度，提升网络故障收敛速度，提升网络应用性能。

（3）在网络出口进行综合安全设计考虑，主要是因为环保业务平台通过 ISP

同外部互联，因此要考虑对来自外部网络的综合安全威胁的防护。

(4) 环保业务网络系统主要面向各权属单位提供主机资源分配等服务，因此在整个系统中还是需要进行综合的管理设计考虑，但是侧重运维管理和基础设备管理。

(四) 应用支撑平台

应用支撑平台是建立在基础设施平台基础上，对内部应用和外部服务进行支撑，提供各种中间服务的平台，它让环境信息化建设能够真正实现统一门户管理、统一消息服务、统一检索服务、统一工作流、统一系统管理、统一应用开发与接入等公共的支撑服务功能。建立统一的应用支撑平台可以高效快捷地扩展业务系统功能，提高环境保护政务管理和业务管理的工作效率；可以充分利用各种业务信息资源，为环保业务协同与统一门户提供支持；能够根据业务需求快速构建各类应用系统。

1）数据交换与共享管理

建设和完善内部数据交换平台，实现河北省环保厅、地市环保局和县区环保局的自建系统之间的数据交换，实现与国家相关系统对接，并将数据信息自动上报。在一定时期内作为已有系统之间的数据交换平台，实现各系统之间的信息共享。

环境数据的交换与共享可采用 ESB 服务总线方式，它基于开放的标准，提供一个可靠的、可度量的和高度安全的环境，为数据交换与共享服务提供一种标准化的通信基础。

2）用户与权限管理

(1) 统一用户管理。建立一套完整的用户管理平台，实现相关业务系统的用户验证和信息同步，统一存储所有应用系统的用户信息。应用系统对用户的相关操作全部通过统一用户管理系统完成，并通过 Web Service 标准接口（第三方系统必须实现提供的统一用户接口）同步到其他应用系统，而授权等操作则由各应用系统完成，即统一存储、分别授权。无论统一用户管理平台的组织机构如何发生变化，对应用系统本身的功能、既定的权限都不会有影响。

(2) 统一身份认证。统一身份认证平台通过 Web Services、Servlet 标准接口，实现和第三方系统接口。通过采用统一身份认证系统来实现登录认证，确保用户使用系统能够安全可靠，在系统登录的过程能够得到统一的身份安全认证。

3）环境地理信息系统

建立提供统一服务的环境地理信息系统，将各项环境业务数据与地理信息相结合，并提供环境地理信息集成组件，为各环境业务应用系统提供统一的地理信息支撑服务。

4）工作流引擎

建设统一的工作流引擎，负责过程实例的执行、任务级的负载均衡、事务控制以及任务在工作流服务器之间的迁移，同时通过管理服务器提供监控接口。

为实现应用支撑系统（平台）上的业务应用系统层对工作流集成组件的调用，应建设统一的工作流集成组件，提供工作流代理调用接口、流程定义接口、流程监控接口。业务应用系统可以通过调用该组件的接口完成工作流集成功能。

（五）环境监控云平台应用系统建设

1. 应用系统迁移

1）应用系统迁移方式

应用程序迁移方式包括：重新部署到基础设施云（IaaS）、重构平台即服务（PaaS）、修改 IaaS 或 PaaS、在 PaaS 上重建、应用软件即服务（SaaS）替换。

重新部署即将应用程序重新部署到不同的硬件环境并改变应用程序的基础设施配置。转换一个应用程序而无需改变其架构，可以提供一个快速的云迁移解决方案。然而 IaaS 的主要优势在于能快速地迁移系统而无需修改架构，而在从基础设施云特点受益来看，这也可能成为劣势，例如扩展性将被损失掉。

重构即在云提供商架构上运行应用程序。这种方式主要的优势是融合创新，作为“反向兼容”的 PaaS 意味着开发人员能够重复使用语言、架构及其投资的货柜，因此可以利用组织机构认为有战略意义的代码。缺点包括失去能力、风险传递和框架锁定（lock in）。在 PaaS 市场的早期阶段，开发商依赖现有平台而获得的一些能力却在 PaaS 提供中丢掉了。

修改即修改或者扩展现有的代码基础，以支持传统系统的现代化要求，然后使用重新部署或重构选择来部署到云。该选择允许机构优化应用程序以充分利用供应商的基础设施云特点。缺点是在开发项目时需要前期费用来动员整个开发团队。根据修改规模的大小，修改是最有可能通过花费时间来交付能力的选择。

重建即在 PaaS 上重建解决方案，抛弃现有应用程序代码而重新设计一个应用程序。重建需要失去现有代码和框架的熟悉度，重建一个应用程序的优点是可以在供应商的平台上访问创新的功能。

替换即抛弃现有应用程序（或应用程序集）并使用商业软件作为服务交付。当业务功能需要快速改变时，该选择避免了在动员开发团队上的投资。缺点包括数据语义不一致、数据访问和供应商锁定的问题。

2）迁移评估

业务平台是否适合迁移至云平台，首先需要根据业务特性、平台特点、平台定位等方面进行初步评估。适合向云平台迁移的业务平台应具有如下特点：平台对硬件无特殊依赖性；平台的应用服务器可通过增加节点的方式提高处理能力；平台的应用系统与数据存储能有效分离；模块化设计，且模块之间通信实时性要求不高；平台架构以PC/刀片服务器为主。

考虑到云计算具有实现业务平台整合和资源共享、实现业务快速部署、有助于节能减排、节省建设及人员成本等技术优势，新建业务平台工程应尽可能引入云计算技术，部署在私有云上。对于一些有特殊业务特性的业务平台，如涉及敏感数据的业务；非IP化的业务，如部分语音类业务；大规模实时性处理业务；业务流程不统一，需要定制化的业务等可暂不考虑部署在私有云上。

对于改扩建工程来说，向云平台迁移方案比较复杂，需要考虑的因素比较多。需要遵循的原则包括：尽量避免或减少对业务带来影响，尽量保护原有设备的投资，减少投资浪费，兼顾长远发展等。

对于原有业务平台来说又分为多节点业务平台系统和单节点业务平台系统，多节点业务平台系统是指由多个系统来共同提供某业务，多个系统之间是按照不同业务、不同用户等划分方式负载分担业务。单节点业务平台系统是指由单一的系统设备来提供某业务。对于多节点系统来说，在论证迁移至云平台可行的基础上，迁移方案相对简单些，可考虑先将某一个或几个节点迁移到私有云上，将这些节点原有业务割接到其他节点上，待部署在私有云上的节点运行稳定后，后续将其余节点系统逐步迁移到私有云上。而对于单节点系统来说，向私有云迁移方案较复杂，与每个业务平台的系统架构有关系。

3）迁移过程实施建议

（1）迁移过程的实施建议向云迁移的过程也是有风险的，需要先试点、后推广；

（2）可以先把一些非核心生产系统、应用规模小、便于独立和统一管理的应用系统迁移到私有云；

（3）在小规模试验的基础上制定向云迁移的详细方案，做好应用系统迁移前的备份，万一迁移失败能顺利回退到迁移前的状态。

2. 桌面云终端建设

应用桌面虚拟化技术，将分散的终端通过虚拟化技术实现应用系统的集中管控，通过桌面云与环保私有云的结合，实现一个高度统一，充分协作的河北省环境监控云平台。

3. 数据中心

建立数据中心，统一数据管理，解决数据应用和维护困难问题。将基础环保数据通过云平台共享给各应用系统，避免重复录入和数据不一致现象；各应用系统业务数据，通过云平台，同步到数据中心，数据中心存储所有业务数据。同时，建立统一的数据标准，为数据分析及辅助决策打下了基础。

1）基础数据库建设

整理环境业务相关数据，梳理各数据产生与应用流程，形成基础数据数据库，构建由环境质量数据、污染源数据、环境应急数据、生态环境监控数据、核与辐射环境数据、环境管理综合业务数据六大类数据为主体的环境基础数据库，实现在数据中心的基础数据统一，可作为标准数据为各业务系统应用。

2）主题数据库建设

建设主题数据库，提供准实时、标准化的数据资源，支撑各类业务系统的数据应用，实现全环保范围的数据集成，消除数据孤岛，初步构建环境数据云平台。主题数据库存储的是准实时的基础数据与业务明细数据，为各类实时性的数据应用提供支撑。主题数据库分为接口层与整合层，接口层作为生产系统和整合层之间的数据缓冲区，需要充分考虑生产系统运行安全和系统压力，整合层存储的是经过数据清洗、转换、整合后的规范数据，是主题数据库的核心数据层。整合数据层存储的数据模型遵循全域数据模型（EDM），按数据主题域体系组织，落实具有物理特征的 EDM 逻辑模型。主题数据库作为省环保厅业务数据集中存储和共享平台，要求在收集组织内各业务系统中生产数据过程中，能够按照环保全域数据模型进行数据整合，提供生产数据共享，支撑跨系统数据的应用，提升数据质量。

3）数据仓库建设

主题数据库的数据（整合数据层）导入到数据仓库中，数据仓库主要分为两层，分别是仓库层和集市层。仓库层长期保存数据，可以根据数据分析主题需要，聚合相关分析主题数据，形成集市层，集市层主要面向一个个数据应用，比如多维分析、数据挖掘、决策支持等。数据仓库包含了长期的、明细和概要的分析型信息，用来支持决策和填充数据集市。数据仓库的数据从整合数据库、部分生产系统定期进行更新和刷新，也可能根据需要手工录入或导入其他分析相关数据。通过数据仓库的建设，实现准实时指标监控、多维分析、业务报表、GIS 等数据表现形式的整合，面向业务部门与领导提供综合分析应用。数据仓库建设目的是为了支撑以综合分析系统为主的数据应用域的各类应用，包括污染源、环境质量、饮用水、固体废物、生态、核与辐射、机动车排气、环境应急等主题数据。

（六）环境监控云平台安全防护体系建设

根据业务应用特点及平台架构层的特性，在采取传统安全防护基础上，进一步集成数据加密、VPN 、身份认证、安全存储、虚拟化安全、安全防御设施和资源云化等综合安全技术手段，构建面向应用的纵深安全防御体系。主要体现如下的 4 个方面：

（1）底层结构安全，主要保障虚拟化、分布式计算等平台架构层面安全；

（2）基础设施安全，保障数据中心基础设施的稳定性及服务连续性；

（3）数据安全，尤其保障数据信息的 CIA（可用性、保密性和完整性）；

（4）运营管理安全，积极提高运营管理安全的水平和质量，实现集中地安全事件监控和管理，完善安全审计追溯机制。

按照“横向分域，纵向分类”的方式进行设计和建设，横向上采取分域的办法，并基于安全域详细分析各个区域的重要程度，采取不同级别的安全防护系统，满足信息系统的安全集成需求；纵向上按照不同类型的技术手段，针对信息系统的特点和需求，分别进行部署和策略的设计，提升系统的抗攻击能力，使系统能够更好地支撑上层各类应用，形成纵深防御系统。

云计算中心安全遵循内网云平台、外网云平台、环保业务专网云平台物理隔离的原则，分开设计。每个云区安全整体架构分为：互联网与专网接入安全防护设计、数据中心安全防护设计、云终端接入安全设计。

（七）环境监控云平台运维保障体系建设

环境监控云平台建设，是一项长期而复杂的系统工程，既需要理论、方针、原则来指导，也需要科学、配套的规划、计划去统筹，更需要适时跟踪评估和检查审核来调控。从信息化建设的实践看，应重点建立和完善以下四项机制。

1. 科学决策机制

科学的决策机制是规范统一信息化建设，保证信息化建设正确方向的关键。在实践过程中，应重点在准确领会意图、搞好调研论证、规范决策程序三个环节上下工夫：一是准确领会意图。正确地把握国家政策意图，是实现信息化建设科学决策的前提。二是加强调研论证。要定期组织信息化领导小组成员和专业技术人员到各个单位观摩信息化建设成果，借鉴经验，兼收并蓄。要经常深入一线，调查研究任务需求、好的做法、存在问题等，通过多种形式，广泛听取各方意见，确实把需求搞清楚。要建立专家顾问队伍，多征求他们的意见建议，从需求的科学性、合理性，系统建设的必要性、可行性和系统功能的通用性、实用性等方面反复论证，为科学决策提供依据。三是规范决策程序。要始终坚持集思广益、专家反复论证的决策程序，做到统一规划、分步实施、科学发展、不走弯路。

2. 技术指导机制

1）以国家规划为指导

以国家规划为指导，引领环境信息化技术前进方向。以国家环境保护“十二五”规划、河北省“十二五”时期环境保护和建设规划等为指导，参照其他地方环境保护信息化“十二五”规划，掌握信息化技术对环境信息化业务的支撑技能，通过各类信息技术实现环境业务协同共享，进一步促进环境信息化事业持续、协调、快速发展。

2）以已有规范为指导

以已有规范为指导，规范环境信息应用软件开发过程。以《环境信息应用软件开发技术规范》以及《中国云计算数据中心基础设施建设指导规范》、《中国云计算数据中心建设及运维指导规范》等相关技术规范为指导，规定环境监控云平台建设过程要求。

3. 效益评估机制

效益评估是促进信息化建设任务落实和提高建设质量的重要手段，探索总结信息化建设的效益评估机制，是构建信息化建设管理机制乃至信息化建设体系的重要环节。要做到科学评估，应建立评估队伍。组织专家型评估队伍，根据明确的任务、标准、功能、时限等要素和信息化建设的进程、内容等，采取自上而下计划、由下而上实施的方法，按照由低到高、由分到合的顺序，分层逐级、逐系统、逐项目地实施，必须着力克服和改变由建设单位进行自行评价、主观评价的非客观现象。

4. 维护管理机制

“三分建设七分管理”是在信息化建设实践中被反复证明的一条客观规律。要确保信息化建设取得良好效益，关键在于管理，重点是加强对系统的维护管理工作。一是要明确职责分工。在强化各级信息化建设领导小组职能的基础上，重点要明确各级软硬件系统的网络维护、管理人员职责。并辅之以必要的奖惩措施。二是要健全维护管理制度。在现有装备和网络系统维护管理制度的基础上，要进一步细化和完善网络维护管理的有关制度，明确维护管理应把握的重点、时间规定、具体内容、检查评比、登记统计等，使维护管理工作制度化、经常化。三是要细化维护管理的操作规程。信息化建设的体系结构，主要由硬件和软件两部分组成，平时维护管理工作的重点是硬件设备的维护保养和软件内容的更新完善。维护管理人员必须全面熟悉操作规程，熟练掌握操作技能，才能确保维护管理工作的顺利进行，防止系统设备的人为损坏。

（八）实施计划

1. 近期（2013～2015 年）实施策略

河北省环境监控云平台建设应以总体框架和主要任务为指导，根据各重点项目之间的业务逻辑关系，本着“急用先行”和基础性体现优先构建等原则分阶段推进。

1）2013 年

充分利用现有成熟的虚拟化技术，以现有的较为分散的 IT 资源为基础，部署虚拟化软件、服务器、存储设备、网络设备，内部搭建虚拟化环境，形成统一的基础设施支撑平台。通过云服务管理，实现所有整合资源的管理、动态扩展与配置。

2）2014 年

基于所构建的基础设施平台，进行应用支撑平台的建设，支撑各项业务应用系统及外部服务，包括工作流、GIS 平台、数据交换、权限，实现业务逻辑控制和流程处理的支撑。启动河北省环保部门核心应用系统向环境监控云平台的迁移，并能够根据业务需求，实现对资源的集中调度、使用与管理。

3）2015 年

完成现有核心应用系统向环境监控云平台的迁移，实现相关应用系统的新建扩展。规范及完善环境监控云平台安全防护体系与保障体系的建设，实现对核心应用、重要系统和重要数据的远程容灾备份，提升云平台的运维响应能力。

此外，应用桌面虚拟化技术，将分散的终端通过虚拟化技术实现应用系统的集中管控，通过桌面云与环保私有云的结合，实现一个高度统一，充分协作的河北省环境监控云平台。

2. 远期（2015 以后）实施策略

深化物联网、云计算技术在环境信息化领域的应用，基于基础的环境监控云平台，全面推动河北省环境数据中心、应用支撑平台以及业务系统向私有云的迁移，促进地方政府对私有云的应用，发挥云平台的优势，深化环境信息资源在环保综合决策中的应用，全面提升环境信息化对环境管理的智能化决策支撑作用。

四、项目特色

大数据的爆炸式增长对传统的信息应用架构提出了严峻的考验，其可扩展性和弹性差、运维困难、成本高等问题已经无法满足需求。同时我国环境信息化建设面临的阶段性困难与问题，如统筹协调不够，信息化建设各自为政，低水平重复建设突出，数据资源不能共享、数据深加工尚不充分、数据信息挖掘不足等，成为深入推进环境信息化发展，提升环境管理科学决策水平的重要制约因素。鉴于此，本项目结合河北省环境信息化发展现状，探索性使用云计算技术对传统应用系统架构进行重构规划，同时围绕信息资源共享与业务协同，针对数据中心、运维机制以及标准体系进行重点任务设计，响应国家政策要求、业务需求以及发展趋势，具有一定的典型示范作用。

五、实施效果

本项目成果得到河北省环境保护厅领导的认可与采用，客户一致认为，方案设计符合河北省环境信息化发展需求，具有一定的先进性，也充分考虑了河北省环境信息化发展的技术与业务现状，具有较强的可操作性。项目成功验收，现已成为河北省环境信息化建设的重要指导性文件之一。

第四节 广州亚运会空气质量数值预测预报系统

一、系统概述

第16届亚运会于2010年在广州举办，为实现“绿色亚运”目标，广州市政府制定空气质量保障措施，而措施的实施，特别是亚运期间和极端不利气象条件下的空气质量保障措施的实施启动主要是依据空气质量预报。广州市环保局根据北京奥运的成功经验，设立“空气质量保障预测预报系统建设”项目，开展空气质量预测预报。同时广州市环保局采购大屏幕显示屏作为环境质量监视配套设备和环境质量演示平台，用于空气质量预测预报演示、会商，作为对外宣传环境空气质量现状、预测预报，作为广州空气质量预报预警和空气质量预报会商的业务化平台，同时也作为亚组委空气质量保障部、环保局进行亚运空气质量、预报预警和采取亚运空气质量保障应急措施会商的工作平台。

本项目进行空气质量预报系统集成及应用软件开发，通过集合预报模式，对广州地区未来72h多种污染物的浓度分布进行分析及预测。通过与GIS相结合，对预测预报结果提供直观、清晰的动态展现方式。将未来72h气象数据、监测站点数据集成到系统中，提供动态、实时的查询、统计、分析功能，实现对环境空气质量的高精度数值预报，并确保系统能够稳定的业务化运行。本系统作为亚组委空气质量保障部、环保局进行亚运空气质量预报预警和采取亚运空气质量保障应急措施会商的工作平台，为2010年亚运会期间的空气质量保障工作提供决策支持。

二、建设目标

进行空气质量预报系统集成及应用软件开发，建立空气质量预报系统硬件平台，并配备环境质量监视配套设备，实现对环境空气质量的高精度数值预报，并确保系统能够稳定的业务化运行。空气质量预报集成系统将基于B/S、Net、Oracle、Web GIS等系统架构和技术平台，结合多层体系结构分布式系统设计技术、数据缓存技术等信息技术，开发空气质量监测、气象观测数据、污染源等基础信息接入、传输、管理以及空气质量预报结果会商、制作、发布等功能模块，集成中科院大气所的NAQPMS模型、美国EPA的CMAQ模式和CAMx模式以及中尺度气象模式等数值预报模式构建的空气质量数值预报运算模型系统，建立广州市空气质量预报运算、会商、发布、演示的可视化平台。同时，该系统也将作为广州亚运空气质量保障决策及方案演示平台，为2010年亚运会期间的空气质量保障工作提供决策支持。

预报系统平台实施多重嵌套方案，可实现东亚、华南、珠江三角洲地区、广州全域多层次的空气质量实时数值预报，为广州亚运提供高质量的数值预报模型，实现广州市中短期预报和提高空气质量预报准确率。

三、建设内容

本项目建设要完成广州市环境监测中心站空气质量保障预测预报系统的硬件基础设施的建设及软件系统的开发。本次项目建设内容分为大屏显示系统、数据收集与处理系统、数值预报集成系统、预报结果会商及信息发布平台、综合分析等部分。总体框架如图11-8所示。

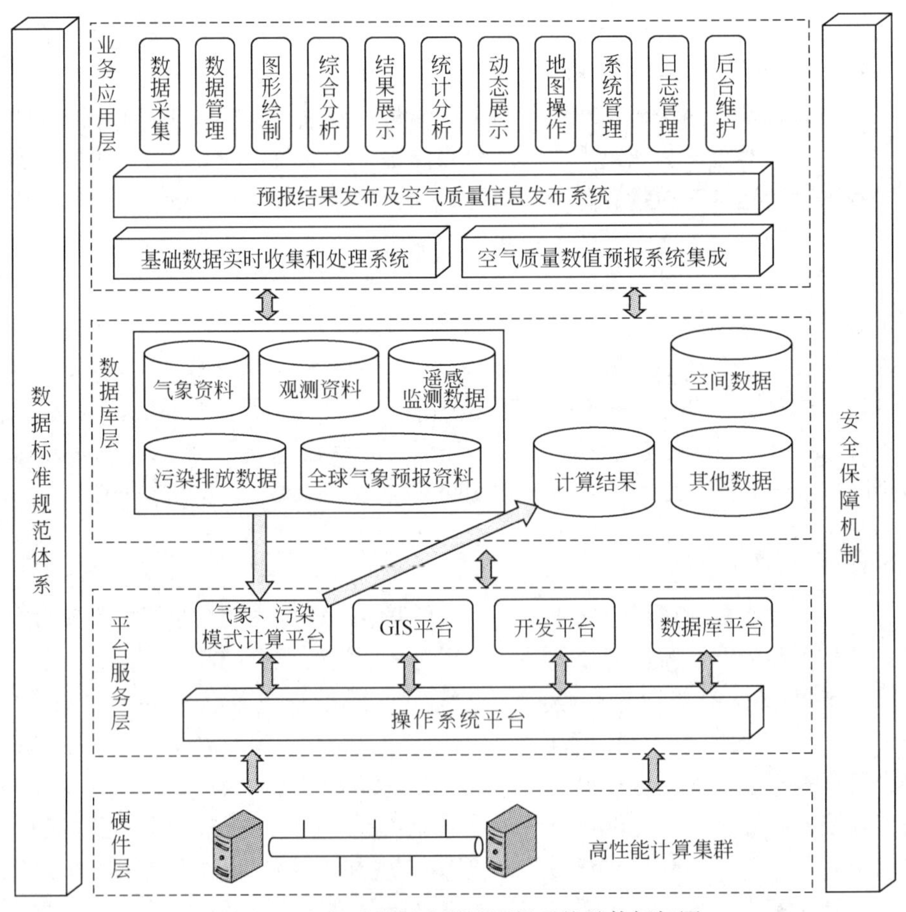

图11-8　空气质量保障预测预报系统总体框架图

系统以数据标准规范体系和安全保障机制为依据。硬件层采用高性能的计算集群技术。平台服务层包括操作系统平台、模式计算平台、GIS 平台、开发平台和数据库平台。其中，数据库层包括：气象资料数据、观测资料数据、遥感监测数据、污染排放数据、全球气象预报资料、模式计算结果，以及空间数据等。业务应用层包括：基础数据实时收集和处理系统、空气质量数值预报系统、预报结果及空气质量信息发布系统。系统界面如图 11-9 所示（附录一）。

图 11-9 系统界面

（一）数据收集与处理系统

实现对环境空气质量监测数据、废气污染源数据、气象数据（遥感监测获得的）、基础空间数据等的收集与处理，为空气质量预测预报提供数据支持。

1. 空间数据

系统使用的空间数据可分为两类：基础空间数据和专题空间数据。

（1）基础空间数据。数据范围：广州市行政区范围及周边省市（非保密尺度）；比例尺：符合预报结果系统显示要求，如周边省市要求 1∶10000，市区范围要求 1∶5000；格式：支持 ArcGIS 的 shp 格式。

(2) 专题空间数据。专题空间数指污染源分布专题、环境空气质量监测站点分布专题数据、气象站点分布专题数据等。

2. 业务数据

(1) 气象数据。气象数据包括：实时收集美国 NCEP、欧洲中心及国家气象局等气象机构至少一家提供的全球气象预报分析资料及再分析资料，并提供针对专题信息的图形显示及分析功能。预测预报数据指本系统模式预测预报的各类气象参数结果。

(2) 环境空气质量数据。环境空气质量数据包括环境空气质量站点属性及其在线监测数据、环境空气质量多模式数值预测预报数据。

(3) 废气污染源数据。污染源数据包括：废气污染源基本属性；污染源排放数据（数据库或文本文件）；由污染源排放数据转化的，可为各数值预报模型可识别的污染源排放清单。

(4) 其他数据。本项目涉及的其他业务数据，如 API 指数等。

(二) 空气质量数值预报集成系统

1. 技术要求

实时数值天气预报系统。采用国内外先进的中尺度数值天气预报模型或城市尺度数值天气预报模型，较为精细准确地模拟及预测华南区域和广州地区的天气状况，为空气质量预报业务提供数值天气预报，同时可输出污染扩散模型可识别的气象场，驱动污染扩散模型的运行。

实现 MM5 气象模式在 InfiniBand 高速网络的并行，实现各模式的并行化和自动化，并行化效率高于 70%。

多数值污染预报模式系统集成。根据需要集成至少 3 个亚运空气质量保障措施研究采用的空气质量数值预报模式，即中国科学院大气物理研究所模式 NAQPMS，美国 EPA 的 CMAQ 模式和 CAMx 模式。

按照各模型的特点和运算需求合理分配软硬件资源，特别是配置合理的网络环境。要求各专用模型独立自动运行，且均能满足预报的时效性要求，对各模型的预报输出进行有效地组织和应用。要求各空气质量预报模型可使用统一的污染源排放清单、同样的嵌套模拟区域、采用四重嵌套（81km×81km，27km×27km，9km×9km，3km×3km）。各空气质量模型采用相同气象模式（MM5）输出结果作为驱动场，设计模拟区域包括从东亚、中国南部、华南地区、珠江三角洲城市群，最小模拟及预测区域包括广州市全境，水平分辨率至少达到 3km。

预报系统实现每日业务化运行保障率超过 98%，自动化程度 100%，模式系统要求实现 MPI 并行计算，进行 72h 预报计算时间不超过 5h。

开发的空气质量数值预报模式系统实现每日业务化运行的成功保障率超过 98%，自动化程度达到 100%。

数据分析及图形显示系统。采用 GIS 技术，对气象及污染扩散模型的模拟及预测数据进行动态诊断及显示。

2. 集成框架

广州市环境监测中心站空气质量保障预测预报系统的集成框架如图 11-10 所示。

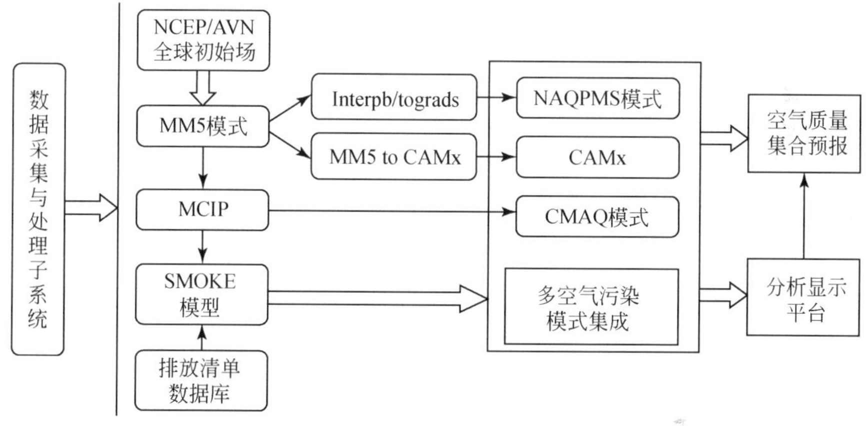

图 11-10　系统软件架构

建立实时数据收集系统软件接口，可有效利用实况数据进行模拟预报。数据采集与处理子系统自动获取系统运行所需各类数据资源，通过多模式集合预报系统进行预测运算。广州市环境监测中心站空气质量保障预测预报系统集成的空气质量数值预报模式包括有亚运空气质量保障措施研究应用的中国科学院大气物理研究所模式 NAQPMS，美国环保局的 CMAQ 模式和 CAMx 模式。系统采用统一的模式区域设置，使用统一污染排放清单及排放处理模型（SMOKE），并由统一气象模式（MM5）产生统一气象驱动，以减小由于气象、排放处理的不一致引起模式性能差异，可更客观地评价不同空气质量模式预测效果优异，并以此为基础发展合理的多模式集成预报方案，如算术集合平均、权重集成方法等。

3. 气象场模拟及其设置

空气质量模式的气象驱动场采用美国大气研究中心和宾州大学（NCAR/PSU）共同开发的第 5 代中尺度气象模式（MM5）。MM5 采用追随地形垂直坐标系统，具有客观分析、四维资料同化技术（FDDA）和多重网格双向嵌套等功能，对不同尺度天气现象间的相互作用有较好的分辨模拟能力，如大尺度的季风、台风、气旋的模拟和预报；中β尺度和中γ尺度（2～200km）的数值模拟，中尺度对流系统、锋面、海陆风、山谷风及城市热岛效应等。同时实现高性能并行计算，模式时效性提高空间大，现已广泛应用于气象研究和实时天气业务预报。

采用美国大气海洋局（NOAA）的数值天气预报中心（NWP）GFS数据集AVN分析资料作为初始及边界条件，以每日世界时间12时（北京时间20时）为起始预报时间，模拟预测未来96h（第一嵌套区域）或72h（第二、三、四嵌套区域）三维气象场变化。为提高整个模式系统时效性，在IBM刀片高性能计算平台上采用Infiniband模式的Mvapich软件包进行消息通信并行，可大大提高各模型的并行效率，节省运算时间。

4. 排放清单及其处理过程

SMOKE模型是由美国MCNC环境模式中心开发研究的一套高效运算的排放源的处理模型，主要提供一个高效工具将排放清单转化为空气质量模式所需要的排放源数据文件，其主要的处理程序包括化学物种分配机制、空间分配、时间分配及污染源控制策略模拟及未来排放情景预测等程序，采用稀疏矩阵（sparse matrix approach）方式进行预算，整个排放源处理过程都转化一个独立矩阵，具有高效计算的特点。通过中国科学院大气物理研究所将相关参数中国化之后可以直接为空气质量模式预报及模拟提供专业的排放源前处理。本项目采用SMOKE排放源处理模型处理广州及周边排放清单，直接为多模式系统提供网格化的排放源。考虑了面源、点源及机动车源三部分，暂时没有考虑生物源排放。面源空间分布综合考虑人口、道路密度、下垫面等排放源空间分布属性；点源排放根据位置、气象因素等定出三维空间分布；机动车排放采用SMOKE耦合的在线机动车模型Mobile6考虑气象因子对机动车排放因子的影响；同时针对不同类型排放源的时间变化规律，设置不同时间分配曲线，更合理地反映不同类型排放的时空特征。

5. 空气质量模式

充分考虑本项目的高实用性，本项目选取三个空气质量模式作为集合集成的基础，分别为：中科院大气物理所自主开发的嵌套网格空气质量模式（NAQPMS），美国环保署（EPA）的第三代空气质量模拟系统（Model-3/CMAQ）及美国Environ公司开发的CAMx模式。这些模式在国内外得到广泛应用，能够反映大气污染的基本特征。特征见表11-1。

表 11-1　空气质量模式系统比对

模式	NAQPMS	CMAQ	CAMx
功能	城市/区域空气质量	区域性多尺度环境模拟与评估	区域空气质量模拟
污染模拟	三维欧拉输送模式，地形追随垂直坐标，主要包括污染物排放、平流输送、扩散、气相、液相及非均相反应，干沉降以及湿沉降等物理与化学过程	CMAQ 是多污染物、多尺度的空气质量模式，包含化学输送平流模式过程、气相化学过程、烟羽处理等过程	污染物模拟部分包括污染物平流、扩散、光化学反应（CB4 或 SAPRC97 机制可选）、干湿沉积等过程
嵌套	双向	单向	双向
并行	MPICH/无 CPU 限制	MPICH/无 CPU 限制	OpenMP，限单节点
输入	污染源、地形标高、下垫面类型、气象数据等	污染源、地形，土地利用，气象条件及环境参数	排放源、土地利用类型、地形高度等模式参数
数据格式	GrADS 格式	通用自描述格式 NetCDF	自描述数据格式

NAQPMS 模式是中国科学院大气物理研究所自主研发的区域–城市空气质量模式，是国家“十五”科技攻关项目的区域示范模型之一，已成功地实现了业务化，并在全国多个城市环保局（北京、上海和沈阳等）投入业务运行，支持每日空气质量的数值预报工作。NAQPMS 模式成功实现了在线的、全耦合的包括多尺度多过程的数值模拟，可同时计算出多个区域的结果，在各个时步对各计算区域边界进行数据交换，从而实现模式多区域的双向嵌套。在物理化学光成方面，NAQPMS 模式包括了平流扩散模块、气溶胶模块、干湿沉降模块、大气化学反应模块，其中大气化学模块的反应机制包括 CBM-Z 和 CB4。CB4 机制主要应用于城市尺度的模拟，对一些物种和化学反应作了一定的简化；CBM-Z 是基于 CB4 发展起来的按结构分类的一个新的归纳化学机理，在活性长寿命物种及中间产物的化学反应、无机物的化学反应、活性烷烃、石蜡以及芬芳烃的化学反应、若干自由基以及异戊二烯的化学反应等方面考虑的更为全面周到。同时该机制还发展出包括背景条件、城市、远郊和生物区以及海洋等四个反应场景的反应模式，适用于全球、区域和城市尺度的研究，该机制的模拟能力已在我国华北地区臭氧等化学反应活跃的大气污染物研究中得到初步验证。需要指出的是，该模式发展出一套独特的污染来源与过程跟踪分析模块，在线实时解析大气污染模式过程处理的高效计算，突破大气物理化学过程的非线性问题，通过基本假定，跟踪大气复合污染过程，实现污染来源的反向追踪与定位，形成一种大气污染分析来源与过程的新技术手段，对了解污染物来源有重要意义。同时，模式系统的并行计算和理化过程的模块化，运算效率较高，有效地保证了 NAQPMS 模式的在线

实时模拟。

在计算能力方面，NAQPMS 模式可在 IBM 刀片 Linux 集群服务器采用 Infiniband 技术高效局域网内进行高效消息通信并行计算，有效减小网络数据通信延迟，大大提高模式运行效率，缩短预报时间，提高预报时效性。

第三代空气模拟系统 Model3/CMAQ 模式是美国环保局推广使用的空气质量模式系统。与以往空气质量模式不同的是，CMAQ 基于“一个大气”的理念，同时考虑大气中多物种和多相态的污染物以及它们之间的相互影响，克服目前模式主要针对单一物种的缺点。该模式考虑化学输送平流模式过程、气相化学过程、烟羽处理等过程，同时包含有气溶胶模块，可计算气溶胶转化、干沉降、湿沉降等多个过程，提供 CB4、SAPRC99、RADM2 气相化学机制选项，再对比模式性能，选用适合城市尺度模拟的 CB4 化学机制，最新版本 CMAQ 模式耦合 CB05 化学机制。

在技术层面上，CMAQ 采用单向嵌套并行技术。所谓单向嵌套是指模式先算完母区域，再由母区域为子区域提供边界条件，驱动子区域的计算，存在由大网格区域到小网格区域顺序计算的问题。在并行方面上，CMAQ 模式采用 MPICH 消息通信并行方式，实现模式的并行计算，对提供模式预报能力具有较大空间，有作为业务预报模式的前景。

CAMx 模式是由美国环境公司 Environ 开发的区域尺度的三维欧拉型空气质量模式，可用于多尺度的、有关光化学烟雾和细颗粒物大气污染综合模拟研究，融入了当今许多空气质量模式的先进技术，如双向嵌套技术、次网格 PIG 技术、化学机理编译器和快速化学数值解法等。具有臭氧识别技术（OSAT），颗粒识别技术（PSAT），以及用于敏感性分析的 DDM，过程分析技术（PA）。在水平平流解法上包括 Bott 和 PPM 解法，提供 CB4 和 SAPRC97 化学机制，采用 Mechanism 4 的气溶胶化学，提供细粒径粗粒径悬浮颗粒模拟能力，在第 4 版以后 CAMx 加强了 Mechanism 4 的气溶胶化学，包括液相硫酸盐、硝酸盐的处理采用 RADM-AQ 液相化学，无机化学与热力学采用 ISOPPOPIA，衍生物悬浮颗粒考虑气相光化反应。同时 Environ 公司发展的高效化学编译器 CMC 具有高效计算能力，计算效率高，模式预报性时效性强。

在技术层面上，CAMx 模式采用的 OpenMP 实现并行计算，然而其局限单节点计算能力，无法实现多节点消息通信，降低其模拟效率的提升空间。在嵌套技术方面，CAMx 模式也采用双向嵌套技术，可反映细网格区域对粗网格区域的反馈。

空气质量模式是空气质量模拟预报的核心，其通过气象场、排放源、初始和边界条件及其他信息的输入，数值求解污染物在大气中的物理、化学等过程，获得污染物在一定时空范围内的浓度分布特征。多模式系统中各空气质量模式采用嵌套的方式实现从区域尺度到城市尺度的模拟，而最外层边界条件目前采用清洁边界条件，未来会采用全球化学输送模式的实时结果作为初边界条件。初始浓度的不准确在空气质量模式模拟初期会带来显著的误差，但此误差的影响将随模拟时间增长而消失，污染浓度的数值解主要受排放源和边界浓度条件支配。因此，多模式预报系统中，同时为保障整个预报系统连续性，减小 spin up 时间，考虑客观条件，采用前一日 24h 预报结果为当日污染物模式预报提供初始浓度。

6. 系统功能设计

（1）数据导入。建立与数据采集处理系统的数据接口，实现模型数据导入。

（2）天气预报。建立实时数值天气预报系统，较为精细准确地模拟及预测华南地区的天气状况。

（3）空气质量预测预报。实现多数值污染预报模式系统集成，根据需要集成 3 个空气质量数值预报模式，包括数值模式有亚运空气质量保障措施研究应用的中国科学院大气物理研究所 NAQPMS 模式，美国环保局的 CMAQ 模式和 CAMx 模式。实现对环境空气质量的预测预报。

（4）图形显示。建立空间数据分析及图形显示系统，采用多维图形显示及 GIS 技术，对气象及污染扩散模型的模拟及预测数据进行动态诊断及显示。

（三）预报结果会商及信息发布系统

预报结果会商及信息发布系统是为向环境管理部门和公众全面、科学表征未来空气质量状况而开发的系统。本系统应努力体现发布信息的时效性以及直观性，内容的完整性，方式的智能化和形式的多样性，充分利用地理信息系统在数据表现直观的优势，在统一的 Web GIS 平台上显示环境空气质量监测数据、预测预报数据、气象信息等，为环境管理部门科学决策提供有效的技术支持。

系统实现对预报结果会商的信息管理与数据管理；可发布实时监测数据查询、空气质量预报、空气质量报告。

1. 空气质量信息展示及应用

1）实时动态显示

形成强大、高效的环境空气质量预测预报信息发布能力，包括大气环境质量变化趋势的短期预报和长期预测和实况信息，要求做到模型预测结果在电子地图上的实时动态显示。对于同时段不同区域不同高程的预测数据要求在电子地图分屏多维形动态显示（图 11-11，附录二）。

2）各类结果输出

表征各类输出结果可视化模块需要输出各等压面上天气图（包含风、压、温、

图 11-11　预报结果实时动态显示

湿等常规量)、污染物（SO_2、NO_2、PM_{10}、O_3 等）时空变化图以及各监测站点的气象要素（温度、气压、温度、雨量、风速、风向）时间变化曲线。主要预报图形结果应在每日上午 8 时前完成，其他图形形成时间与数据获得时间同步。

3）发布平台建立

建立高效、智能化的大气环境质量预报信息传递发布平台，以此作为环保部门和公众参与环境管理决策的渠道。

4）统一发布展示

在 Web GIS 上实现预报信息的统一发布和展示，并提供和监测中心站现有“广州市环境监测地理信息系统”数据发布接口。

2. 空气质量预报信息发布

空气质量信息发布系统的建设将实现空气质量预报信息的主动发布，为专业技术人员、环境管理相关部门及社会公众提供分级、分层、划分权限的、开放式的、图文并茂的空气质量信息查询服务，对不同的发布渠道要求采用不同的数据发布方式。系统功能包括：

(1) 建立统一的数据发布审核流程，实现对发布数据有效地监管；

（2）在空气质量自动监测站点数据的基础上，发布不同时段范围的空气质量预报，对环境现状做出准确描述；

（3）以多种形式展示不同污染物、不同地区、不同时段的空气质量预报结果。

（四）综合分析

综合分析功能模块包括站点信息管理、统计分析、结果对比。实现对站点监测信息数据进行查询统计、报表制作、结果对比等功能。如模式数据对比、日报查询、预报查询等。

1. 站点信息管理

站点信息管理包括日报表、月报表、季报表、年报表，用户可通过设置查询条件对数据信息进行查询及导出 Excel。

2. 统计分析

统计分析功能包括：统计分析单站多污染物查询、多站单污染物查询、多站多污染物查询（图 11-12）、数据同比、数据环比、当年和历年统计对比，用户可根据需要通过设置查询条件对数据信息进行查询并通过统计图进行数据分析。

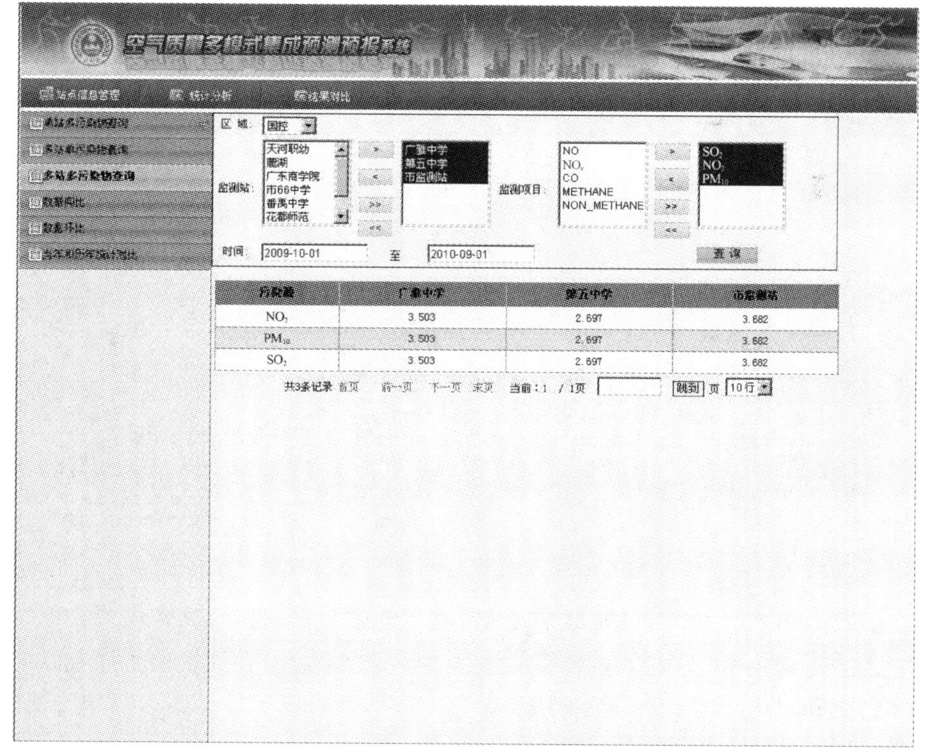

图 11-12　多站多污染物查询

3. 结果对比

结果对比包括多模式数据动态图形对比（图 11-13）、多模式数据值对比、站点实测与模式预报结果对比，用户可根据需要通过设置查询条件对数据信息进行查询并通过 Excel 导出。

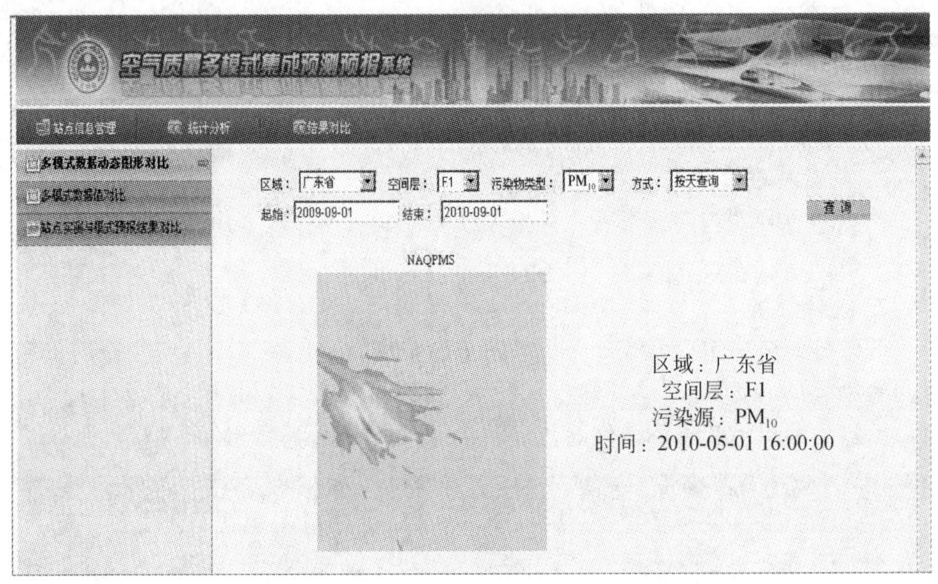

图 11-13　多模式数据动态图对比

（五）空气质量预报系统硬件平台

1. 硬件平台建设要求

为保障空气质量预报集成系统海量数据模型运算、基于 GIS 等系统应用的高速稳定运行，需要科学构建一套性能良好的空气质量预报系统硬件平台，配置能够提供高性能并行运算、快速网络数据交换和海量存储的刀片服务器系统等网络设备及终端应用设备，大容量存储备份系统，图形显示系统等。

对刀片机、网络交换机、管理与 I/O 节点服务器、发布系统服务器、存储磁盘阵列（包括对已经购买的两台 I/O 节点服务器（IBM-3650M2）、一套存储磁盘阵列（EMC-CX4-240C）、一台光纤交换机 IBM-2948-B24）等硬件进行集成调试，以满足多模式的空气质量数值预报集成系统高性能稳定计算要求。

按空气质量预报系统海量的模拟运算、网络交换以及存储要求，建立以刀片服务器组成的并行运算计算机群组、管理与 I/O 节点机架服务器、网络交换机、磁盘阵列、显示发布服务器等硬件支持平台。

配置2台空调机和消防系统，保障硬件平台工作环境和安全。

（1）网络保障：构建集群网络硬件系统，通过较高的网络通信功能，以减小计算过程中网络延迟时间比，能高效地支持并行计算，计算节点间的网络通信速度保证并行效率高于70%；

（2）磁盘存储系统：针对多模式集成的实时预报系统数据量大的特点，采用磁盘阵列存储数据，磁盘阵列与计算平台间有较高的网络通信功能，同时具备扩容的能力；

（3）预报模式计算平台：为了提供模式系统预报的时效性，计算平台拥有较快的计算速度，可靠的系统稳定性，足够的磁盘空间；

（4）集群软件：硬件平台包括配套的支持各模式正常运行的操作系统及必备的系统工具、编译工具和库文件等。

2. 硬件平台组成与结构

空气质量预报硬件平台要求包括含20个节点以上计算节点，采用刀片式服务器，放置在两个刀片中心里，计算节点分为两套，并共用大容量存储系统，实现大规模数据调用；另外还包括两个作业管理节点和两个系统I/O节点，作业管理节点采用4U的机架式服务器，系统I/O节点采用2U的机架式服务器，系统I/O节点配置一块两端口Voltaire 4X InfiniBand HCA卡；发布显示服务器采用一台2U的机架式服务器，用于安装运行预报结果发布系统；存储系统采用一套4Gb SAN架构的存储；核心Infiniband交换机采用一台全线速、无阻塞交换机，每台最大支持30个4X QSFP Infiniband端口；系统另外配置千兆以太网交换机及控制台设备。所有系统放置在两个42U标准机柜中。通过资源调度软件，可以将用户的作业通过网络提交到作业管理节点上，由作业管理节点将复杂的任务分发给不同的计算节点进行计算。

（六）环境质量监视配套设备（大屏幕显示系统）

大屏幕显示系统建设内容包括：

（1）大屏幕显示器：由12块50寸大屏幕拼接建成的整体大屏幕显示器；

（2）显示系统图像处理器：中文的显示系统，能显示系统各种分辨率的电子地图/GPS等图像，并将图像通过网络传输到大屏幕显示器完全快速显示出来，供监控中心工作人员和参观的领导直观的掌握全面信息；

（3）多屏处理器；

（4）大屏幕控制软件；

（5）拼接墙应用管理系统。

四、系统特色

（1）引进实时数值天气预报模式 MM5，较为精细准确地模拟及预测珠三角地区的天气状况；

（2）开发城市群区域空气质量多模式集合预报系统，根据需要集成 3 个空气质量数值预报模式，包括中国科学院大气物理研究所模式 NAQPMS，美国环保局的 CMAQ 模式和 CAMx 模式；

（3）建立空间数据分析及图形显示系统，采用 GIS 技术，对气象及污染扩散模型的模拟及预测数据进行动态诊断及显示；

（4）建立预报结果会商与信息发布系统，与 GIS 结合实现预报信息的统一发布和展示，系统展示的结果便于应用，对用户可以通过手机短信方式发布结果；

（5）建立环境质量监视配套设备（大屏幕显示系统），实现大屏幕中文显示，图像通过网络传输到大屏幕显示器完全快速显示出来，供监控中心工作人员和参观人员直观地掌握全面信息。

五、实施效果

本项目实现了空气质量监测、气象观测数据、污染源等基础信息接入、传输、管理以及空气质量预报结果会商、制作、发布等功能模块，集成中国科学院大气物理研究所的 NAQPMS 模型、美国环保局的 CMAQ 模式和 CAMx 模式以及中尺度气象模式等数值预报模式构建了空气质量数值预报运算模型系统，建立空气质量预报运算、会商、发布、演示的可视化平台，为广州市环境监测中心站的预测预报业务提供了一个全新的管理及应用工具，实现了预测预报管理的业务化及自动化，对提高空气质量监测管理效能、创造良好的信息化环境，发挥了积极作用。该研究成果和运作模式，从全国范围来看，具有一定的示范意义和推广应用价值。

参考文献

鲍军鹏，张选平．2009．人工智能导论．北京：机械工业出版社．

边淑莉，田璐．2007．现代地图学较传统地图学的特征及发展方向．中国地理信息系统协会第四次会员代表大会暨第十一届年会论文集，北京．

曹承志．2010．人工智能技术．北京：清华大学出版社．

曹恒．2012．北京市房山区环境污染突发事件应急决策支持系统研究．北京：北京林业大学博士学位论文．

曹晓静，张航．2006．决策支持系统的发展及其关键技术分析．计算机技术与发展，（11）：94-96．

陈金美，王慧麟，安如．2006．现代地图学主要理论与方法探析．现代测绘，29（1）：10-13．

陈全，邓倩妮．2009．云计算及其关键技术．计算机应用，29（9）：2562-2567．

陈文臣．2005．Web 日志挖掘技术的研究与应用．北京：中国科学院研究生院硕士学位论文．

陈文伟．2000．决策支持系统及其开发．北京：清华大学出版社．

陈训来，陈元昭，王明洁，等．2009．点源和移动源对珠江三角洲灰霾天气影响的数值研究．第 26 届中国气象学会年会大气成分与天气气候及环境变化分会场论文集，北京．

程满，梁虹，冯涛，等．2007．基于空间问题建模概念过程的空间分析建模与实现．计算机工程与设计，28（16）：4042-4045．

崔宝侠．2005．基于 GIS 的水环境评价决策支持系统研究．沈阳：东北大学博士学位论文．

崔大鹏，张坤民．2007．走好关键的第三步——纪念《我们共同的未来》发表 20 周年．环境经济，（9）：31-34．

崔磊，赵漩，王本．2008．区域水环境信息管理系统的开发和应用．清华大学学报，48（3）：443-447．

崔侠，范常忠，孙群，等．2003．计算机技术在环境保护信息系统中的应用．生态环境，12（3）：327-330．

丁清典．2006．Web 2.0：互联网正在经历的进化．中国新通信，（5）：53-55．

范泽孟，岳天祥．2004．资源环境模型库系统与 GIS 综合集成研究——以生态系统的综合评估系统为例．计算机工程与应用，40（20）：4-7．

冯广明．2013．3S 技术在智慧环保领域中的应用．河南科技，05：170-171．

傅国伟．1987．河流水质数学模型及其模拟计算．北京：中国环境科学出版社．

傅献彩，等．1990．物理化学（第四版）．北京：高等教育出版社．

高怡，张美根，朱凌云，等．2010．2008 年奥运会期间北京地区大气 O_3 浓度模拟分析．气候与环境研究，15（5）：643-651．

郭劲松，李胜海，龙腾锐．2002．水质模型及其应用研究进展．重庆建筑大学学报，24（2）：109-115．

国家安全生产监督管理局．2003．危险化学品安全评价．北京：中国石化出版社．

国家环境保护部．2007．环境信息系统集成技术规范．北京：中国环境科学出版社．

何明，等．2010．云计算技术发展及应用探讨．电信科学，5：42-46．

胡二邦，等．1999. 环境风险评价实用技术和方法．北京：中国环境科学出版社．
胡国华，袁树杰．2006. 人工智能研究现状与展望．淮南师范学院学报，8（37）：22-24.
胡慧，王辉．2009. 云计算技术现状与发展趋势分析．软件导刊，8（9）：3-4.
胡晓宇，李云鹏，李金凤，等．2011. 珠江三角洲城市群 PM_{10} 的相互影响研究．北京大学学报，47（3）：519-524.
胡新丽．2012. 信息技术对政府环境决策的影响研究．武汉：华中科技大学博士学位论文．
化勇鹏．2012. 污染场地健康风险评价及确定修复目标的方法研究．中国地质大学博士学位论文．
惠学香．2009. 化工园区突发性环境污染事故风险防范与应急对策探讨．环境科学与管理，（10）：26-30.
季厌浮，张绍兵．2004. 计算智能技术及其应用．煤炭技术，23（2）：112-113.
贾文珏，李斌，龚健雅．2005. 基于工作流技术的动态 GIS 服务链研究．武汉大学学报（信息科学版），30（11）：982-985.
姜云超．2008. 水质数学模型的研究进展及存在的问题．兰州大学学报（自然科学版），44（5）：7-11.
蒋栋，路迈西，李发生，等．2011. 决策支持系统在污染场地管理中的应用．环境科学与技术，34（3）：170- 174.
蒋青，贺正娟，唐伦．2008. 泛在网络关键技术及发展展望．通信技术．41（12）：181-185.
荆平，王祖伟．2006. 环境决策支持系统的设计技术及发展趋势．环境科学与技术．29（3）：50-53.
琚鸿，张宝春．2002. “数字环保”战略探讨．重庆环境科学，24（2）：21-24，28.
雷震洲．2010. 解读智慧地球．中兴通信技术，16（Z1）：10-12.
李德毅．2009. 网络时代人工智能研究与发展．智能系统学报，1：1-6.
李慧，闻豪．2005. 基于数据仓库的 OLAP 技术的研究．电脑知识与技术，02：77-81.
李锦秀，廖文根．2002. 水流条件巨大变化对有机污染物降解速率影响研究．环境科学研究，15（3）：45-48.
李顺，徐富春，孔益民，等．2006. 国家环境数据中心建设探讨．环境保护，02：77-81.
李伟超．2010. 计算机信息安全技术．北京：国防科技大学出版社．
李晓辉．2011. 云计算技术研究与应用综述．电子测量技术．34（7）：1-4.
林年丰，汤洁．2000. GIS 与环境模拟在环境地学研究中的作用和意义．土壤与环境，9（4）：259-262.
刘定．2007. 环境信息化标准体系分析研究．中国环境科学学会学术年会优秀论文集：1917-1924.
刘定．2010. 环境信息化标准的发展．环境监控与预警，2（1）：27-31.
刘锋，彭赓，刘颖．2009. 从人脑的结构机理看互联网的进化．人类工效学，15（1）：11-14，23.
刘海涵．2013. 重庆环境数据中心发展规划与思考．环境与可持续发展，04：44-49.
刘凯，彭理谦．2013. 成都市环境数据中心数据层建设研究．四川环境，02：72-77.

刘立媛，李蔚 . 2012. 国外推荐信息化建设经验对我国环境信息化建设的启示 . 环境与可持续发展，5：51-54.

刘强，崔莉，陈海明 . 2010. 物联网关键技术与应用 . 计算机科学，37（16）：1-4.

刘锐，詹志明，谢涛，等 . 2012. 我国“智慧环保”的体系建设 . 环境保护与循环经济，10：9-14.

刘诗飞，詹予忠 . 2004. 重大危险源辨识及危害后果分析 . 北京：化工工业出版社 .

刘首文，冯尚友 . 1995. 环境决策支持系统研究进展 . 上海环境科学，14（4）：20-23.

刘旭东 . 2014. “智慧环保”物联网建设总体框架研究 . 淮北职业技术学院学报，01：122-123.

刘瑜，高勇，王映辉，等 . 2005. 基于构件的地理工作流框架：一个方法学的探讨 . 软件学报，16（8）：1395-1406.

刘云浩 . 2011. 物联网导论 . 北京：科学出版社 .

刘正乾，周峰，董斌 . 2010. 泛在网在环保领域的应用 . 电信科学，4：48-51.

娄倩，郭建衷 . 2006. 地图的发展与地图学史 . 第四届海峡两岸 GIS 发展研讨会中国 GIS 协会第十届年会论文集 .

鲁德福，翟杰 . 2010. 环境资源数据中心技术构架初探 . 中国环境管理，04：35-37.

吕晓玲，谢邦昌 . 2009. 数据挖掘方法与应用 . 北京：中国人民大学出版社 .

罗广祥，田永端，高凤亮，等 . 2002. 现代地图学特点及学科体系 . 西安工程学院学报，24（3）：55-65.

罗宏，吕连宏 . 2006. EDSS 及其在 EIA 中的应用 . 环境科学研究，19（3）：139-143.

罗宏，张惠远 . 2003. 环境专家系统研究进展 . 上海环境科学，22（12）：359-362.

马芳 . 2011. 河北南部地区 PM_{10} 污染的模拟研究 . 邯郸：河北工程大学硕士学位论文 .

马满仓，徐启建 . 2010. 泛在网络技术及其应用 . 无线电工程，40（11）：7-9.

马谦 . 2010. 智慧地图：Google Earth/Maps/KML 核心开发技术揭秘 . 北京：电子工业出版社 .

马世骏，王如松 . 1984. 社会—经济—自然复合生态系统 . 生态学报，4（1）：1-9.

马世骏 . 1990. 现代生态学透视 . 北京：科学出版社 .

孟凡海，吴泉源 . 2001. GIS 技术与水资源环境管理决策支持系统 . 中国人口 · 资源与环境，11（51）：140-141.

孟小峰，慈祥 . 2013. 大数据管理：概念、技术与挑战 . 计算机研究与发展，50（1）：146-169.

潘旭海，蒋军成 . 2003. 重气云团瞬时泄漏扩散的数值模拟研究 . 化学工程，31（1）.

潘旭海，蒋军成 . 2004. 事故泄漏源模型研究与分析 . 南京工业大学学报，24（1）：105-110.

潘正强 . 2008. 城市地理信息共享平台建设方案的探讨 . 南方国土资源，（12）：38-40.

彭海深 . 2010. 云计算技术浅析 . 软件时空，26（10）：176-178.

彭志良，林奎，曾凡棠 . 1996. 环境管理决策支持系统的研究 . 环境科学，17（5）：48-52.

齐清文，梁雅娟，何晶，等 . 2005. 数字地图的理论、方法和技术体系探讨 . 测绘科学，30（6）：15-18.

钱虹 . 2003. 关于建立环境数据中心的思考 . 江苏环境科技，02：34-35.

沈劲，王雪松，李金凤，等 . 2011. Models-3/CMAQ 和 CAMx 对珠江三角洲臭氧污染模拟的比较分析 . 中国科学：化学，41（11）：1750-1762.

施伯乐，朱杨勇 . 2003. 数据库与智能数据分析技术：技术、实践与应用 . 上海：复旦大学出版社 .

石建平 . 2005. 复合生态系统良性循环及其调控机制研究——以福建省为例 . 福州：福建师范大学博士学位论文 .

孙其博，刘杰，黎羴等 . 2010. 物联网：概念、架构与关键技术研究综述 . 北京邮电大学学报，33（3）：1-9.

孙启宏，段宁 . 1997. 环境决策支持系统中两类模型方法的整合，环境科学研究，10（5）：31-34.

孙淑丽 . 2010. 3S 技术与地球信息科学及应用 . 河南水利与南水北调，(09)：39-41.

孙玥 . 2012. 论人工智能的发展现状及前景 . 中国科技财富，10：449.

谭丽，夏骆辉 . 2010. 物联网助推环境监测信息化 . 世界电信，11：70-73.

唐培和，刘浩，蒋联源 . 2010. 人工智能研究的局限性及其困境 . 广西工学院学报，21（3）：2-7.

唐孝炎，张远航，邵敏 . 1992. 大气环境学 . 北京：高等教育出版社 .

陶翠霞 . 2008. 浅谈数据挖掘及其发展状况 . 科技信息，4：72.

田阳光，潘瑜，李媛，等 . 2011. 吉林省环境数据中心管理系统建设初探 . 四川环境，01：139-142.

铁红，程赓，毛松，等 . 2010. 面向环境保护的物联网发展探讨 . 信息通信技术，(5) .

汪家权，陈众，武君 . 2004. 河流水质模型及其发展阶段 . 安徽师范人学学报（自然科学版），27（3）：24-247.

王从未 . 2013. 试论智慧环保的现状与发展 . 科技风，09：238.

王东 . 2010. 普适计算的现状和发展 . 广西轻工业，26（12）：78-79，81.

王冬兴，陈春健，于春鹏 . 2011. 闵行区环境数据中心架构研究与实现 . 中国环境管理干部学院学报，06：18-20，30.

王飞 . 1998. 数字地图，电子地图与地图 . 计算机与地图，3：26-27.

王惠中，彭安群 . 2011. 数据挖掘研究现状及发展趋势 . 工矿自动化，2：29-32.

王佳隽，等 . 2010. 云计算技术发展分析及其应用探讨 . 计算机工程与设计，31（20）：4404-4409.

王金亮，陈姚 . 2004. 3S 技术在野生动物生境研究中的应用 . 地理与地理信息科学，20（6）：44-47.

王军，邓开艳，戴建祥 . 2008. 城市基础地理空间框架平台建设研究 . 测绘与空间地理信息，31（1）：35-42.

王培铎 . 2003. 浅谈人工智能研究中涉及到的几个基本问题 . 思维科学通讯，4：28-32.

王鹏 . 2010. 云计算技术及产业分析 . 成都信息工程学院学报，25（6）：565-568.

王鹏飞，费建芳，程小平，等 . 2011. 福岛核泄漏物质在大气中输送扩散的数值模拟 . 第 28 届中国气象学会年会-S17 第三届研究生年会，北京 .

王书肖，陈瑶晟，许嘉钰，等 . 2010. 北京市燃煤的空气质量影响及其控制研究 . 环境工程学报，4（1）：152-158.

王曙霞，郑艳君．2007．浅议普适计算的发展．福建电脑，(3)：87-88.
王希杰．2011．基于物联网技术的生态环境监测应用研究．传感器与微系统，30（7）：149-152.
王一军．2009．环境决策支持系统的关键技术研究．长沙：中南大学博士学位论文．
王占山，李晓倩，王宗爽，等．2013．空气质量模型CMAQ的国内外研究现状．环境科学与技术，36（6L）：386-391.
王自发，谢付莹，王喜全，等．2006．嵌套网格空气质量预报模式系统的发展与应用．大气科学，30（5）：778-788.
魏佳杰，郭晓金，等．2009．无线传感网发展综述．信息技术，(6)：175-178.
吴炳义．2007．比较地图学理论、方法的研究与实践．河北：河北师范大学硕士学位论文．
吴吉义，等．2009．云计算：从概念到平台．电信科学，12：23-30.
吴卫高，詹茂森．2009．数据仓库构建过程中数据整合技术的研究．电脑知识与技术，17：4366-4367，4370.
吴勇，张红剑．2013．基于大数据和云计算的智慧环保解决方案．信息技术与标准化，11：38-41.
夏艳军，周建军，向昌盛．2009．现代数据挖掘技术研究进展．江西农业学报，21（4）：82-84.
肖刚．2010．云计算技术及应用浅谈．铁道通信信号，46（12）：44-46.
谢更新．2004．水环境中的不确定性理论与方法研究——以三峡水库为例．长沙：湖南大学博士学位论文．
徐茂智．2007．信息安全概论．北京：人民邮电出版社．
徐敏，孙海林．2011．从“数字环保”到“智慧环保”．环境监测管理与技术，23（4）：5-7，26.
徐祖信，廖振良．2003．水质数学模型研究的发展阶段与空间层次．上海环境科学，22（2）：79-85.
薛文博，王金南，杨金田，等．2013．国内外空气质量模型研究进展．环境与可持续发展，(03)：14-20.
杨善林，倪志伟．2004．机器学习与智能决策支持系统．北京：科学出版社．
杨旭，黄家柱，杨树才，等．2005．地理信息系统与地下水资源评价模型集成应用研究．小型微型计算机系统，26（4）：710-715.
杨焱．2012．人工智能技术的发展趋势研究．信息与电脑，8：151-152.
杨元元．2008．异构模型集成交互机制的研究与应用．南京：南京航空航天大学硕士学位论文．
尹晓远，李红华，杨竞佳．2012．智慧环保物联网及技术应用示范．中国环境科学学会学术年会论文集（第二卷）．
于长英，付万，李元华，等．2007．大连城市水资源管理决策支持系统应用研究．东北财经大学学报，(4)：3 8-41.
余常昭，马尔柯夫斯基，李玉梁．1989．水环境中污染物扩散输移原理与水质模型．北京：中国环境科学出版社．

袁勘省，张荣群，王英杰，等.2007. 现代地图鱼地图学概念认知及学科体系探讨. 地球信息科学，9（4）：100-108.
袁智德.2004. 空间信息产业化现状与趋势. 北京：科学出版社.
曾凡棠，林奎，沈茜，等.2000. 环境决策支持系统的设计及其在水质管理中的应用. 地理学报，55（6）：652-660.
曾光明，钟政林，曾北危，等.1998. 环境风险评价中的不确定性问题. 中国环境科学，18（3）：252-255.
詹志明.2012. 从“数字环保”到“智慧环保”——我国“智慧环保”的发展战略. 环境保护与循环经济，10（5）：4-8.
张国坤，张洪岩，徐艳艳，等.2007. 现代地图学理论对地图学的影响. 测绘科学，32（2）：26-28.
张洪亮，李芝喜，王人潮，等.2000. 基于GIS的贝叶斯统计推理技术在印度野牛生境概率评价中的应用. 遥感学报，4（1）：66-70.
张建勋，古志民，郑超.2010. 云计算研究进展综述. 计算机应用研究，27（2）：429-433.
张明亮.2007. 河流水动力及水质模型研究. 大连：大连理工大学博士学位论文.
张平，吕武轩，麻德贤，等.2010. 泛在网络研究综述. 北京邮电大学学报，33（5）：1-6.
张启平，等.1998. 突发性危险气体泄放过程智能仿真. 中国安全科学学报，8（6）：35-39.
张若庚，高宇.2011. IT服务管理的发展趋势和影响. 数字通信，38（5）：16-20.
张巍，冯涛，朱锐.2012. 智慧环保物联网监控应用与系统集成研究. 北方环境，05：194-197.
张新权.2013. 智慧环保体系建设及以湘潭市为例的实证研究. 湘潭大学.
张行南，耿庆斋，逢勇，等.2004. 水质模型与地理信息系统的集成研究. 水利学报，（1）：90.
张艳，余琦，伏晴艳，等.2010. 长江三角洲区域输送对上海市空气质量影响的特征分析. 中国环境科学，30（7）：914-923.
张一先. 张隆.2000. 管道煤气泄漏事故评估的不确定性. 煤气与热力，20（1）：9-13.
张永民.2010. 解读智慧地球与智慧城市. 中国信息界，（10）：23-29.
张玉峰.2004. 决策支持系统. 武汉：武汉大学出版社.
张钰.2011. 长江三角洲二噁英类物质大气输送、沉降数值模拟研究. 南京：南京信息工程大学硕士学位论文.
赵建华.2011. 物联网的兴起及前景展望. 山东煤炭科技，5：100-101.
赵连胜，行飞.2002. 数据挖掘的任务、对象和方法. 内蒙古大学学报（自然科学版），33（2）：237-241.
赵伟，林报嘉，邬伦.2003. GIS与大气环境模型集成研究与实践. 环境科学与技术，26（5）：27-29.
郑铭，秦高峰，沈翼军.2007. 基于GIS的水资源管理决策系统的设计. 农机化研究，（1）：119-122.
周海涛.2009. 泛在网络的技术、应用与发展. 电信科学，8：97-99.
周晓霞.2009. 空间信息共享服务平台的建设思路. 湖北民族学院学报，9（3）：344-347.

周雪丽，孙森林，张宽义，等. 2011. 水质数学模型的研究进展及其应用. 天津科技，2：87-88.

周宇洁. 2009. IT运维管理的最佳实践. 洛阳理工学院学报（自然科学版），19（02）：65-68.

朱丽. 2008. 浅谈利用数据仓库技术构建环境数据中心. 环境科学导刊，03：89-91.

朱凌云，蔡菊珍，张美根，等. 2007. 山西省排放的大气颗粒物向北京地区输送的个例分析. 第九届全国气溶胶会议暨第三届海峡两岸气溶胶技术研讨会，广州.

朱凌云，张美根，高丽洁，等. 2010. 东亚地区硝酸盐湿沉降的数值模拟. 中国粉体技术，16（1）：76-79.

朱瑞芳. 2005. 多源空间数据的融合技术. 第十五届全国遥感技术学术交流会论文摘要集，地质出版社.

Han J W，Kamber M，Pei J. 2012. 数据挖掘概念与技术. 范明，孟小峰译. 北京：机械工业出版社.

Adenson-Diaz B，Tuya J，Goitia M. 2005. EDSS for the evaluation of alternatives in waste water collecting systems design. Environmental Modelling & Software，20：639）649.

Alter S. 1977. A Taxonomy of Decision Support Systems. Sloan Management Review，19（1）：39-56.

Bonczek R H，Holsapple C W，Whinston A B. 1981. Foundations of Decision Support Systems. New York：Academic Press.

Booty W G，Lam D C L，Wong I W S，et al. 2001. Design and implementation of an environmental decision support system. Environmental Modelling & Software，16：453-458.

Camara A S，Cardoso da Silva M，Carmona Rodrigues A，et al. 1990. Deeision Support System for Estuarine Water-Quality Management. Journal of Water Resources Planning and Management，116（3）：417-432.

Chang N B，Wang S F. 1996. The development of an environmental decision support system for municipal solid waste management. Computers，Environment and Urban Systems，20（3）：201-212.

Cortés U，Sànchez-Marrè M，Sangüesa R J，et al. 2001. Knowledge management in environmental decision support systems. AI Communications，14 ：3-12.

Costi P，Minciardi R，Robba M，et al. 2004. An environmentally sustainable decision model for urban solid waste management. Waste Manag，24：277-295.

Crossman N D，Perry L M，Bryan B A，et al. 2007. CREDOS：A conservation reserve evaluation and design optimisation system. Environmental Modelling & Software，22（4）：449-463.

Davis J R，Nanninga P M，Biggins J，et al. 1991. Prototype decision support system for analyzing impact of catchment policies. J Water Resour Plng Mgmt，117（4）：399-414.

Dragan M，Feoli E，Fernetti M，et al. 2003. Application of a spatial decision support system（SDSS）to reduce soil erosion in Northern Ethiopia. Environmental Modelling & Software，18：861-868.

Elbir T. 2004. A GIS based decision support system for estimation，visualization and analysis of air Pollution for large Turkish cities. Atmospheric Environment，38（27）：4509-4517.

Flemons P，Guralnick R，Krieger J，et al. 2007. A web based GIS tool for exploring the world' s biodiversity：The Global Biodiversity Information Facility Mapping and Analysis Portal Application

(GBIF-MAPA). Ecological Informatics, 2 (1): 49-60.

Francis X V, Chemel C, Sokhi R S, et al. 2011. Mechanisms responsible for the build-up of ozone over south east England during the August 2003 heatwave. Atmospheric Environment, (45): 6880-6890.

Frank H, Mario K, Frank K. 2005. Soft computing: Methodologies and applications. New York: Springer, 106-169.

Goodhope K, Koshy J, Kreps J, et a1. 2012. Building linked it's real—time activity data pipeline. Data Engineering, 35 (2): 33-45.

Gough J D, Ward J C. 1996. Environmental decision- making and lake management. J Environ Management, 48: 1-15.

Han K M, Lee C K, Lee J, et al. 2011. A comparison study between model- predicted and OMI-retrieved tropospheric NO_2 columns over the Korean peninsula. Atmospheric Environment, (45): 2962-2971.

Jensen S S, Berkowicz R, Hansen H S, et al. 2001. A Danish decision support GIS tool for management of urban air quality and human exposures. Transportation Research Part D, 6 (4): 229-241.

Kainuma M, Nakamori Y, Morita T. 1990. Integrated Decision Support System for Environment Planning. IEEE Transactions on Systems, Man and Cybernetics, 20 (4): 777-790.

Keen P G W, Scott M M S. 1978. Deeision support system: An orgnizational Perspective reading. MA: Addision-Wesley, 50-100.

Levine D S, Aparicio M. 1994. Neural networks for knowledge representation and inference. Hillsdale: Lawrence Erlbaum Associates, 67-89.

Litao W, Carey J, Yang Z, et al. 2010. Assessmen t of air quality benefits from national air pollution control policies in China. Atmospheric Environment, (44): 3442-3448.

Mai Khiem, Ryozo Ooka, Hong Huang, et al. 2011. A numerical study of summer ozone concentration over the Kanto area of Japan using the MM5/CMAQ model. Journal of Environmental Sciences, 23 (2): 236-246.

Matthies M, Giupponi C, Ostendorf B. 2007. Environmental decision support systems: Current issues, methods and tools. Environmental Modelling & software, (22): 123-127.

Mysiak J, Giupponi C, Rosato P. 2005. Towards the development of a decision support system for water resource management. Environmental Modelling & Software, 20: 203-214.

Nauta T A, Bongco A E, Santos- Borja A C. 2003. Set up of a decision support system to support sustainable development of the laguna de bay, Philippines. Mar Pollut Bull, 47: 211-218.

Rafael B, Javier L, Julio L, et al. 2010. Influence of boundary conditions on CMAQ simulations over the Iberian Peninsula. Atmospheric Environment, (44): 2681-2695.

Scott-Morton M S. 1971. Management Decision Support Systems: Computer-based Support for Decision Making. Cambridge, MA: Division of Research, Harvard University.

Sprague R H. 1980. A Framework for the Development of Deeision System. MIS QUARTERLY: 1-40.

Steve C S, Weimin J, Dazhong Y, et al. 2006. Evaluation of CMAQ O_3 and $PM_{2.5}$ performance using Pacific 2001 measurement data. Atmospheric Environment, (40): 2735-2749.

Sànchez-Marrè M, Gibert K, Sojda R S, et al. 2008. Intelligent environmental decision support systems. USGS Staff Published Research, 190.

Ulas Im, Kostandinos Markakis, Alper Unal, et al. 2010. Study of a winter PM episode in Istanb ul using the high resolution WRF/CMAQ modeling system. Atmospheric Environment, (44): 3085-3094.

附 录 一

空气质量多模式集成预测预报系统界面

附 录 二

预测结果实时动态显示